高等学校"十三五"规划教材

概率论与数理统计

庞淑萍　孙　伟　主编

化学工业出版社

·北京·

《概率论与数理统计》在介绍概率论与数理统计基本内容的同时，着重介绍了概率论与数理统计中主要内容的思想方法。内容包括随机事件及其概率、随机变量的分布、多维随机变量及其分布、数理统计基本知识、参数估计、假设检验、方差分析及回归分析的基本知识，共分为七章。为了体现概率论与数理统计的应用性，在各章节中引入了贴近实际的例题，旨在加深学生对概率统计内容和应用的了解，增强学生应用数学的能力。同时每章后附有精选的综合练习供学生巩固知识，书末附有答案及常用的一些统计分布表。

《概率论与数理统计》可作为高等院校金融类、经管类、工科、理科等非统计专业本科生的教材，也可作为具有一定微积分基础的读者在该课程上的入门参考书。

图书在版编目（CIP）数据

概率论与数理统计/庞淑萍，孙伟主编. —北京：化学工业出版社，2016.4（2023.3重印）
高等学校"十三五"规划教材
ISBN 978-7-122-27078-8

Ⅰ.①概⋯　Ⅱ.①庞⋯②孙⋯　Ⅲ.①概率论-高等学校-教材②数理统计-高等学校-教材　Ⅳ.①O21

中国版本图书馆 CIP 数据核字（2016）第 106008 号

责任编辑：宋林青　　　　　　　　　　装帧设计：关　飞
责任校对：吴　静

出版发行：化学工业出版社（北京市东城区青年湖南街 13 号　邮政编码 100011）
印　　装：天津盛通数码科技有限公司
787mm×1092mm　1/16　印张 13¼　字数 320 千字　　2023 年 3 月北京第 1 版第 3 次印刷

购书咨询：010-64518888　　　　　　售后服务：010-64518899
网　　址：http://www.cip.com.cn
凡购买本书，如有缺损质量问题，本社销售中心负责调换。

定　　价：28.00 元

《概率论与数理统计》编者名单

主　　编　　庞淑萍　　孙　伟

副主编　　丛瑞雪　　刘　红

编　　者

庞淑萍　　孙　伟　　丛瑞雪　　刘　红

石　琦　　鄂　宁　　李一鸣

前　言

现代社会中，概率论与数理统计的应用随着科学技术的发展越来越广泛和深入。作为一种数学工具，概率论与数理统计在金融、保险、经济与企业管理、工农业生产、军事、医学、地质学、气象与自然灾害预报等方面有着非常重要的作用。因此，我国高等院校的大多数专业的教学计划中，概率论与数理统计均列为必修课程。受课时限制，我们希望编写一本简明的《概率论与数理统计》教材。在编写过程中，我们遵循本学科的系统性与科学性，尽量做到内容少而精，充分体现素质教育，突出教学思想。理论的阐述由浅入深，例题的选择贴近实际。既注重概率统计基础概念、基本理论和方法的阐述，又注重培养学生运用概率统计方法分析解决实际问题的能力和创造性思维能力。本书可作为高等院校经管类、工科、理科等非统计专业的概率论与数理统计课程教材，也可作为具有一定微积分基础的读者在该课程上的入门参考书。

本书由庞淑萍、孙伟担任主编，丛瑞雪、刘红担任副主编。各章节编写分工如下：庞淑萍编写第二章和第五章，孙伟编写第一章和第六章，丛瑞雪编写第四章和第七章的第一、二节，刘红编写第三章和第七章的第三、四、五节。石琦、鄂宁、李一鸣在本书编写过程中承担了搜集资料、编制附表及校对工作。庞淑萍、孙伟对初稿内容进行了修改和整理，全书最后由庞淑萍统稿、定稿。

由于编者水平有限，本书难免存在疏漏和不足之处，恳请广大读者批评指正。

编者
2016 年 4 月

目　录

第一章　随机事件及其概率

概率论是研究随机现象规律性的一门学科，是近代最活跃的数学分支之一.概率论的理论和方法在金融、保险、经济管理、工农业、医学、地质学、空间技术、灾害预报甚至社会学领域中有着广泛的应用.本章将介绍随机事件和概率的基本概念以及重要公式，给出概率的一些应用.

第一节　随机事件

一、随机试验与随机事件

1.随机现象

客观世界中存在着两类现象，一类是确定性现象，另一类是随机现象.

例如，"任意三角形的内角和是多少度"；"从装有 10 个白球的袋中摸出一个球是什么颜色"，很显然我们用不着去度量内角再计算其和，就能断定任意三角形的内角和必然是 $180°$；同样在从袋中摸球之前，就可以断定所摸到的球是白色.这类在给定条件下，某一结果一定会出现的现象，称为**确定性现象**.

但是，"随意投掷一枚硬币，落地时哪一面朝上"；"在冰上骑自行车是否会滑倒"；"袋中有两个白球，四个黑球，三个红球，随意摸出一个会是什么颜色".这三个问题的答案不是唯一确定的，硬币落地时可能是"正面"（有币值的一面）向上，也可能是"反面"（无币值的一面）向上；在冰上骑车可能会滑倒，也可能不会滑倒；从袋中摸一个球，摸到的球可能是白色，可能是黑色，也可能是红色.这类在一定条件下，有多种可能的结果且无法预知哪一个结果将会出现的现象叫做**随机现象**.

对于随机现象进行一次或少数几次观察，其可能结果中出现哪一个是具有偶然性的；但是大量观察时，会发现所出现的结果具有一定的规律性.这是随机现象的两个显著特点.我们把依据大量观察得到的规律性称为统计规律性.本章的主要任务就是要发现并研究蕴含在随机现象里的规律性中的数量关系.

2.随机试验

由于随机现象的结果事先不能预知，初看似乎没有任何规律.然而，人们发现同一随机现象大量重复出现时，其每种可能的结果出现的频率具有稳定性，从而表明，随机现象也有其固有的规律性.要研究随机现象，找出随机现象的内在规律，就离不开大量的、重复性的随机试验，一次试验如果满足下列条件：

① 可重复性：试验可以在相同的条件下重复进行；

② 可观察性：试验的所有可能的结果是已知的，并且不止一个；

③ 不确定性：每次试验出现这些可能结果中的一个，但在一次试验前，不能肯定出现哪一个结果.

这样的试验叫做**一次随机试验（简称试验）**，记为 E.随机试验是研究随机现象的手段，如上面例子中"掷一枚硬币，观察正反面出现的情况"；"观察在冰上骑自行车可否滑倒"；

从一个有白色球、黑色球、红色球的袋中摸一个观察其颜色都是随机试验.

下面再举几个随机试验的例子:"为了解潮汐现象,每天同一时间测量同一河段的水位高低";"为掌握假期的客运量,对每天乘车的人数进行统计";"为了解男女婴儿出生比例,对某医院出生的婴儿性别进行观察".这些试验都具备随机试验的三个特征.

历史上,研究随机现象统计规律性最著名的实验是抛掷硬币的试验.表 1-1-1 是历史上抛掷硬币试验的记录.

表 1-1-1   历史上抛投硬币试验的记录

试验者	抛掷次数(n)	正面次数(r_n)	正面频率(r_n/n)
De Morgan	2048	1061	0.5181
Buffon	4040	2048	0.5069
Pearson	12000	6019	0.5016
Pearson	24000	12012	0.5005

试验表明,虽然每次抛掷硬币事先无法准确预知出现正面还是反面,但大量重复试验时,发现出现正面和反面的次数大致相等,即各占总试验次数的比例大致为 0.5,且随着试验次数的增加,这一比例更加稳定地趋于 0.5. 这说明虽然随机现象在少数几次试验或观察中其结果没有什么规律性,但通过长期的观察或大量重复的试验可以看出,试验的结果是有规律可循的,这种规律是随机实验的结果自身所具有的特征.

3. 样本空间

尽管一个随机试验将要出现的结果是不确定的,但其试验的全部可能结果是在试验前就明确的;或者虽不能确切知道试验的全部可能结果,但可知道它不超过某个范围.

一般地,把随机试验的每一种可能的结果称为一个**样本点**,称所有样本点的全体为该试验的样本空间,记为 S(或 Ω).

例如:① 将一枚硬币抛掷两次,观察正面 H、反面 T 出现的情况,则其样本点有四个,即正正、正反、反正和反反,样本空间 $S=\{(H,H),(H,T),(T,H),(T,T)\}$.

② 将一枚硬币抛掷两次,观察正面出现的次数,则样本空间 $S=\{0,1,2\}$.

③ 在一批灯泡中任意抽取一个测试其使用寿命,则样本点有无穷多个,且不可数,由于不能确知寿命的上界,所以可以认为任一非负实数都是一个可能结果,样本空间 $S=\{t:t\geqslant 0\}$.

④ 观察某交换台在一天内收到的呼唤次数,其样本点有可数无穷多个,样本空间可简记为 $S=\{0,1,2,3,\cdots\}$.

⑤ 调查城市居民(以户为单位)烟、酒的年支出,结果可以用 (x,y) 表示,x,y 分别是烟、酒年支出的元数,这时,样本空间由坐标平面第一象限内一定区域内一切点构成.另外,也可以按某种标准把支出分为高、中、低三档,这时,样本点有(高,高),   (高,中),…,(低,低)等 9 种,样本空间就由这 9 个样本点构成.

由以上例子可见,样本空间的元素是由试验目的所确定的.

4. 随机事件

在随机试验中,人们除了关心试验的结果本身外,往往还关心试验的结果是否具备某一指定的可观察的特征.在概率论中,把具有某一可观察特征的随机试验的结果称为事件.事件可分为以下三类.

(1) 随机事件

指在试验中可能发生也可能不发生的事件.随机事件通常用字母 A、B、C 等表示.

例如，掷一颗质地均匀的骰子，它一共可以有六种不同的结果，即分别掷到的点数是 1,2,3,4,5 和 6，我们用相应的数字代表每一个结果，并将这六个结果组成的集合即概率空间记为 Ω：

$$\Omega = \{1,2,3,4,5,6\}$$

那么，在此例里 Ω 中有六个基本点，"而掷到奇数点"就是掷到 1,3,5 点，我们可用 Ω 的子集 $\{1,3,5\}$ 来代表，记为"掷到奇数点"$=\{1,3,5\}$. 类似地，"掷到偶数点"$=\{2,4,6\}$，"掷到 2 点"$=\{2\}$，"掷到 6 点"$=\{6\}$，"掷到大于 3 的点"$=\{4,5,6\}$. 所有这些都是掷一颗质地均匀的骰子这个随机试验出现的各种事件，通常我们称每一个这种事件为一个随机事件（简称事件），用大写的英文字母 A、B、C 等表示.

（2）必然事件

指在每次试验中都必然发生的事件. 通常用 S（或 Ω）表示. 样本空间 Ω 作为它自己的一个子集是一个特殊的事件，无论试验结果是什么，它总是一定会发生的，所以，我们又称样本空间 Ω 为必然事件. 例如，在上述试验中，"点数小于 7"是一个必然事件.

（3）不可能事件

指在任何一次试验中都不可能发生的事件. 用空集符号 $\varnothing$ 表示. 因为无论出现什么试验结果，它都不会在空集中，即不可能事件一定不会发生. 例如，在上述试验中，"点数大于 8"是一个不可能事件.

显然，必然事件和不可能事件都是确定性事件，今后为研究问题方便，把必然事件和不可能事件都当成特殊的随机事件，并将随机事件简称为事件.

【例 1-1-1】 从标有号码 1,2,3,$\cdots$,10 的 10 套题签中抽取一套进行考试（题签用后放回），每次抽得题签的标号可能是 1,2,3,$\cdots$,10 中的某一个数，即

试验：从装有标号为 1 至 10 的试题签中抽取一个题签.

可能结果：抽到标号 1 至 10 号的某一套题签.

于是，"抽得 4 号题签"为一个随机事件，"抽得标号小于 3 的题签"也是一个随机事件.

样本空间：$\Omega = \{1,2,3,\cdots,10\}$.

【例 1-1-2】 在适宜的条件下，播种代号分别为 a、b 的两粒玉米种子，观察出苗情况，则可能结果为："a、b 都出苗"——记为 A_1，"a 出 b 不出"——记为 A_2，"a 不出 b 出"——记为 A_3，"a、b 都不出"——记为 A_4，共四种情况，即

试验：观察记录两粒种子的出苗情况.

可能结果：A_1，A_2，A_3，A_4.

样本空间：$\Omega = \{A_1,A_2,A_3,A_4\}$.

此例中至少有一粒出苗$=\{A_1,A_2,A_3\}$，仅有一粒出苗$=\{A_2,A_3\}$，没有一粒出苗$=\{A_4\}$ 等均为随机事件.

5.事件的集合表示

样本空间 S 是随机试验的所有可能结果（样本点）的集合，每一个样本点是该集合的一个元素. 一个事件是由具有该事件所要求的特征的那些可能结果所构成的，所以，一个事件是对应于 S 中具有相应特征的样本点所构成的集合，它是 S 的一个子集合. 于是，任何一个事件都可以用 S 的某个子集来表示.

例如，在掷一颗质地均匀的骰子的试验中，$A=$"掷到奇数点"就可以用 $A=\{1,3,5\}$

来表示.

一般地，在一个随机试验得到结果后，如果事件 A（A 是 Ω 的子集）中包含这个结果，我们就称在这次随机试验中事件 A 发生了，否则事件 A 没有发生.

从数学的角度看，与试验有关的每一件"事情"均可描述成样本空间 Ω 的一个子集，反之亦然. 在一次试验中，倘若我们得到一个结果 $a \in \Omega$，那么，如果 $a \in A$，则我们就称事件 A 发生了，否则就说事件 A 没有发生.

我们称仅含一个样本点的事件为**基本事件**；含有两个或两个以上样本点的事件为**复合事件**.

二、随机事件的关系与运算

1. 随机事件的关系

同一试验的不同事件之间往往存在着一定的联系，在实际问题中，随机事件又往往有简单和复杂之分. 在研究随机事件发生的规律性时，需要了解事件间的关系，以及事件的合成与分解的数学结构. 为此，对事件之间的各种关系及运算有必要作明确规定.

由于随机事件是基本空间的子集，下面就按照集合论中集合的关系和运算给出事件的关系和运算的含义.

(1) 包含关系　如果事件 A 发生必然导致事件 B 发生，则称事件 A 包含于事件 B，记作 $A \subset B$，或称事件 B 包含事件 A，记作 $B \supset A$，即 A 中的基本事件都在 B 中.

(2) 相等关系　如果事件 A 和事件 B 互相包含，即 $A \subset B$，$B \subset A$ 则称 A 与 B 相等，记作 $A = B$，即 A 与 B 中的基本事件完全相同.

在例 1-1-1 中，$A =$ "抽到标号为 3 的题签"，$B =$ "抽到标号小于 5 的题签"，$C =$ "抽到标号不超过 4 的题签"，则 $A \subset B$，$B = C$.

(3) 和事件　"事件 A 与事件 B 至少有一个发生"的事件称为事件 A 与事件 B 的和事件（又叫并事件），记作 $A + B$（或 $A \cup B$）. 它是由属于 A 或 B 的所有基本事件构成的. 在某次试验中事件 $A \cup B$ 发生，则意味着在该次试验中事件 A 与事件 B 至少有一个发生. 显然 $A \subset A \cup B$，$B \subset A \cup B$.

在例 1-1-1 中，设 $A =$ "抽到标号不超过 3 的题签"，$B =$ "抽到标号超过 2 不超过 5 的题签"，则

$$A \cup B = \text{"抽到标号不超过 5 的题签"}$$

和事件可以推广到更多的事件，即

$$\bigcup_{k=1}^{n} A_k = A_1 \cup A_2 \cup \cdots \cup A_n = \sum_{k=1}^{n} A_k$$

表示"事件 $A_1, A_2, \cdots, A_n$ 中至少有一个发生"这一事件.

在例 1-1-1 中，设 $A_k =$ "抽到 k 号题签"，$(k = 1, 2, \cdots, 10,)$ 则 $A_1 \cup A_2 \cup A_3 \cup A_4$ 表示"抽到号数不超过 4 的题签".

(4) 积事件　"事件 A 与事件 B 同时发生"的事件称为事件 A 与事件 B 的积事件（又叫交事件），记作 AB（或 $A \cap B$）. 它是由既属于 A 又属于 B 的所有基本事件组成的. 在某次试验中事件 $A \cap B$ 发生则意味着在该次试验中事件 A 与 B 同时发生.

在例 1-1-2 中，设 $A =$ "至少有一粒种子出苗"，$B =$ "至多有一粒种子出苗"，则

$$A \cap B = \text{"恰有一粒种子出苗"}$$

积事件也可以推广到更多的事件上去，即

$$\bigcap_{k=1}^{n} A_k = A_1 \bigcap A_2 \bigcap \ldots \bigcap A_n$$

表示"事件 A_1，A_2，$\cdots$，A_n 同时发生".

（5）互斥事件 在一次试验中，不能同时发生的两个事件 A 与 B 称为互斥事件（或叫互不相容事件).事件 A 与 B 互斥，说明 A 与 B 没有相同的基本事件，即 $A \bigcap B = \varnothing$，这也是两个事件 A 与 B 互斥的充要条件.

例如，在例 1-1-2 中，设 $A = $"没有一粒种子出苗"，$B = $"恰有一粒种子出苗"，则 A 与 B 是互不相容的两个事件.

如果对 A_1，A_2，$\cdots$，A_n，有 $A_i A_j = \varnothing (i \neq j)$，则称事件 A_1，A_2，$\cdots$，A_n 两两互不相容.

（6）差事件 "事件 A 发生而事件 B 不发生"的事件为 A 与 B 的差事件，记作 $A - B$.它是由属于 A 但不属于 B 的基本事件构成的.

例如，在例 1-1-1 中，$A = $"抽到标号为3的题签"，$B = $"抽到标号小于5，大于2的题签"，则 $B - A = $"抽到标号为4的题签".

（7）对立事件 在一次试验中的两个事件 A 与 B，若 $A \bigcup B = \Omega$，且 $A \bigcap B = \varnothing$，则称 A 与 B 为相互对立的事件（又叫互逆事件).A 的对立事件记作 $\overline{A}$，也就是说，$\overline{A}$ 包含了样本空间 Ω 中不属于 A 的全部基本事件.若 $A = $"$A$ 发生"，则 $\overline{A} = $"$A$ 不发生".显然 $A \bigcup \overline{A} = \Omega$，$\overline{A} \bigcap A = \varnothing$，$\overline{\overline{A}} = A$，$\overline{A} = \Omega - A$.

注：两个互为对立的事件一定是互斥事件，反之，互斥事件不一定是对立事件，而且，互斥的概念适用于多个事件，但是对立概念只适用于两个事件.

（8）完备事件组 设 $A_1, A_2, \cdots, A_n, \cdots$，是有限或可数个事件，若其满足：

① $A_i \bigcap A_j = \varnothing$，$i \neq j$，$i, j = 1, 2, \cdots$，；

② $\bigcup_i A_i = \Omega$.

则称 $A_1, A_2, \cdots, A_n, \cdots$，是一个完备事件组，也称 $A_1, A_2, \cdots, A_n, \cdots$，是样本空间 Ω 的一个划分.

从上面的讨论可以看出，事件之间的各种关系、运算与集合论中集合之间的相应关系、运算是一致的.因此，事件之间的关系和运算可以用直观示意图表示，如图 1-1-1.

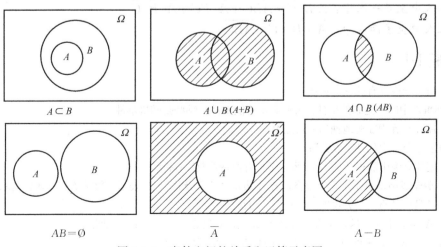

图 1-1-1 事件之间的关系和运算示意图

（9）事件运算的性质

① $A \subset A \cup B$，$B \subset A \cup B$；$A \cap B \subset A$，$A \cap B \subset B$；

② $A \cap (A \cup B) = A$，$B \cap (A \cup B) = B$；

③ $A \cup A = A$，$A \cap A = A$；

④ 若 $B \supset A$，则 $AB = A$，$A \cup B = B$．

2．事件的运算规律

① 交换律　$A \cup B = B \cup A$，$A \cap B = B \cap A$．

② 结合律　$(A \cup B) \cup C = A \cup (B \cup C)$，$(A \cap B) \cap C = A \cap (B \cap C)$．

③ 分配律　$(A \cup B) \cap C = (A \cap C) \cup (B \cap C)$，$(A \cap B) \cup C = (A \cup C) \cap (B \cup C)$．

④ 摩根律　$\overline{A \cup B} = \overline{A} \cap \overline{B}$，　　$\overline{A \cap B} = \overline{A} \cup \overline{B}$．

可推广到多个事件：

$$\overline{A \cup B \cup C} = \overline{A} \cap \overline{B} \cap \overline{C}，\quad \overline{A \cap B \cap C} = \overline{A} \cup \overline{B} \cup \overline{C}．$$

【例 1-1-3】　甲、乙、丙三人各射击 1 次靶，设 $A = $"甲击中靶"，$B = $"乙击中靶"，$C = $"丙击中靶"．试用 A、B、C 的运算表示下列事件：①"甲未中"；②"甲中乙未中"；③三人中只有丙未中；④三人中恰有一人中；⑤三人中至少一人中；⑥三人中至少一人未中；⑦三人中恰有两人中；⑧三人中至少两人中；⑨三人均未中；⑩三人均中；⑪三人中至多一人中；⑫三人中至多两人中．

解：①"甲未中"：$\overline{A}$

② "甲中乙未中"：$A\overline{B}$

③ 三人中只有丙未中：$AB\overline{C}$

④ 三人中恰有一人中：$A\overline{B}\,\overline{C} + \overline{A}B\overline{C} + \overline{A}\,\overline{B}C$

⑤ 三人中至少一人中：$A + B + C$

⑥ 三人中至少一人未中：$\overline{A} + \overline{B} + \overline{C} = \overline{ABC}$

⑦ 三人中恰有两人中：$AB\overline{C} + \overline{A}BC + A\overline{B}C$

⑧ 三人中至少两人中：$AB + BC + AC$

⑨ 三人均未中：$\overline{A}\,\overline{B}\,\overline{C} = \overline{A + B + C}$

⑩ 三人均中：ABC

⑪ 三人中至多一人中：$A\overline{B}\,\overline{C} + \overline{A}B\overline{C} + \overline{A}\,\overline{B}C + \overline{A}\,\overline{B}\,\overline{C}$

⑫ 三人中至多两人中：$\overline{A} + \overline{B} + \overline{C} = \overline{ABC}$

习题 1-1

1．试说明随机试验应具有的三个特点．

2．指出下列事件中哪些是必然事件？哪些是不可能事件？哪些是随机事件？

　　$A = $"一副扑克牌中随机地抽出一张是黑桃"；

　　$B = $"没有水分，水稻种子发芽"；

　　$C = $"一副扑克牌中随机地抽出 14 张，至少有两种花色"（除大小王）．

3．按语文、数学成绩衡量学生是否合格，若 A 表示"语文及格"，B 表示"数学及格"试分别陈述 $\overline{A} \cup B$，$\overline{A} \cap B$ 与 $A \cap B$ 的意义，并说明 $\overline{A} \cap B$ 与 $\overline{A} \cup B$ 的关系．

4．如果事件 A 与事件 B 互斥，是否必有 A 与 B 互逆？反之如何？试举例说明．

5．要使以下各式成立，事件 A 与事件 B 之间具有何种包含关系？

　　（1）$AB = A$；（2）$A \cup B = A$．

6. 设 A、B、C 为同一随机试验中的三个随机事件,用 A、B、C 的运算表示下列各事件:(1) "A 与 B 发生,C 不发生";(2) "A、B、C 中恰有两个发生";(3) "A、B、C 中至少有一个发生".

7. 某人向一目标连续射击 3 次,设 $A_i =$ "第 i 次击中",$(i=1,2,3)$.试用 A_1,A_2,A_3 的运算表示:
   (1) "恰好一次命中";(2) "第一次和第二次中而第三次不中".

8. 穴种三粒种子 a_1,a_2,a_3,以 A_1,A_2,A_3 分别表示 a_1,a_2,a_3 出苗.试用 A_1,A_2,A_3 表示以下事件:
   (1) 只有一粒出苗;(2) 三粒都未出苗;
   (3) 至少有一粒出苗;(4) 只有 a_2 出苗.

第二节 概率的定义

根据随机事件的定义,我们知道,一个随机事件在一次试验中可能发生,也可能不发生,在试验之前是无法预测的.然而,如果在相同的条件下进行大量的试验,又会呈现出一定的规律,即有的事件发生的可能性大,有的事件发生的可能性小,那么用什么描述某一随机事件发生的可能性大小呢?那就是概率.

概率的定义:随机事件 A 发生的可能性大小的度量(数值)叫做随机事件 A 发生的概率,记作 $P(A)$.

一、频率与概率

[定义 1] 设在相同条件下重复进行 n 次试验,其中事件 A 发生的次数为 $r_n(A)$,称 $r_n(A)$ 为事件 A 发生的频数,而事件 A 发生的频率定义为 $f_n(A) = \dfrac{r_n(A)}{n}$.

显而易见,对任一事件 A 的频率有如下性质:

(1) $0 \leqslant f_n(A) \leqslant 1$,$f_n(\varnothing) = 0$,$f_n(\Omega) = 1$.

(2) 设 A_1,A_2,$\cdots$,A_n 是两两互不相容事件,则 $f_n(A_1 \cup A_2 \cup \cdots \cup A_n) = f_n(A_1) + f_n(A_2) + \cdots + f_n(A_n)$

以上性质可用频率定义验证.

【例 1-2-1】 为考察某种水稻的发芽率,分别选取 5 粒、15 粒、50 粒、100 粒、200 粒、400 粒、600 粒在相同条件下进行发芽试验,得到的统计结果列入表 1-2-1 中.

表 1-2-1

种子数(n)	5	15	50	100	200	400	600
发芽数(m)	4	13	46	89	180	362	541
发芽率($\frac{m}{n}$)	0.800	0.867	0.920	0.890	0.900	0.905	0.902

这里我们把观察一粒种子看作是一次试验,将"种子发芽"看作是事件 A.由表 1-2-1 可以看到,在 15 次随机试验中,事件 A 发生 13 次,因此有

$$f_{15}(A) = 0.867$$

同理有 $f_{200}(A) = 0.900$,$f_{600}(A) = 0.902$ 等.

仔细观察表 1-2-1 就会发现,当 n 取不同值时,$f_n(A)$ 不尽相同.但当 n 比较大时,$f_n(A)$ 在 0.9 这个固定数值附近摆动.因此,我们可以认为 0.9 反映了事件"种子发芽"发生的可能性大小.

经验表明,当试验在相同条件下进行多次时,事件 A 出现的频率具有一定的稳定性,即事件 A 发生的频率在一个固定的数值 p 附近摆动(例 1-2-1 中 $p=0.9$),而且这种稳定性

随着试验次数的增加而愈加明显. 频率的这种性质在概率论中称为频率的稳定性. 频率具有稳定性的事实说明了刻画随机事件 A 发生的可能性大小的数即概率的客观存在性. 上述的数值 p 可以用来度量事件 A 发生的可能性大小, 因此, 可以把 p 规定为事件 A 发生的概率.

[定义 2] 在一组不变的条件下, 重复进行 n 次试验. 当 n 充分大时, 若随机事件 A 出现的频率 $f_n(A) = \dfrac{r_n(A)}{n}$ 稳定地在某一个固定的数值 p 的附近摆动, 则称 p 为随机事件 A 的概率, 记作 $P(A)$, 且 $P(A) = p$.

这个定义称为概率的统计定义, 根据这一定义, 在实际应用时, 往往可用试验次数足够大时的频率来估计概率的大小, 且随着试验次数的增加, 估计的精度会越来越高.

学生可用抛质地均匀的硬币试验验证 P（正面向上）$= 0.5$, 与由古典定义得到的结果完全相符.

由定义不难得到对任一事件 A, 有

$$0 \leqslant P(A) \leqslant 1, \quad P(\varnothing) = 0, \quad P(\Omega) = 1$$

根据概率的统计定义, 当试验次数 n 足够大时, 可以用事件 A 发生的频率近似地代替 A 的概率. 即

$$P(A) \approx f_n(A)$$

【例 1-2-2】 为了估计鱼池中鱼的尾数, 先从池中捞出 50 条鱼标上记号后放回鱼池, 经过适当的时间, 让其充分混合, 再从鱼池中顺次捞出 60 条鱼（每次取出后都放回）, 发现有两条标有记号, 问鱼池中大约有多少条鱼？

解: 设鱼池中共有 n 条鱼, $A = $ "从池中捉出一条有记号的鱼", 由古典定义, A 发生的概率

$$P(A) = \frac{50}{n}$$

从池中顺次有放回地捞取 60 条鱼, 可以看成是 60 次重复试验, 随机事件 A 发生了两次, 即

$$f_{60}(A) = \frac{2}{60}$$

它应与 $P(A)$ 近似相等, 于是

$$\frac{50}{n} \approx \frac{2}{60}$$

从而得

$$n \approx 1500$$

即池中大约有 1500 条鱼.

二、概率的公理化定义

[定义 3] 设 E 是随机试验, Ω 是它的样本空间, 对于 E 的每一个事件 A 赋予一个实数, 记为 $P(A)$, 若 $P(A)$ 满足下列三个条件:

① 非负性: 对每一个事件 A, 有 $P(A) \geqslant 0$;

② 完备性: $P(\Omega) = 1$;

③ 可列可加性: 设 $A_1, A_2, \cdots$, 是两两互不相容事件, 则有 $P(\bigcup\limits_{i=1}^{\infty} A_i) = \sum\limits_{i=1}^{\infty} P(A_i)$, 则

称 $P(A)$ 为事件 A 的概率.

三、概率的性质

由概率的公理化定义，可推出概率的一些重要性质.

① 对任一事件 A，有 $0 \leqslant P(A) \leqslant 1$；

② 必然事件的概率等于 1，即 $P(\Omega)=1$；不可能事件的概率等于零，即 $P(\varnothing)=0$；

注：不可能事件的概率等于零，但反之不然.

③ 设 A、B 互不相容，则有 $P(A+B)=P(A)+P(B)$.

④ 对任意两个事件 A、B，有 $P(A+B)=P(A)+P(B)-P(AB)$.

在性质④中，当 $AB=\varnothing$ 时，有 $P(AB)=0$，于是得 $P(A+B)=P(A)+P(B)$，即性质③是性质④的特殊情况.

对任意三个事件 A、B、C，有

$$P(A+B+C)=P(A)+P(B)+P(C)-P(AB)-P(BC)-P(AC)+P(ABC)$$

特别地，若 A_1，A_2，$\cdots$，A_n 为完备事件组，则

$$P(A_1 \bigcup A_2 \bigcup \cdots \bigcup A_n)=P(A_1)+P(A_2)+\cdots+P(A_n)=1$$

⑤ $P(\overline{A})=1-P(A)$

证明　设 $\overline{A}$ 是 A 的逆事件，则 $\overline{A} \bigcup A=\Omega$，　$\overline{A} \bigcap A=\varnothing$.

则由性质③，有

$$P(\Omega)=P(\overline{A} \bigcup A)=P(\overline{A})+P(A)=1$$

从而得

$$P(\overline{A})=1-P(A)$$

⑥ $P(A-B)=P(A)-P(AB)$

特别的，若 $B \subset A$，则，$P(A-B)=P(A)-P(B)$，且 $P(A) \geqslant P(B)$.

【例 1-2-3】　考察甲、乙两个城市 6 月份的降雨情况，已知甲城出现雨天的概率是 0.3，乙城出现雨天的概率是 0.4，甲、乙两城至少有一个出现雨天的概率是 0.52.试计算甲、乙两城市同时出现雨天的概率.

解：设 $A=$ "甲城出现雨天"，$B=$ "乙城出现雨天"，则 $A \bigcup B$ 表示 "甲、乙两城至少有一个出现雨天"，AB 表示 "甲、乙两城同时出现雨天".由已知有

$$P(A)=0.3, P(B)=0.4, P(A \bigcup B)=0.52$$

故由加法公式得

$$P(AB)=P(A)+P(B)-P(A \bigcup B)=0.3+0.4-0.52=0.18$$

【例 1-2-4】　已知 $P(\overline{A})=0.5$，$P(\overline{A}B)=0.2$，$P(B)=0.4$，求：

① $P(AB)$；　②$P(A-B)$；　③$P(A \bigcup B)$；　④$P(\overline{A}\ \overline{B})$

解：① 因为 $AB+\overline{A}B=B$，且 AB 与 $\overline{A}B$ 是互不相容的，故有

$$P(AB)+P(\overline{A}B)=P(B)$$

于是

$$P(AB)=P(B)-P(\overline{A}B)=0.4-0.2=0.2$$

② $P(A)=1-P(\overline{A})=1-0.5=0.5$

$$P(A-B)=P(A)-P(AB)=0.5-0.2=0.3$$

③ $P(A \bigcup B)=P(A)+P(B)-P(AB)=0.5+0.4-0.2=0.7$

④ $P(\overline{A}\ \overline{B})=P(\overline{A \bigcup B})=1-P(A \bigcup B)=1-0.7=0.3$

习题1-2

1. 是不是试验次数越多，频率值就越接近概率值？

2. 如果一个事件发生的概率是 $\frac{3}{10}$，是不是就说明在 10 次试验中这个事件肯定会发生 3 次？

3. 对某村调查结果的统计表明，有黑白电视机的家庭占 80%，有彩电的家庭占 18%，没有电视机的家庭占 15%，如果随机地到一家去，试求：(1) 没有彩电的概率；(2) 有电视机的概率；(3) 有黑白电视机或无电视机的概率；(4) 彩电和黑白电视机都有的概率.

4. 某人在一次射击中射中 10 环、9 环、8 环的概率分别是 0.26、0.30、0.20，试求此人在一次射击中：(1) 射中 8 环及 8 环以上的概率；(2) 不足 8 环的概率.

5. 设 A、B、C 两两互不相容，且 $P(A)=0.2,P(B)=0.3,P(C)=0.4$，求 $P[(A\bigcup B)-C]$.

6. 已知 $P(A)=P(B)=P(C)=\frac{1}{4},P(AC)=P(BC)=\frac{1}{16},P(AB)=0$，求事件 A、B、C 全不发生的概率.

7. 设 A、B 是两事件，且 $P(A)=0.6,P(B)=0.7$，问：
   (1) 在什么条件下，$P(AB)$ 取到最大值，最大值是多少？
   (2) 在什么条件下，$P(AB)$ 取到最小值，最小值是多少？

第三节　古典概型与几何概型

一、古典概型

本节我们讨论一类比较简单的随机试验，随机试验中每个样本点的出现是等可能的情形.

引例　一个袋子中装有 10 个大小、形状完全相同的球，3 个红色球，7 个黑色球，从中任取一球，显而易见，任一球被抽到的可能性是相同的，均为 $\frac{1}{10}$，且该试验的样本空间为 $\Omega=\{$红色，黑色$\}$.

[定义 1]　若一个随机试验满足如下条件：

① 基本空间只有有限多个元素（基本事件），即只有有限个试验结果
$$\Omega=\{A_1,A_2,A_3,\cdots,A_n\};$$

② 基本事件 $A_1,A_2,A_3,\cdots,A_n$ 出现的可能性相等.

则随机试验称为**古典概型**.

例如，掷一枚质地均匀的骰子，是一个古典概型；又如，从装有 3 红、5 白、2 黑三色球的盒子中任取一个观察其颜色后放回，也是一个古典概型.

[定义 2]　在古典概型下，若基本事件总数为 n，事件 A 包含的基本事件数为 k，则事件 A 发生的概率为 $\frac{k}{n}$，记作
$$P(A)=\frac{k}{n}$$

即事件 A 的概率 $P(A)$ 为 A 中包含的基本事件个数 k 与基本事件总数 n 的比值，称这种概率为**古典概率**. 这种确定概率的方法称为古典方法.

例如，上面第二个古典概型中，设 $A=$ "任取一球为红球"，则 $k=3$，$n=10$，所以
$$P(A)=\frac{3}{10}$$

而每一个球被取到的概率相等，都是 $\dfrac{1}{10}$，这正反映了等可能性的事实. 由此可以看到，为了计算事件 A 的概率，有时不必将 Ω 的元素一一列出，而只需求出 Ω 中基本事件总数 n 和 A 中包含的基本事件数 k.

【例 1-3-1】 抛一枚质地均匀的硬币，求"反面向上"的概率.

解：此试验只有两个结果 $A_1 =$ "正面向上"，$A_2 =$ "反面向上"，于是 $\Omega = \{A_1，A_2\}$ 具有有限性；又由硬币质地均匀可知，A_1 和 A_2 发生的可能性相等，所以是古典概型. 故

$$P(A_1) = P(A_2) = \frac{1}{2}$$

【例 1-3-2】 保险箱的号码锁若由四位数字组成，问一次就能打开保险箱的概率是多少?

解：由于四个位上的数字可以重复，所以可能的号码有 10^4 个，即 $n = 10^4$.

设 $A =$ "一次打开保险箱"，则 $k = 1$，于是

$$P(A) = \frac{k}{n} = \frac{1}{10^4}$$

也就是说，一次就能打开保险箱的概率是万分之一.

【例 1-3-3】 口袋中有 10 张卡片，其中 2 张有奖，两个人依次从口袋中摸出一张，问第一人和第二人中奖的概率各是多少?

解：设 $A_1 =$ "第一人中奖"，$A_2 =$ "第二人中奖"，由古典定义有

$$P(A_1) = \frac{2}{10}，\quad P(A_2) = \frac{C_2^1 C_9^1}{10 \times 9} = \frac{2 \times 9}{90} = \frac{2}{10}$$

【例 1-3-4】 盒中有 2 个红球，3 个白球，从中任取两个球，试求：

(1) 两个中恰有一个白球的概率；

(2) 两个都是白球的概率；

(3) 两个中至少有一个白球的概率.

解：从 5 个球中任取两个，设事件 $A_1 =$ "两个中恰有一个白球"，$A_2 =$ "两个都是白球"，$A =$ "两个中至少有一个白球"，则

$$A = A_1 \bigcup A_2.$$

由于 A_1 和 A_2 互不相容，且

$$P(A_1) = \frac{C_3^1 C_2^1}{C_5^2} = \frac{6}{10} = \frac{3}{5}，\quad P(A_2) = \frac{C_3^2 C_2^0}{C_5^2} = \frac{3}{10}$$

所以

$$P(A) = P(A_1 \bigcup A_2) = P(A_1) + P(A_2) = \frac{3}{5} + \frac{3}{10} = \frac{9}{10}$$

【例 1-3-5】 从 0，1，2，3 这四个数字中任取三个进行排列，求"取到的三个数字排列成三位偶数"的概率.

解：设 $A =$ "取得的三位数字排成三位偶数"

$A_1 =$ "排成个位为 0 的三位偶数"，$A_2 =$ "排成个位为 2 的三位偶数"，则

$$A = A_1 \bigcup A_2$$

由于 A_1、A_2 互不相容，且

$$P(A_1) = \frac{P_3^2}{P_4^3} = \frac{3 \times 2}{4 \times 3 \times 2} = \frac{1}{4}，\quad P(A_2) = \frac{2 \times 2}{P_4^3} = \frac{2 \times 2}{4 \times 3 \times 2} = \frac{1}{6}$$

所以
$$P(A)=P(A_1 \bigcup A_2)=P(A_1)+P(A_2)=\frac{1}{4}+\frac{1}{6}=\frac{5}{12}$$

【例 1-3-6】 一批产品有 50 件，其中 45 件合格品，5 件不合格品，从这批产品中任取 3 件，求其中至少有一件不合格品的概率.

解： 设 $A=$ "至少有一件不合格品"，则 $\overline{A}=$ "全是合格品"，于是

$$P(A)=1-P(\overline{A})=1-\frac{C_{45}^3 C_5^0}{C_{50}^3}=1-0.724=0.276$$

读者可用加法公式解此题，并加以比较.

二、几何概型

古典概型只考虑了有限等可能结果的随机试验的概率模型，这限制了它的使用范围，这里我们进一步研究样本空间为一线段、一平面区域或一空间立体等的等可能随机试验的概率模型，即保留等可能性，允许试验结果为无限个，这种试验模型为**几何概型**.

① 设样本空间 S 是平面上某一区域，它的面积为 $\mu(S)$；

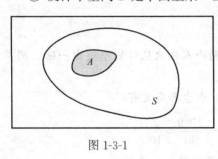

图 1-3-1

② 向区域 S 上随机投掷一点，随机投掷的含义是：该点落入 S 内任何部分区域内的可能性只与该部分区域的几何测度成正比，而与其位置和形状无关，如图 1-3-1 所示，向区域 S 上随机投掷一点，该点落在区域 A 的事件仍记为 A，则 A 的概率为 $P(A)=\lambda\mu(A)$，其中 λ 为常数，而 $P(S)=\lambda\mu(S)$，于是得 $\lambda=\frac{1}{\mu(S)}$，从而事件 A 的概率为

$$P(A)=\frac{\mu(A)}{\mu(S)}$$

注：若样本空间 S 为一线段或一空间立体，则向区域 S "投点" 的相应概率仍可用上式确定，但 $\mu(.)$ 应理解为相应的长度或体积.

【例 1-3-7】 某人午觉醒来，发觉表停了，他打开收音机，想听电台报时，设电台每正点报时一次，求他等待时间短于 10 分钟的概率.

解： 以分钟为单位，记上一次报时时刻为 0，则下一次报时时刻为 60，于是，这个人打开收音机的时间必在 (0,60) 之间，记 "等待时间短于 10 分钟" 为事件 A，则有

$$S=(0,60),A=(50,60)\subset S$$

于是有
$$P(A)=\frac{10}{60}=\frac{1}{6}$$

【例 1-3-8】 （会面问题）甲、乙两人相约在 7～8 点之间在某地会面，先到者等候另一人 20 分钟，过时就离开，如果每个人可在指定的 1 小时内任意时刻到达，计算二人能够会面的概率.

解： 记 7 点为计算时刻的 0 时，以分钟为单位，x,y 分别记为甲、乙到达指定地点的时刻，则样本空间为

$$S=\{(x,y)\mid 0\leqslant x\leqslant 60,0\leqslant y\leqslant 60\}$$

以 A 表示事件 "两人能会面"，则有

$$A=\{(x,y)\mid (x,y)\in S,|x-y|\leqslant 20\},$$

于是有

$$P(A) = \frac{\mu(A)}{\mu(S)} = \frac{60^2 - 40^2}{60^2} = \frac{5}{9}$$

习题1-3

1. 在一批 10 件产品中有 4 件次品，从这批产品中任取 5 件，求其中恰有 3 件次品的概率？

2. 袋中 5 个白球，3 个黑球，一次取两个
   （1）求取到的两个球颜色不同的概率；（2）求取到的两个球中有黑球的概率；（3）求取到的两个球颜色相同的概率

3. 某城市的电话号码是七位数，每位数字可以是 0，1，2，…，9 中的任一个数. 问：
   （1）如果某人忘记了要拨打的电话号码，那么他一次拨号就能拨对的概率是多少？
   （2）若该人知道在拨打的电话号码中由七个互不相同的数字组成，那么他一次拨号就能拨对的概率又是多少？

4. 一纸盒中混放着 60 支外形相同的电阻，其中甲厂生产的占 $\frac{1}{3}$，乙厂生产的占 $\frac{2}{3}$，现从中任取 3 支，求其中恰有一支是甲厂生产的概率.

5. 一只盒子中装有 100 个零件，其中包含 10 个废品，现从中任取 4 个零件，求"没有废品"、"没有合格品"两个事件的概率.

6. 一个设备由 5 个元件组成，其中有 2 个元件已损坏，在设备开动前，随机替换两个元件，求换掉的元件皆未损坏的概率.

7. 在一副 52 张扑克牌中任意取出 5 张，求其中至少有一张黑桃牌的概率.

8. 设仓库有 100 个产品，其中有 5 个废品，从中不放回地取两次，每次取一个产品，求第二次取到废品的概率.

9. 10 把钥匙中有 3 把能打开门，今任取两把，求能打开门的概率.

10. 两封信随机地投入四个邮筒，求前两个邮筒没有信的概率及第一个邮筒内只有一封信的概率.

11. 一副扑克牌有 52 张，不放回抽样，每次一张，连续抽 4 张，求 4 张花色各异的概率.

12. 从 0，1，2，…，9 等 10 个数字中，任意选出不同的三个数字，试求下列事件的概率：$A_1 =$ "三个数字中不含 0 和 5"，$A_2 =$ "三个数字中不含 0 或 5"，$A_3 =$ "三个数字中含 0 但不含 5".

13. 两艘轮船都要停靠在同一个泊位，它们可能在一昼夜的任意时刻到达，设两艘轮船停靠泊位的时间分别为 1 小时和 2 小时，求有一艘轮船停靠泊位时需要等待一段时间的概率.

第四节　条件概率

一、条件概率的概念

引例　如果同时掷两枚质地均匀的硬币，共有四种可能的情况，于是我们可得

$$\Omega = \{（正，正），（正，反），（反，正），（反，反）\}$$

设 $A =$ "两个都是正面向上"，$B =$ "至少有一个正面向上"，则由古典定义有

$$P(A) = \frac{1}{4} \qquad P(B) = \frac{3}{4}$$

假如我们事先知道结果至少有一个正面向上，那么这种条件下两个都是正面向上的概率就是 $\frac{1}{3}$，记为 $P(A|B) = \frac{1}{3}$，这就是事件 B 已经发生的条件下事件 A 发生的条件概率. 它与 $P(A) = \frac{1}{4}$ 不同，原因在于，事件 B 的发生改变了样本空间，由于 B 的发生，原基本事件

（反，反）已被排除在外，新的样本空间应该是 $\Omega_B=\{(正,正),(正,反),(反,正)\}$，在这个样本空间里，事件 A 再发生的概率就是 $\frac{1}{3}$ 了.

从上例可知，条件概率 $P(A|B)$ 实质就是缩减了基本空间，把原有的基本空间 Ω 缩减为 Ω_B，在 Ω 中计算事件 A 的概率就是 $P(A)$，而在 Ω_B 中计算事件 A 的概率就是 $P(A|B)$.

假如我们每次都用基本空间的缩减来计算条件概率，那就太麻烦了，某些场合下甚至是不可能的.为此我们在原概率空间 Ω 中给出条件概率的一般定义方式.

首先我们还是从古典概型入手来分析我们应该怎样定义条件概率.设 Ω 的基本事件总数为 n，事件 A、B 与 AB 中的基本事件个数为 n_A，n_B 和 n_{AB}，则 $P(A|B)$ 可用 B 已经发生的条件下 A 发生的相对比例来表达，即 $P(A|B)=n_{AB}/n_B$，而

$$\frac{n_{AB}}{n_B}=\frac{n_{AB}/n}{n_B/n}=\frac{P(AB)}{P(B)}$$

所以

$$P(A|B)=\frac{P(AB)}{P(B)}\qquad P(B)\neq0$$

在几何概型中（以平面区域情形为例），对于在平面区域 S 内等可能投点（见图1-4-1），若已知 A 发生，则 B 发生的概率为

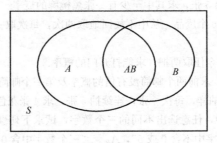

图 1-4-1

$$P(B|A)=\frac{\mu(AB)}{\mu(A)}=\frac{\mu(AB)/\mu(S)}{\mu(A)/\mu(S)}=\frac{P(AB)}{P(A)}$$

可见，在古典概型与几何概型这两类"等可能"概率模型中总有

$$P(A|B)=\frac{P(AB)}{P(B)}\qquad P(B)\neq0$$

于是有条件概率的一般定义如下.

[定义]　设 A、B 为随机试验下的两个随机事件，且 $P(B)\neq0$，则称

$$P(A|B)=\frac{P(AB)}{P(B)}$$

为在事件 B 已经发生的条件下，事件 A 发生的条件概率.

同理，当 $P(A)\neq0$ 时

$$P(B|A)=\frac{P(AB)}{P(A)}$$

因为条件概率是概率，故条件概率也具有下列性质：

设 A 是一事件，且 $P(A)>0$，则

① 对任一事件 B，$0 \leqslant P(B|A) \leqslant 1$；

② $P(\Omega|A) = 1$；

③ 设 $A_1, A_2, \cdots, A_n$ 互不相容，则 $P(A_1 \cup A_2 \cup \cdots \cup A_n|A) = P(A_1|A) + \cdots + P(A_n|A)$.

此外，前面所证概率的性质都适用于条件概率.

【例 1-4-1】 20 个乒乓球的颜色等级如表 1-4-1 所示.

表 1-4-1 乒乓球颜色等级

颜色	一等	二等	合计
黄	8	4	12
白	6	2	8
合计	14	6	20

（1）从中任取一球，求取得一等品的概率；

（2）从黄球中任取一球，求取得一等品的概率.

解：设 $A =$ "从中任取一球为一等品"，

$B =$ "从中任取一球为黄球"，则

（1）$P(A) = \dfrac{14}{20} = \dfrac{7}{10}$

（2）$P(A|B) = \dfrac{P(AB)}{P(B)} = \dfrac{8/20}{12/20} = \dfrac{8}{12} = \dfrac{2}{3}$

如果设 $C =$ "从中任取一球为白球"，则同理得

$$P(A|C) = \frac{P(AC)}{P(C)} = \frac{6}{8} = \frac{3}{4}$$

【例 1-4-2】 某种动物出生后，能活到 30 岁的概率是 0.8，活到 35 岁的概率为 0.4，现有一只 30 岁的这种动物，求它能活到 35 岁的概率是多少？

解：设 $A =$ "活到 35 岁"，$B =$ "活到 30 岁"，则所求概率为 $P(A|B)$，因 $A \subset B$，故 $AB = A$，又 $P(A) = 0.4$，$P(B) = 0.8$，$P(AB) = P(A) = 0.4$，于是

$$P(A|B) = \frac{P(AB)}{P(B)} = \frac{0.4}{0.8} = \frac{1}{2}$$

【例 1-4-3】 一袋中装有 10 个球，其中 3 个黑球、7 个白球，先后两次从袋中各取一球（不放回），求：

（1）已知第一次取出的是黑球，求第二次取出的仍是黑球的概率.

（2）已知第二次取出的是黑球，求第一次取出的也是黑球的概率.

解：记 A_i 为事件 "第 i 次取到的是黑球" $(i = 1, 2)$

（1）在已知 A_1 发生，即第一次取到的是黑球的条件下，第二次取球就在剩下的 9 个球中任取一个，根据古典概率计算取到黑球的概率为 $\dfrac{2}{9}$，即有

$$P(A_2|A_1) = \frac{2}{9}$$

（2）在已知 A_2 发生，即第二次取到的是黑球的条件下，求第一次取到黑球的概率.

由于第一次取球发生在第二次取球之前，故问题的结构不像（1）那么直观，我们可以利用条件概率公式计算 $P(A_1|A_2)$.

由 $\qquad P(A_2 A_1) = \dfrac{P_3^2}{P_{10}^2} = \dfrac{1}{15} \qquad P(A_2) = \dfrac{3}{10}$

可得

$$P(A_1|A_2)=\frac{P(A_1A_2)}{P(A_2)}=\frac{2}{9}$$

二、乘法公式

由条件概率的定义可得

$$P(AB)=P(B)P(A|B)\quad[P(B)\neq0]$$
$$或\quad P(AB)=P(A)P(B|A)\quad[P(A)\neq0]$$

即两个事件乘积的概率等于其中一个事件的概率乘以该事件发生的条件下另一个事件发生的条件概率，称上式为概率的乘法公式.

乘法公式可推广到有限多个事件，如

$$P(A_1A_2A_3)=P(A_1)P(A_2|A_1)P(A_3|A_1A_2)$$
$$P(A_1A_2\cdots A_n)=P(A_1)P(A_2|A_1)\cdots P(A_n|A_1A_2\cdots A_{n-1}),\ [P(A_n|A_1A_2\cdots A_{n-1})>0]$$

【例 1-4-4】 一批零件共 100 个，次品率为 10%，顺次从这批零件中任取两个，第一次取出零件后不放回，求第二次才取到正品的概率.

解： 设 $A=$"第一次取到正品"，$B=$"第二次取到正品"，则要求的是 $P(\overline{A}B)$. 由乘法公式得

$$P(\overline{A}B)=P(\overline{A})P(B|\overline{A})=\frac{10}{100}\times\frac{90}{99}=\frac{1}{11}$$

【例 1-4-5】 50 件商品中有 3 件次品，其余都是正品，现每次取 1 件，无放回地从中抽取 3 件，试求：

(1) 3 件商品中都是正品的概率；(2) 第三次才抽到正品的概率.

解： 设 $A_i=$"第 i 次取到正品"，$i=1,2,3$，则

(1) $P(A_1A_2A_3)=P(A_1)P(A_2|A_1)P(A_3|A_1A_2)$

$$=\frac{47}{50}\times\frac{46}{49}\times\frac{45}{48}=0.8273$$

(2) $P(\overline{A_1}\overline{A_2}A_3)=P(\overline{A_1})P(\overline{A_2}|\overline{A_1})P(A_3|\overline{A_1}\overline{A_2})$

$$=\frac{3}{50}\times\frac{2}{49}\times\frac{47}{48}=0.0024$$

三、全概公式与贝叶斯公式

1. 全概公式

在概率的计算中，要计算一个复杂的随机事件的概率，经常把该事件分解成若干互不相容的简单事件的并事件，然后利用加法公式和乘法公式分别计算这些简单事件的概率. 这里全概率公式起着很重要的作用.

设随机试验的基本空间为 Ω，其中 $A_1,A_2,\cdots,A_n$ 满足：

① $A_1\cup A_2\cup\cdots\cup A_n=\Omega$；② $A_1,A_2,\cdots,A_n$ 两两互不相容，即 $A_iA_j=\varnothing(i\neq j)$，则称 $A_1,A_2,\cdots,A_n$ 组成 Ω 的一个分割（或称 $A_1,A_2,\cdots,A_n$ 是 Ω 的一个完备事件组）.

定理 1 设随机试验的基本空间为 Ω，事件组 $A_1,A_2,\cdots,A_n$ 构成 Ω 的一个完备事件组，且 $P(A_i)>0$，则对任意事件 B，有

$$P(B)=\sum_{i=1}^{n}P(A_i)P(B\mid A_i)$$

证明 $P(B)=P(B\bigcap\Omega)=P(B\bigcap(\bigcup_i A_i))=P(\bigcup_i (B\bigcap A_i))$

$$=\sum_i P(B\bigcap A_i)=\sum_i P(A_i)P(B\mid A_i).$$

【例 1-4-6】 某工厂有三个车间，生产同一产品，第一车间生产全部产品的 $\frac{1}{2}$，第二车间生产全部产品的 $\frac{1}{3}$，第三车间生产全部产品的 $\frac{1}{6}$，各车间的不合格品率分别是 0.02、0.03 和 0.04，任抽一件产品，试求抽到不合格品的概率.

解：设 $A_i=$"抽到第 i 个车间的产品" $(i=1,2,3)$，$B=$"抽到不合格品".

可以看出，事件 A_1,A_2,A_3 是该试验的基本空间的一个分割. 已知

$$P(A_1)=\frac{1}{2},P(A_2)=\frac{1}{3},P(A_3)=\frac{1}{6},$$

$$P(B\mid A_1)=0.02,\quad P(B\mid A_2)=0.03,\quad P(B\mid A_3)=0.04$$

所以由全概公式有

$$P(B)=P(A_1)P(B\mid A_1)+P(A_2)P(B\mid A_2)+P(A_3)P(B\mid A_3)$$

$$=\frac{1}{2}\times 0.02+\frac{1}{3}\times 0.03+\frac{1}{6}\times 0.04\approx 0.027$$

故任取一件为不合格品的概率是 0.027.

使用全概公式计算概率的关键是要找到基本空间的一个合适的分割 $A_1,A_2,\cdots,A_n$，这里"合适"的含义是指 $P(A_i)$ 及 $P(B\mid A_i)$ 易于计算. 从以上例子可以看出，如果要计算事件 B 的概率，则应考虑把所能引起 B 发生的各种条件（或原因）作为基本空间的一个分割. 用全概公式计算概率可概括为由因导果.

【例 1-4-7】 在第三节的例 1-3-3 中，A_1 和 $\overline{A_1}$ 组成基本空间的一个分割，且

$$P(A_1)=\frac{2}{10}\quad P(\overline{A_1})=\frac{8}{10};\quad P(A_2\mid A_1)=\frac{1}{9},\quad P(A_2\mid \overline{A_1})=\frac{2}{9}$$

所以

$$P(A_2)=P(A_1)P(A_2\mid A_1)+P(\overline{A_1})P(A_2\mid \overline{A_1})$$

$$=\frac{2}{10}\times\frac{1}{9}+\frac{8}{10}\times\frac{2}{9}=\frac{2}{10}$$

可见每个人中奖的概率都是 $\frac{2}{10}$，与抽奖的顺序无关. 当然，若已知第一个人中奖，则第二人中奖的概率就是 $\frac{1}{9}$，这是条件概率问题.

【例 1-4-8】 有三个袋子，1 号装有 2 红 1 黑共三个球，2 号装有 3 红 1 黑共 4 个球，3 号装有 2 红 2 黑 4 个球. 某人从中任取一袋，再从中任取一球，求取得红球的概率.

解：记 $A_i=\{$球取自 i 号袋$\}$，$i=1,2,3$；$B=\{$取得红球$\}$.

A_1,A_2,A_3 是样本空间的一个完备事件组，由全概公式得

$$P(B)=\sum_{i=1}^{3}P(A_i)P(B\mid A_i)$$

依题意得

$$P(B\mid A_1)=\frac{2}{3}\quad P(B\mid A_2)=\frac{3}{4}\quad P(B\mid A_3)=\frac{1}{2}$$

$$P(A_1)=P(A_2)=P(A_3)=\frac{1}{3}$$

代入数据计算得

$$P(B)\approx0.639$$

2. 贝叶斯公式

利用全概公式可通过综合分析一事件发生的不同原因或情况及其可能性求得该事件发生的概率. 下面给出的贝叶斯公式则考虑与之完全相反的问题, 即一事件已经发生, 要考察引发该事件发生的各种原因或情况的可能性大小.

引例　在例 1-4-8 中, 某人从三箱中任取一袋, 再从中任意摸出一球, 发现是红球, 求该球是取自 1 号袋的概率.

解: 仍然用例 1-4-8 的记号, 要求 $P(B_1|A)$, 由全概公式得

$$P(B_1|A)=\frac{P(B_1A)}{P(A)}=\frac{P(B_1)P(A|B_1)}{\sum\limits_{i=1}^{3}P(B_i)P(A|B_i)}$$

代入数据得　　　　　　　$P(B_1|A)\approx0.348$

这一类问题是"已知结果求原因"在实际中更为常见, 它所求的是条件概率, 是已知某结果发生条件下, 探求各原因发生可能性大小. 接下来我们介绍为解决这类问题而引出的贝叶斯公式.

该公式于 1763 年由贝叶斯 (Bayes) 给出, 它是在观察到事件 B 已发生的条件下, 寻找导致事件 B 发生的每个原因的概率.

定理 2　设 $A_1,A_2,\cdots,A_n$ 是一完备事件组, 则对任一事件 B, $P(B)>0$, 有

$$P(A_i|B)=\frac{P(A_iB)}{P(B)}=\frac{P(A_i)P(B|A_i)}{\sum\limits_{j}P(A_j)P(B|A_j)}\quad i=1,2\cdots$$

上述公式称为贝叶斯公式.

【例 1-4-9】 某一地区患有癌症的人占 0.005, 癌症患者对一种试验反应是阳性的概率为 0.95, 正常人对这种试验反应是阳性的概率为 0.04, 现抽查了一个人, 试验反应是阳性, 问此人是癌症患者的概率有多大?

解: 设 $B=\{$试验结果是阳性$\}$, $A=\{$抽查的人患有癌症$\}$,

则由已知得　　　　　　$P(A)=0.005,\quad P(\overline{A})=0.995,$

$$P(B|A)=0.95,\quad P(B|\overline{A})=0.04$$

则所求为 $P(A|B)$.

由贝叶斯公式, 可得　　$P(A|B)=\frac{P(BA)}{P(B)}=\frac{P(A)P(B|A)}{P(A)P(B|A)+P(\overline{A})P(B|\overline{A})}$

代入数据计算得　　　　　　$P(A|B)=0.1066$

习题 1-4

1. 在什么情况下一个事件的条件概率就等于这个事件的概率.

2. 一批产品 100 件, 80 件正品, 20 件次品, 其中甲厂生产 60 件, 有 50 件正品、10 件次品, 余下的 40 件均由乙厂生产. 现从该批产品中任取一件, 记 A= "正品", B= "甲厂生产的产品". 求下列概率: $P(A),P(B),P(AB),P(B|A),P(A|B)$.

3. 100 年来的气象资料知：一年中甲市有 20% 的天数为雨天，乙市有 18% 的天数为雨天，两地同时为雨天的日数为 12%，求
   (1) 甲乙两地至少有一天出现雨天的概率；
   (2) 已知甲地为雨天时，乙地也为雨天的条件概率；
   (3) 已知乙地为雨天时，甲地也为雨天的条件概率.

4. 某校学生中"三好学生"的比例为 10%，而"三好学生"中，"三好学生标兵"的比例为 10%，现从全校学生中任意抽出一名，求其是"三好学生标兵"的概率.

5. 10 名学生从 10 个题签中抽取其一进行口试，抽后不放回，求：
   (1) 第一名同学抽到 5 号签的概率；
   (2) 第二名同学抽到 5 号签的概率；
   (3) 第一名同学抽到 5 号签的条件下，第二名同学抽到 6 号签的概率.

6. 某仓库有同样规格的产品六箱，其中三箱是甲厂生产，两箱由乙厂生产，另一箱由丙厂生产，且它们的次品率依次为 1/10、1/15、1/20，现从中任取一件产品，试求取得的一件是正品的概率.

7. 根据某保险公司的统计资料，已知在所投保 10 年期简易人身险的保户中，35 岁以下的保户占 20%，35～50 岁之间的保户占 35%，50 岁以上的保户占 45%，并根据以往的赔付情况可知，三个年龄组的保户在保险期内发生意外事故的概率分别为 2.5%、2.2%、1.6%. 在以上所有保户中任选一位，他在保险期内发生意外事故的概率是多少？

8. 某地区位于河流甲与乙的汇合处，任一河流泛滥时，该地区便被淹没，据历史资料，每年涨水季节，甲河泛滥的概率为 0.1，乙河泛滥的概率为 0.2，在甲河泛滥时乙河泛滥的条件概率为 0.3. 求
   (1) 该地区在涨水季节被淹没的概率；
   (2) 在乙河泛滥时，甲河也泛滥的条件概率.

9. 甲箱中有 3 个白球，2 个黑球；乙箱中有一个白球，3 个黑球. 现从甲箱中任取一球放入乙箱中，再从乙箱中任意取出一球，问从乙箱中取出白球的概率是多少？

10. 假设一批产品中一等品、二等品、三等品各占 60%、30%、10%，从中任取一件，发现它不是三等品，求它是一等品的概率.

11. $P(A)=\frac{1}{4}$，$P(B|A)=\frac{1}{3}$，$P(A|B)=\frac{1}{2}$，求 $P(A\cup B)$.

12. 设事件 A、B 满足：$P(A)=0.7,P(B)=0.5,P(A-B)=0.3$，求 $P(AB),P(B-A),P(\overline{B}|\overline{A})$.

13. 设事件 A、B 互斥，且 $0<P(B)<1$，试证明：$P(A|\overline{B})=\frac{P(A)}{1-P(B)}$.

第五节　事件的独立性

一、两个事件的独立性

我们知道事件 A 发生的概率 $P(A)$ 与事件 B 发生的条件下 A 发生的条件概率 $P(A|B)$ 一般不相同，这正说明随机事件 B 的发生与否影响了随机事件 A 的发生. 但如果

$$P(A|B)=P(A)$$

则说明事件 B 发生对事件 A 的发生没有影响，下面的例子说明了这种现象是存在的.

例如，从装有 2 个红球、8 个白球的袋中依次任取两个球，第一次取后放回，第二次再取，设 $B=$"第一次取到白球"，$A=$"第二次取到白球". 由于第一次取后又放回袋中，其样本空间没有变化，所以 A 发生的概率与 B 是否发生无关，即 $P(A|B)=P(A)$. 这就是随机事件的独立性问题.

[定义1]　设 A、B 为两个随机事件，如果 $P(A|B)=P(A)$ 成立，则称 A 对 B 是独立的.

容易证明，当 A 对 B 独立时，B 对 A 也是独立的.

根据乘法公式有

$$P(B)P(A|B)=P(A)P(B|A)$$

把 $P(A|B)=P(A)$ 代入上式，得

$$P(B)P(A)=P(A)P(B|A)$$

于是可得

$$P(B|A)=P(B)$$

即事件 B 对事件 A 也是独立的，这说明两个事件的独立是"相互的".

注：两事件互不相容与相互独立是完全不同的两个概念，互不相容是表述在一次随机试验中两事件不能同时发生，而相互独立是表述在一次随机试验中一事件是否发生与另一事件是否发生互无影响. 此外，当 $P(A)>0,P(B)>0$ 时，则 A、B 相互独立与 A、B 互不相容不能同时发生. 进一步还可以证明，若 A、B 即独立又互斥，则 A、B 至少有一个是零概率事件.

定理1　设 A、B 是两事件，若 A、B 相互独立，且 $P(B)>0$，则 $P(A|B)=P(A)$，反之亦然.

定理2　设 A、B 是两事件，若 A、B 相互独立，则 A 与 $\bar{B}$，$\bar{A}$ 与 B，$\bar{A}$ 与 $\bar{B}$ 也相互独立.

结论　设 A、B 是两事件，若 A、B 相互独立，则有概率公式：

① $P(AB)=P(A)P(B)$

② $P(A+B)=1-P(\overline{A+B})=1-P(\bar{A})P(\bar{B})$

③ $P(A+B+C)=1-P(\overline{A+B+C})=1-P(\bar{A})P(\bar{B})P(\bar{C})$

【例 1-5-1】　从一副不含大小王的扑克牌中任取一张，记 $A=\{$抽到 K$\}$，$B=\{$抽到的牌是黑色的$\}$，问事件 A、B 是否独立？

解：由 $P(A)=\dfrac{4}{52}=\dfrac{1}{13}$，$P(B)=\dfrac{26}{52}=\dfrac{1}{2}$，$P(AB)=\dfrac{2}{52}=\dfrac{1}{26}$

得到 $P(A)=P(A/B)$，故事件 A、B 独立.

在实际问题中，事件的相互独立，并不总是需要通过公式的计算来证明，而可以根据具体情况来分析、判断，正如有放回抽样，第二次抽样结果不受第一次抽样结果的影响. 只要事件之间没有明显的联系或联系甚微，我们就可以认为它们是相互独立的.

二、有限个事件的独立性

关于两个事件独立的概念，可推广到有限多个事件的情形.

[定义2]　如果事件 $A_1,A_2,\cdots,A_n$ 中任何一部分事件发生的概率不受其他事件发生的影响，则称事件 $A_1,A_2,\cdots,A_n$ 相互独立，并且

$$P(A_1A_2\cdots A_n)=P(A_1)P(A_2)\cdots P(A_n)$$

[定义3]　若 $A_1,A_2,\cdots,A_n$ 中任意两个事件之间均相互独立，则称 $A_1,A_2,\cdots,A_n$ 两两独立.

注：若 $A_1,A_2,\cdots,A_n$ 相互独立，则它们必两两独立，反之未必.

性质1　若 $A_1,A_2,\cdots,A_n(n\geqslant2)$ 相互独立，则其中任意 $k(1<k\leqslant n)$ 个事件也相互独立.

性质2 若 $A_1, A_2, \cdots, A_n (n \geqslant 2)$ 相互独立，则将 $A_1, A_2, \cdots, A_n$ 中任意 $m (1 \leqslant m \leqslant n)$ 个事件换成它们的对立事件，所得的 n 个事件仍相互独立.

结论 若 $A_1, A_2, \cdots, A_n$ 相互独立，则有

$$P(A_1 + A_2 + \cdots + A_n) = 1 - P(\overline{A_1 + A_2 + \cdots + A_n}) = 1 - P(\overline{A_1})P(\overline{A_2}) \cdots P(\overline{A_n})$$

【例 1-5-2】 三人独立地去破译一份密码，已知每个人能译出的概率分别是 $\frac{1}{5}$、$\frac{1}{3}$、$\frac{1}{4}$，求密码被译出的概率.

解： 设 $A_i =$ "第 i 个人译出密码" $(i = 1, 2, 3)$，则

$$P(A_1) = \frac{1}{5}, P(A_2) = \frac{1}{3}, P(A_3) = \frac{1}{4}$$

"密码被译出"相当于"至少有一个人译出密码"，故所求概率为 $P(A_1 + A_2 + A_3)$.

因为 A_1, A_2, A_3 相互独立，则有

$$P(A_1 + A_2 + A_3) = 1 - P(\overline{A_1 + A_2 + A_3}) = 1 - P(\overline{A_1} \, \overline{A_2} \, \overline{A_3})$$
$$= 1 - P(\overline{A_1})P(\overline{A_2})P(\overline{A_3})$$
$$= 1 - \frac{4}{5} \times \frac{2}{3} \times \frac{3}{4} = 0.6$$

【例 1-5-3】 某工人照看三台机床，任意时刻三台机床不需照管的概率分别为 0.8、0.9、0.6，设三台机床是否需要照管是独立的，且这名工人在一个时刻只能照管一台机床，试求在任意时刻：(1) 有机床需工人照管的概率；(2) 有机床因无人照管而停工的概率.

解： 设 $A_i (i = 1, 2, 3)$ 表示甲、乙、丙不需照管，B 为有机床需工人照管，C 为有机床因无人照管而停工，于是有 $\overline{B} = A_1 A_2 A_3$，且事件 A_1, A_2, A_3 相互独立.

由已知得 $P(A_1) = 0.8$，$P(A_2) = 0.9$，$P(A_3) = 0.6$，

(1) $P(B) = 1 - P(\overline{B}) = 1 - P(A_1 A_2 A_3) = 1 - P(A_1)P(A_2)P(A_3)$
$$= 1 - 0.8 \times 0.9 \times 0.6 = 0.568$$

(2) $P\{$机床因无人照管而停工$\} = P\{$至少有两台机床需要照管$\}$
$$= 1 - P\{$三台机床均不需照管$\} - P\{$恰有一台机床需要照管$\}$$
$$= 1 - P(A_1 A_2 A_3) - P(\overline{A_1} A_2 A_3) - P(A_1 \overline{A_2} A_3) - P(A_1 A_2 \overline{A_3})$$
$$= 1 - P(A_1)P(A_2)P(A_3) - P(\overline{A_1})P(A_2)P(A_3) -$$
$$\quad P(A_1)P(\overline{A_2})P(A_3) - P(A_1)P(A_2)P(\overline{A_3})$$
$$= 1 - 0.8 \times 0.9 \times 0.6 - 0.2 \times 0.9 \times 0.6 - 0.8 \times 0.1 \times 0.6 - 0.8 \times 0.9 \times 0.4$$
$$= 0.124$$

三、伯努利概型

从袋中有放回地抽取小球 n 次，由于每次取球后放回，故袋中小球分布不变，因而每次抽取的试验都是独立的，称之为 n 次独立试验.

[定义4] 在一定条件下，重复地做 n 次试验，如果每一次试验的结果都不依赖于其他各次试验的结果，那么就把这 n 次试验叫做 n 次独立试验.

[定义5] 如果构成 n 次独立试验的每一次试验只有两个可能的结果 A 与 $\overline{A}$，并且在每次试验中事件 A 发生的概率都不变，那么这样的 n 次独立试验叫做 n 重伯努利 (Bernoulli) 试验，简称伯努利试验.

例如，从一批含有不合格品的产品中，每次抽取一件进行检验，有放回地抽取 n 次，如果每次抽取只考察两个结果：产品合格和不合格，那么这样的检验就是一个伯努利试验.

又如，一个射手进行 n 次射击，如果每次射击的条件都相同，而且每次射击都只考察中靶和不中靶两个结果，那么这也是一个伯努利试验.

下面我们讨论 n 次伯努利试验中事件 A 恰好发生 k 次的概率.

【例 1-5-4】 设某人打靶，命中率为 0.7，现独立地重复射击三次，求恰好命中两次的概率.

解： 设 $A_i=$ "第 i 次命中" $(i=1,2,3)$，显然 A_1, A_2, A_3 相互独立，且 $P(A_i)=0.7$，则

$$P(恰好命中两次)=P(A_1 A_2 \overline{A_3} \cup A_1 \overline{A_2} A_3 \cup \overline{A_1} A_2 A_3)$$
$$=P(A_1 A_2 \overline{A_3})+P(A_1 \overline{A_2} A_3)+P(\overline{A_1} A_2 A_3)$$
$$=P(A_1)P(A_2)P(\overline{A_3})+P(A_1)P(\overline{A_2})P(A_3)+P(\overline{A_1})P(A_2)P(A_3)$$
$$=C_3^2 (0.7)^2 (0.3)^1$$

这里 C_3^2 表示在三次试验中选择两次命中的可能情形数.

同理可求

$$P(恰中一次)=C_3^1 (0.7)^1 (0.3)^2, \quad P(恰中三次)=C_3^3 (0.7)^3 (0.3)^0$$

于是有下面的计算公式.

定理 3（伯努利定理） 在 n 重伯努利试验中，设 A 与 $\overline{A}$ 为每次试验的两个可能的结果，且 $P(A)=p$，$P(\overline{A})=1-p=q$，那么事件 A 发生 k 次的概率记作 $P_n(k)$，则

$$P_n(k)=C_n^k p^k q^{n-k} \quad (q=1-p, \ 0<p<1, \ k=0,1,2,\cdots,n).$$

由于

$$P_n(0)+P_n(1)+\cdots+P_n(n)=\sum_{k=0}^{n} C_n^k p^k q^{n-k}=(p+q)^n=1$$

而 $C_n^k p^k q^{n-k}$ 恰好是二项展开式的第 $k+1$ 项，故称该公式为二项概率公式，这里可用

$$P_n(0)+P_n(1)+\cdots+P_n(n)=1$$

简化概率的计算.

【例 1-5-5】 设某电子元件的使用寿命在 1000 小时及以上的概率是 0.2，当三个电子元件相互独立使用时，求在使用了 1000 小时的时候，最多只有一个损坏的概率.

解： 设 $A=$ "一个元件使用 1000 小时的时候没损坏"，则 $P(A)=0.2$，$P(\overline{A})=0.8$，要求的概率就是三次伯努利试验中 A 发生两次或三次的概率，即

$$P(A)=P(发生两次或三次)=P_3(2)+P_3(3)$$
$$=C_3^2 \times 0.2^2 \times 0.8^1+C_3^3 \times 0.2^3 \times 0.8^0=0.104$$

【例 1-5-6】 汽车在公路上行驶时每辆车违章的概率为 0.001，如果公路上每天有 1000 辆汽车通过，问：(1)公路上汽车违章的概率为多少？(2)恰好一辆汽车违章的概率是多少？

解： 设事件 $A=$ "汽车违章"，则 $P(A)=0.001$，每天公路上有 1000 辆汽车通过，可以看成是 1000 次伯努利试验，故 $n=1000$，$p=0.001$.

(1) 设 $B=$ "公路上汽车违章"，则

$$P(B)=P_{1000}(1)+P_{1000}(2)+\cdots+P_{1000}(1000)$$
$$=1-P_{1000}(0)=1-C_{1000}^0 \times 0.001^0 \times 0.999^{1000}$$

$$=1-0.3697=0.6303$$

（2）设 $C=$ "恰一辆车违章"，则

$$P(C)=P_{1000}(1)=C_{1000}^1\times0.001\times0.999^{999}=0.3679$$

这个例子说明了一个事实：一个小概率事件（概率很小的事件，如汽车违章）在一次试验中出现的概率很小，但在大量重复试验中该事件出现的概率可变得很大.

【例 1-5-7】　一批花生种子的发芽率为 0.8，试问每穴至少播种几粒种子才能保证 99% 以上穴不空苗.

解：设每穴至少播种 n 粒种子能保证 99% 以上穴不空苗，则可将播种 n 粒种子看成是 n 重伯努利试验，因为 P（至少一粒出苗）$\geqslant99\%$ 等价于 P（没有一粒出苗）<0.01，所以要求 n 满足

$$P_n(0)<0.01,\text{ 即 }C_n^0\times(0.8)^0\times(0.2)^n<0.01,\text{ 亦即 }0.2^n<0.01$$

解得

$$n\lg\frac{2}{10}<\lg\frac{1}{100},\quad n>\frac{-2}{\lg2-1}=2.861$$

可见，每穴至少播种 3 粒，就能保证 99% 以上穴不空苗.

一般地，若种子的发芽率为 p，则当每穴播种 $n>\dfrac{-2}{\lg(1-p)}$ 时，就能在大田播种时保证 99% 以上穴不空苗.

推论　在 n 次伯努利试验中，设 A 与 $\overline{A}$ 为每次试验的两个可能的结果，且设 $P(A)=p$，$P(\overline{A})=1-p=q$，那么 n 次伯努利试验序列中，事件 A 在第 k 次才发生的概率为

$$p(1-p)^{k-1}\quad k=(1,2,\cdots,n)$$

注意到"事件 A 在第 k 次试验中才首次发生"，等价于在前 k 次试验组成的 k 重伯努利试验中，"事件 A 在前 $k-1$ 次试验中均不发生，而在第 k 次试验中发生"，再由伯努利定理即可推得.

【例 1-5-8】　一个袋中装有 10 个球，3 个黑色的，7 个白色的，每次取一个球（有放回），求：

（1）若共取 10 次，求 10 次中能取到黑球的概率及 10 次取球中恰取到 3 次黑球的概率.

（2）如直到取到黑球为止，求需取三次及至少取三次的概率.

解：设 A_i 表示第 i 次取到黑球，则 $P(A_i)=\dfrac{3}{10}$　$(i=1,2,3,\cdots,)$

（1）设 B 为 10 次中能取到黑球，B_3 为 10 次中恰好取到三次黑球，则

$$P(B)=1-P(\overline{B})=1-\left(\frac{7}{10}\right)^{10}$$

$$P(B_3)=C_{10}^3\times\left(\frac{3}{10}\right)^3\times\left(\frac{7}{10}\right)^7$$

（2）设 C 为恰好要取三次，D 为至少要取三次

$$P(C)=\left(\frac{7}{10}\right)^2\times\frac{3}{10}$$

$$P(D)=1-P(A_1)-P(\overline{A}_1A_2)=1-\frac{3}{10}-\frac{7}{10}\times\frac{3}{10}=\left(\frac{7}{10}\right)^2$$

习题1-5

1. 如果有 n 个事件两两独立，那么它们相互独立吗？

2. 如果 $\overline{A}$ 与 $\overline{B}$ 相互独立，那么 A 与 B 相互独立吗？

3. 三人分别向同一目标射击，击中目标的概率分别为 $\dfrac{3}{5}$、$\dfrac{1}{3}$、$\dfrac{1}{4}$，求目标被击中的概率.

4. 某电路的电源由电池 A 和两个并联的电池 B、C 串联而成，如下图. 设电池 A、B、C 损坏与否是相互独立的，且它们损坏的概率依次为 0.3、0.2、0.2，求电路间断的概率.

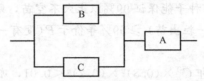

5. 甲乙两人射击，甲击中的概率为 0.8，乙击中的概率为 0.7，同时射击且独立，求下列概率：（1）两人都击中；（2）甲中乙不中；（3）甲不中乙中.

6. 某商品可能有 A 和 B 两类缺陷中的一个或两个，缺陷 A 和 B 的发生是独立的，且 $P(A)=0.05,P(B)=0.03$，求商品有下述各种情况的概率：（1）A 和 B 都有；（2）有 A，没有 B；（3）A、B 中至少有一个.

7. 一个自动报警装置由雷达和计算机两部分组成，两部分有任何一个失灵，这个报警器就失灵. 如果使用 100 小时后，雷达失灵的概率为 0.1，计算机失灵的概率为 0.3，且两者独立，求这个报警器使用 100 小时而不失灵的概率.

8. 设每次试验成功的概率为 $p(0<p<1)$，现进行独立重复试验，求直到第 10 次试验才取得第 4 次成功的概率.

9. 一批产品的一级品率是 25%，问最少应随机地取出多少件产品，才能保证取出的一级品的概率超过 95%？

10. 一批产品中有 20% 的次品，进行有放回地重复抽样检查，共取 5 件样品，计算这 5 件样品中：（1）恰好有三件次品的概率；（2）至多有三件次品的概率.

11. 在三次伯努利试验中，事件 A 至少出现一次的概率为 $\dfrac{19}{27}$，试问在一次试验中 A 出现的概率是多少？

12. 随机掷一颗骰子，连续 6 次，求下列概率：（1）恰有 1 次出现 6 点；（2）恰有两次出现 6 点；（3）至少有 1 次出现六点.

13. 一大楼装有 5 个同类型的供水设备，调查表明在任一时刻 t 每个设备使用的概率为 0.1，问在同一时刻：（1）恰有 2 个设备被使用的概率是多少？（2）至少有 3 个设备被使用的概率是多少？

综合练习一

一、填空题

1. 抽查三个零件，设 $A=$ "三件中至少有一件是次品"，$B=$ "三件都是正品"，问：$\overline{A}$，$A\cup B$，AB，$A-B$ 各表示的事件是_____，_____，_____和_____.

2. 设 A、B 为两个随机事件，且 $B\subset A,P(A)=0.8$，则 $P(A\cup B)=$_____.

3. 10 件产品中有 2 件次品，从中任取 3 件，恰有一件次品的概率是_____.

4. 已知随机事件 A 的概率 $P(A)=0.5$，随机事件 B 的概率 $P(B)=0.6$ 及条件概率 $P(B\mid A)=0.8$，则和事件 $A\cup B$ 的概率 $P(A\cup B)=$_____.

5. 设甲、乙两射手在同样条件下进行射击，他们击中目标的概率分别是 0.9 与 0.8，则目标被击中的概率是_____.

6. 某射手击中目标的概率是 0.6，则他射击 4 次恰好命中 3 次的概率是_____.

7. 设 $A=$ "产品甲滞销，产品乙畅销"，则其对立事件 $\overline{A}$ 为_____.

8. 投掷两枚质地均匀的硬币，恰有一枚正面向上的概率是_____.

9. 零件的加工由两道工序完成，第一道工序的次品率为 p，第二道工序的次品率为 q，则该零件加工的成品率为_____.

二、选择题

1. 随机事件是基本空间的（ ）.
   （A）子集　　　　（B）真子集　　　（C）基本点　　　（D）前三者都不对

2. 事件 $(\overline{A+B})C$ 的含义是（ ）.
   （A）事件 C 发生　　　　　　　　（B）事件 $A+B$ 不发生
   （C）事件 C 发生且 A 和 B 都不发生　（D）事件 C 发生，A 和 B 中至少有一个发生

3. 设 A 和 B 为任意两个事件，则（ ）成立.
   （A）$(A+B)-B=A$　　　　　　　（B）$(A+B)-B \subset A$
   （C）$(A-B)+B=A$　　　　　　　（D）$(A-B)+B \subset A$

4. 若 A 与 B 互为对立事件，则（ ）成立.
   （A）$A+B=\Omega$ 且 $AB=\varnothing$　　　（B）事件 A 与 $\overline{B}$ 也互为对立
   （C）$\overline{A} \cup B=A$　　　　　　　（D）$A \cap \overline{B}=\varnothing$

5. 设事件 A 与 B 互不相容，且 $P(A)>0,P(B)>0$，则（ ）是正确的.
   （A）$P(B|A)>0$　　　　　　　　（B）$P(B|A)=0$
   （C）$P(A|B)=P(A)$　　　　　　　（D）$P(AB)=P(A)P(B)$

三、计算题

1. 已知 $P(A)=P(B)=P(C)=\dfrac{1}{4}$，$P(AB)=0$，$P(AC)=P(BC)=\dfrac{1}{10}$，求事件 A、B、C 全不发生的概率.

2. 从装有 2 个红球、8 个白球的口袋中随机抽取 2 球，按以下两种抽球方式：
   (1) 有放回抽样，即第一次取 1 个球观其色后仍放回口袋，再取第二个球观察其颜色.
   (2) 不放回抽样，即第一次抽取 1 个球观其色后不放回口袋，第二次从剩余的 9 个球中抽取第二个球.
   分别计算：(a)两次都抽到白球的概率；(b)抽到一红球，一白球的概率.

3. 保险公司在人寿保险中很重视某一年龄的投保人的死亡率，假如一个投保人能活到 70 岁的概率是 0.6，求
   (1) 三个投保人有一个活到 70 岁的概率；
   (2) 三个投保人都活到 70 岁的概率.

4. 设 $P(A)=0.6$，$P(A-B)=0.2$，求 $P(AB)$ 的值.

5. 甲、乙两人独立地对同一目标射击一次，其命中率分别是 0.6 和 0.5，现知目标被击中，则它是由甲射中的概率是多少？

6. 袋中有 10 个球，其中有 3 个新球，某人无放回地从中依次取球，每次取一个，求第三次才取到新球的概率.

7. 某宾馆一楼有 3 部电梯，现有 5 人要乘坐，求每部电梯至少有一人的概率.

8. 某教研室共 11 名老师，其中 7 名男教师，现从中任选 3 名为优秀教师，求 3 名优秀者至少有一名女教师的概率.

9. 某地区电话号码由 8 打头的八个数字组成的八位数，求：
   (1) 八个数字全不相同的概率；
   (2) 八个数字不全相同的概率.

10. 随机地向半圆 $0<y<\sqrt{2ax-x^2}$（a 为正常数）内掷一点，点落在园内任何区域的概率与区域的面积成正比，求原点与该点的连线与 x 轴的夹角小于 $\pi/4$ 的概率.

11. 10 个考签中有 4 个难签，三个人参加抽签（无放回），甲先，乙次，丙最后，试问：（1）甲、乙、丙均抽得难签的概率为多少？（2）甲、乙、丙抽得难签的概率各为多少？

12. 一批零件共 100 个，次品率为 10%，每次从中任取一个零件，取后不放回，如果取到一个合格品就不再取下去，求在三次能取到合格品的概率.

13. 某商场各柜台受到消费者投诉的事件数为 0、1、2 三种情形，其概率分别为 0.6、0.3、0.1. 有关部门每月抽查商场的两个柜台，规定：如果两个柜台受到的投诉之和超过 1 次，则给商场通报批评；若一年中有 3 个月受到通报批评则该商场受挂牌处分一年，求该商场受处分的概率.

14. 甲、乙、丙 3 人同向一飞机射击，设击中飞机的概率分别为 0.4、0.5、0.7. 如果只有一人击中飞机，则飞机被击落的概率为 0.2，如果有两人击中飞机，则飞机被击落的概率为 0.6，如果有三人击中飞机，则飞机一定被击落，求飞机被击落的概率.

15. 现有编号为Ⅰ、Ⅱ、Ⅲ的三个口袋，其中Ⅰ号袋内装有两个 1 号球、一个 2 号球与一个 3 号球；Ⅱ号口袋内有两个 1 号球与一个 3 号球；Ⅲ号袋内有三个 1 号球与两个 2 号球. 现先从Ⅰ号袋内取一个球，放入与球的号数相同的口袋中，再从该口袋中任取一个球，计算第二次取到几号球的概率最大.

16. 某仪器由三个部件组成，假设各部件质量互不影响且其优质率分别为 0.8、0.7、0.9. 已知：如果三个部件都是优质品，则组装后的仪器一定合格；如果有一个部件不是优质品，则组装后的仪器不合格率为 0.2；如果有两个部件不是优质品，则组装后的仪器不合格率为 0.6；如果三部件都不是优质品，则组装后的仪器不合格率为 0.9. 求：（1）仪器的不合格率；（2）如果已发生一台仪器不合格，问它有几个部件不是优质品的概率最大.

第二章 随机变量的分布

第一节 随机变量及其分布函数

在第一章中，我们讨论了随机事件及其概率，为了更全面、系统地研究随机试验的结果，找到随机现象的统计规律性，有必要将随机试验的结果数量化.为此，人们引入了随机变量及其分布的概念.随机变量及其与之相关的一系列概念的引入，使概率论的研究能够借助数学分析工具，为概率论的研究获得了飞速发展.

一、随机变量

人们对随机事件的兴趣常常在其结果表现的数量.我们可以在随机试验中引入变量用来描述随机试验的结果.

比如：掷一颗均匀的骰子，观察出现的点数.

若记骰子出现的点数为 X，则 X 的可能值为 $1,2,3,4,5,6$，每掷一次 X 取 $1\sim6$ 中的一个，X 的取值是随试验结果变化的，当试验结果确定后，X 的值就相应确定，称 X 这样的变量为随机变量.

若研究某超市一位顾客购买的商品件数和顾客付款时等待的时间，可记 Y 表示顾客购买的商品件数，Y 可能取值为 $0,1,2,3$ 或其他自然数.Y 的取值为随机的，是一个随机变量，事件"$Y<3$"即"顾客购买的商品件数少于 3 件".若记 Z 表示顾客付款的等待时间，则 Z 为随机变量，事件"$Z>5$"即"顾客付款等待的时间超过 5 分钟".

可以看出，随机变量是研究随机现象的一个重要工具，也是概率论的一个基本概念，它的一般定义如下：

[定义1] 设 S 为某随机试验的样本空间，若对于 S 中任意一个样本点 ω 都有唯一的确定的实数 $X(\omega)$ 与之对应，即存在一个定义于 S 的单值实函数 $X=X(\omega)$，则称 X 为随机变量.

本书中，一般用大写英文字母 X、Y、Z 等表示随机变量，其取值用小写字母 x、y、z 等表示.

随机变量 X 作为样本点的一个函数，它的取值随试验结果而定.该变量究竟取何值在试验之前是无法确定的，只有在试验之后才知道它的确切值；而试验的各种结果出现有一定的随机性，因此随机变量的取值具有随机性，这是随机变量和普通变量之间的差异.

如果一个随机变量仅取数轴上的有限个或可列个点，则称此随机变量为离散型随机变量.如果一个随机变量的可能取值充满数轴上的一个区间，则称此随机变量为连续型随机变量.

【例 2-1-1】 区分以下随机变量是离散型随机变量，还是连续型随机变量.

(1) 抛一枚质地均匀的硬币，正面出现的次数 X 是可能取 0 与 1 两个值的随机变量. "$X=0$"表示"出现反面"，"$X=1$"表示"出现正面".类似地，检查一件产品，不合格品数 Y 也是一个仅能取 0 与 1 两个值的随机变量，"$Y=0$"表示"合格品"，"$Y=1$"表示

"不合格品".

（2）盒子中装有 6 个红球、4 个白球，从中任取 3 个球，取到的白球数 X 是可能取 0，1，2，3 等四个值的随机变量.

（3）记录一个十字路口 1 小时通过的汽车数 X，随机变量 X 可能取到的值为 0，1，2，…等一切非负整数.类似地，一本书上的错别字个数、单位时间内某个站台上候车的人数都可以看作取一切非负整数的随机变量.

以上都是离散型随机变量，离散型随机变量常常与计数的过程联系在一起，而连续型随机变量则常常与测量过程联系在一起，以下的随机变量为连续型随机变量.

（4）电视机的使用寿命 X（单位：小时）是 $(0,+\infty)$ 上取值的随机变量，"$X>10000$"表示"电视机的使用寿命超过 1 万小时".

（5）若某路公共汽车在某站每隔 5 分钟通过一次，则某位乘客候车的时间 X（单位：分钟）是在 $[0,5]$ 上取值的随机变量.

二、分布函数

研究随机变量首先要解决以下两个问题：

① 随机变量可能取哪些值，或取值范围是什么？

② 随机变量取值的规律性如何？

下面定义的分布函数是为了描述随机变量取值规律性而引入的一个概念.

[定义 2]　设 X 为一个随机变量，对任意实数 x，事件"$X\leqslant x$"的概率为 x 的函数，记为

$$F(x)=P\{X\leqslant x\}$$

称 $F(x)$ 为 X 的分布函数.

在有多个随机变量的场合，为了区分，X 的分布函数也可记为 $F_X(x)$.

如果将随机变量 X 看作数轴上"随机点"的坐标，那么分布函数 $F(x)$ 的函数值就表示随机点 X 落在区间 $[-\infty,x]$ 内的概率.对于任意的 x_1，$x_2\in R(x_1<x_2)$ 有

$$P\{x_1<X\leqslant x_2\}=F(x_2)-F(x_1) \qquad (2\text{-}1\text{-}1)$$

即

$$P\{x_1<X\leqslant x_2\}=P\{X\leqslant x_2\}-P\{X\leqslant x_1\}=F(x_2)-F(x_1)$$

在上述定义中并没有限定随机变量 X 是离散的或是连续的，不论离散型随机变量还是连续型随机变量都可以有分布函数.从分布函数的定义可得到它的以下基本性质：

① $F(x)$ 是不减函数且 $0\leqslant F(x)\leqslant 1$；

② $F(-\infty)=\lim\limits_{x\to-\infty}F(x)=0$；

③ $F(+\infty)=\lim\limits_{x\to+\infty}F(x)=1$；

④ $F(x)$ 是右连续函数.

【例 2-1-2】　向半径为 r 的圆内任意投掷一点，求此点到圆心的距离 X 的分布函数 $F(x)$.

解：因为 $x<0$ 时，事件"$X\leqslant x$"为不可能事件，所以 $F(x)=P\{X\leqslant x\}=0$；

当 $x\geqslant r$ 时，事件"$X\leqslant x$"为必然事件，所以 $F(x)=P\{X\leqslant x\}=1$；

当 $0 \leqslant x < r$ 时，由几何概型可知

$$F(x) = P\{X \leqslant x\} = \frac{\pi x^2}{\pi r^2} = \frac{x^2}{r^2}$$

因此有

$$F(x) = \begin{cases} 0, & x < 0 \\ \dfrac{x^2}{r^2}, & 0 \leqslant x < r \\ 1, & x \geqslant r \end{cases}$$

【例 2-1-3】　设随机变量 X 的分布函数为

$$F(x) = \begin{cases} A + B\mathrm{e}^{-\frac{x^2}{2}}, & x > 0 \\ 0, & x \leqslant 0 \end{cases}$$

（1）求系数 A、B；

（2）计算 $P\{X \leqslant 2\}$，$P\left\{\dfrac{1}{2} < X \leqslant 1\right\}$.

解：（1）根据分布函数的性质，有

$$F(+\infty) = \lim_{x \to +\infty} F(x) = \lim_{x \to +\infty} (A + B\mathrm{e}^{-\frac{x^2}{2}}) = A = 1$$

$$\lim_{x \to 0^+} F(x) = F(0) = A + B = 0$$

得

$$\begin{cases} A = 1 \\ B = -1 \end{cases}$$

因此

$$F(x) = \begin{cases} 1 - \mathrm{e}^{-\frac{x^2}{2}}, & x > 0 \\ 0, & x \leqslant 0 \end{cases}$$

（2）$P\{X \leqslant 2\} = F(2) = 1 - \mathrm{e}^{-2} \approx 0.8647$

$$P\left\{\frac{1}{2} < X \leqslant 1\right\} = F(1) - F\left(\frac{1}{2}\right) = \mathrm{e}^{-\frac{1}{8}} - \mathrm{e}^{-\frac{1}{2}} \approx 0.2760$$

习题 2-1

1. 区分下面随机变量是离散型还是连续型.
   （1）一节课上学生提问的次数；
   （2）书架上任选一本书的页数；
   （3）一批零件中的次品数；
   （4）医院中病人的体温；
   （5）某地区的年降雨量；
   （6）打电话时一次通话的时间.

2. 设随机变量 X 的分布函数为

$$F(x) = \begin{cases} 1 - \dfrac{A}{x^2}, & x > 2 \\ 0, & x \leqslant 2 \end{cases}$$

试确定常数 A 的值，并计算概率 $P\{0 < X \leqslant 4\}$.

3. 一位顾客在超市付款的时间 X（单位：分钟）是一个随机变量，设它的分布函数为

$$F(x)=\begin{cases}0, & x\leqslant 0\\ 1-e^{-\frac{x}{3}}, & x>0\end{cases}$$

当你去超市收银台付款时，某人恰好在你前面开始付款，求你等待时间不超过 3 分钟的概率以及等待时间超过 5 分钟的概率.

第二节　离散型随机变量

一、离散型随机变量的概率分布

[定义 1]　设离散型随机变量 X 所有可能的取值为 x_1，x_2，$\cdots$，x_k，$\cdots$，称

$$P\{X=x_k\}=p_k \quad (k=1,2,3,\cdots)$$

为 X 的概率分布或分布律.

常用表格的形式来表示分布律：

X	x_1	x_2	$\cdots$	x_k	$\cdots$
P	p_1	p_2	$\cdots$	p_k	$\cdots$

根据概率分布的定义，$p_k(k=1,2,3,\cdots,)$ 必然满足：

① $p_k\geqslant 0$，$(k=1,2,3,\cdots)$

② $\sum\limits_{k=1}^{\infty}p_k=1$

由分布函数的定义 $F(x)=P\{X\leqslant x\}$，离散型随机变量 X 的分布函数为

$$F(x)=P\{X\leqslant x\}=\sum_{x_k\leqslant x}p_k \tag{2-2-1}$$

【例 2-2-1】　消费者协会收到大量顾客来信，投诉他们购买的空调器的质量问题，消费者协会对数据进行整理后给出空调器重要缺陷数 X 的概率分布：

X	0	1	2	3	4	5	6	7	8	9	10
P	0.041	0.130	0.209	0.223	0.178	0.114	0.061	0.028	0.011	0.004	0.001

其中这些概率都是用统计方法确定的，其和为 1. 从概率可以看出，多数空调器的缺陷数在 1 和 5 之间，而超过 6 个缺陷的空调器是较少的，用此概率分布可以计算出下列事件的概率：

$$P\{1\leqslant X\leqslant 5\}=P\{X=1\}+P\{X=2\}+P\{X=3\}+P\{X=4\}+P\{X=5\}=0.895$$
$$P\{X>6\}=P\{X=7\}+P\{X=8\}+P\{X=9\}+P\{X=10\}=0.044$$

【例 2-2-2】　设盒子中有 5 个球，其中 2 个白球、3 个黑球，先从中任意取出 3 个球，求取到白球数 X 的概率分布.

解：X 的可能取值为 0，1，2，则

$$P\{X=0\}=\frac{C_2^0 C_3^3}{C_5^3}=\frac{1}{10}$$

$$P\{X=1\}=\frac{C_2^1 C_3^2}{C_5^3}=\frac{6}{10}$$

$$P\{X=2\}=\frac{C_2^2 C_3^1}{C_5^3}=\frac{3}{10}$$

即

X	0	1	2
P	$\dfrac{1}{10}$	$\dfrac{6}{10}$	$\dfrac{3}{10}$

【例 2-2-3】 设 X 的概率分布为

X	-1	1	2
P	0.2	0.5	0.3

求 X 的分布函数.

解：分布函数 $F(x)=P\{X\leqslant x\}$

当 $x<-1$ 时，$F(x)=P\{X\leqslant x\}=0$

当 $-1\leqslant x<1$ 时，$F(x)=P\{X\leqslant x\}=P\{X=-1\}=0.2$

当 $1\leqslant x<2$ 时，$F(x)=P\{X\leqslant x\}=P\{X=-1\}+P\{X=1\}=0.7$

当 $x\geqslant2$ 时，$F(x)=P\{X\leqslant x\}=P\{X=-1\}+P\{X=1\}+P\{X=2\}=1$

因此

$$F(x)=\begin{cases}0, & x<-1\\0.2, & -1\leqslant x<1\\0.7, & 1\leqslant x<2\\1, & x\geqslant2\end{cases}$$

【例 2-2-4】 下列数列能否作为一个随机变量的概率分布？

(1) $p_k=\dfrac{2-k}{2}$ $(k=1,2,3,4)$

(2) $p_k=\dfrac{k^2}{25}$ $(k=0,1,2,3,4)$

(3) $p_k=2^{-k}$ $(k=1,2,\cdots,n)$

解：数列 (1) 不能作为一个随机变量的概率分布，因为 $p_3<0$ 和 $p_4<0$.

数列 (2) 也不能作为一个随机变量的概率分布，因为 $\sum\limits_{k=0}^{4}p_k=\dfrac{6}{5}$.

数列 (3) 能作为一个随机变量的概率分布，因为 $p_k>0(k=1,2,\cdots,n)$；且它们的和为 1.

二、几种常用的离散型分布

1.伯努利分布（0—1 分布）

[定义 2] 若随机变量 X 的概率分布为

$$P\{X=1\}=p,\ P\{X=0\}=1-p \quad (0<p<1)$$

则称随机变量 X 服从伯努利分布或 0—1 分布.

伯努利分布的试验背景是伯努利试验，若在一次伯努利试验中，某个事件 A 发生的概率为 p，则事件 A 发生的次数 X 服从伯努利分布，即

X	0	1
P	$1-p$	p

2. 二项分布

[定义 3] 若随机变量 X 的概率分布为

$$P\{X=k\}=C_n^k p^k (1-p)^{n-k} \quad (0<p<1, k=0, 1, 2, \cdots, n)$$

则称 X 服从参数为 n，p 的二项分布，记作 $X \sim B(n,p)$.

二项分布的试验背景是 n 重伯努利试验. 在 n 重伯努利试验中，若一次实验中事件 A 发生的概率为 p，则 n 次试验中事件 A 发生 k 次的概率为 $C_n^k p^k (1-p)^{n-k} (0<p<1)$. 由二项式定理可知

$$\sum_{k=0}^{n} P\{X=k\} = \sum_{k=0}^{n} C_n^k p^k (1-p)^{n-k}$$
$$= [p+(1-p)]^n = 1$$

【例 2-2-5】 某单位有 4 辆汽车，假设每辆车在一年内至多只发生一次损失，且各自相互独立，具有相同的损失率 $p=0.1$，试建立该单位一年内汽车损失次数的概率分布.

解：设 X 表示该单位一年内汽车损失次数，$n=4$，$p=0.1$，则 $X \sim B(4,0.1)$，按照二项分布的定义有

$$P\{X=k\} = C_4^k \times (0.1)^k \times (1-0.1)^{4-k} \quad (k=0, 1, 2, 3, 4)$$

即

X	0	1	2	3	4
P	0.6561	0.2916	0.0486	0.0036	0.0001

【例 2-2-6】 一批产品的废品率 $p=0.03$，每次抽取一个产品，进行 20 次有放回抽样，求出现废品的频率为 0.1 的概率.

解：设 X 表示 20 次有放回抽样中废品出现的次数，则 $X \sim B(20,0.03)$.

所求概率为

$$P\left\{\frac{X}{20}=0.1\right\} = P\{X=2\} = C_{20}^2 \times (0.03)^2 \times (0.97)^{18} = 0.0988$$

【例 2-2-7】 甲、乙两棋手约定进行 10 盘比赛，以赢的盘数较多者胜，设在每盘中甲赢的概率为 0.6，乙赢的概率为 0.4，在各盘比赛相互独立的条件下，甲胜、乙胜和不分胜负的概率各是多少？

解：若用 X 表示 10 盘棋中甲赢的盘数，则 $X \sim B(10,0.6)$，按照约定，甲赢 6 盘或 6 盘以上即得胜，因此有

$$P\{甲胜\} = P\{X \geq 6\} = \sum_{k=6}^{10} C_{10}^k \times (0.6)^k \times (0.4)^{10-k} = 0.6331$$

类似地分析有

$$P\{不分胜负\} = P\{X=5\} = C_{10}^5 \times (0.6)^5 \times (0.4)^5 = 0.2007$$

$$P\{乙胜\} = P\{X \leq 4\} = \sum_{k=0}^{4} C_{10}^k \times (0.6)^k \times (0.4)^{10-k} = 0.1662$$

因此甲胜的概率为 0.6331，乙胜的概率为 0.1662，甲乙不分胜负的概率为 0.2007.

3. 泊松（Poisson）分布

在历史上，泊松分布是作为二项分布的近似，于 1837 年由法国数学家泊松（Poisson）首次提出的，以后发现，很多取非负整数的离散随机变量都服从泊松分布.

[定义4]　若随机变量 X 的概率分布为

$$P\{X=k\}=\frac{\lambda^k}{k!}e^{-\lambda}\quad(k=0,1,2,\cdots)$$

则称随机变量 X 服从参数为 λ 的泊松分布，记作 $X\sim P(\lambda)$.

容易算得

$$\sum_{k=0}^{\infty}P\{X=k\}=\sum_{k=0}^{\infty}\frac{\lambda^k}{k!}e^{-\lambda}=e^{-\lambda}\sum_{k=0}^{\infty}\frac{\lambda^k}{k!}=e^{-\lambda}e^{\lambda}=1$$

泊松分布的概率值可由附表1查得.

泊松分布是常用的离散分布之一，它常与计数过程相联系，现实世界中很多随机变量都为泊松分布.例如：

① 一段时间内，来到公共汽车站的候车人数；

② 一段时间内，某个操作系统发生故障的次数；

③ 一段时间内，超市排队等候付款的顾客人数；

④ 一个稳定的团体内，活到100岁的人数；

⑤ 一匹布上，疵点的个数；

⑥ 100页书上，错别字的个数.

【例 2-2-8】　某城市每天发生火灾的次数 X 服从参数 $\lambda=0.8$ 的泊松分布，求该城市一天内发生3次或3以上火灾的概率.

解：参数 $\lambda=0.8$ 的泊松分布的概率分布为

$$P\{X=k\}=\frac{(0.8)^k}{k!}e^{-0.8}\quad(k=0,1,2,\cdots)$$

所求概率为

$$P\{X\geqslant3\}=1-P\{X<3\}=1-\sum_{k=0}^{2}\frac{(0.8)^k}{k!}e^{-0.8}\approx0.0474$$

在二项分布 $B(n,p)$ 中，若相对的 n 很大、p 较小时，二项分布的概率很难计算，以下给出这种情况下二项分布概率的近似计算方法.

定理（泊松定理）　设随机变量 $X_n\sim B(n,p_n)$，且参数 n、p_n 满足 $\lim\limits_{n\to\infty}np_n=\lambda\geqslant0$，则对任意非负整数 k，有

$$\lim_{n\to\infty}C_n^kp^k(1-p)^{n-k}=\frac{\lambda^k}{k!}e^{-\lambda}\quad(k=0,1,2,\cdots)$$

证略.

由以上定理可知，$X\sim B(n,p)$ 时，若相对的 n 很大、p 较小时（一般 $n\geqslant100$，$p\leqslant0.1$）时，可以用泊松分布近似计算二项分布的概率.即近似的有

$$X\sim P(\lambda),\quad(\lambda=np)$$

即

$$P\{X=k\}=C_n^kp^k(1-p)^{n-k}\approx\frac{\lambda^k}{k!}e^{-\lambda}\quad(k=0,1,2,\cdots,n)$$

【例 2-2-9】　在500人组成的团体中，恰有 k 个人的生日是在元旦的概率是多少？

解：在该团体中，每个人生日恰好在元旦的概率为 $p=\frac{1}{365}$，则该团体中生日在元旦的

人数 $X \sim B\left(500, \dfrac{1}{365}\right)$. 因此

$$P\{X=k\}=C_{500}^{k} \times \left(\frac{1}{365}\right)^{k} \times \left(1-\frac{1}{365}\right)^{500-k} \qquad (k=0, 1, 2, \cdots, 500)$$

这个概率很难计算，由泊松定理，令 $\lambda=500 \times \dfrac{1}{365}=1.3699$，则有

$$P\{X=k\}=C_{500}^{k} \times \left(\frac{1}{365}\right)^{k} \times \left(1-\frac{1}{365}\right)^{500-k} \approx \frac{(1.3699)^{k}}{k!} e^{-1.3699}$$

为了比较，对 $C_{500}^{k} \times \left(\dfrac{1}{365}\right)^{k} \times \left(1-\dfrac{1}{365}\right)^{500-k}$ 计算后与 $\dfrac{(1.3699)^{k}}{k!} e^{-1.3699}$ $(k=0, 1, 2, \cdots,$ 6)进行对比（见表 2-2-1）.

表 2-2-1　二项分布与泊松分布近似的比较

k	$C_{500}^{k} \times \left(\frac{1}{365}\right)^{k} \times \left(1-\frac{1}{365}\right)^{500-k}$	$\frac{(1.3699)^{k}}{k!} e^{-1.3699}$	k	$C_{500}^{k} \times \left(\frac{1}{365}\right)^{k} \times \left(1-\frac{1}{365}\right)^{500-k}$	$\frac{(1.3699)^{k}}{k!} e^{-1.3699}$
0	0.2537	0.2541	4	0.0372	0.0373
1	0.3484	0.3481	5	0.0101	0.0102
2	0.2388	0.2385	6	0.0023	0.0023
3	0.1089	0.1089	≥7	0.0006	0.0006

【例 2-2-10】　保险公司售出某种一年期寿险保单 2000 份，已知此种寿险每单需交保费 100 元，当被保人一年内死亡时，保险公司赔付 2 万元. 假设已知此类被保险人一年内死亡的概率均为 0.002，试求：

(1) 保险公司从此种寿险获利不少于 10 万元的概率（营业成本忽略不计，下同）；

(2) 保险公司从此种寿险获利不少于 18 万元的概率.

解：由题可知，保险公司 2000 份保单的收入为 20 万元. 设 X 表示一年内被保险人的死亡人数，则 $X \sim B(2000, 0.002)$，保险公司一年的赔付为 $2X$ 万元.

显然近似的有 $X \sim P(4)$，则

(1) $P\{$获利不少于 10 万元$\}=P\{20-2X \geqslant 10\}$

$$=P\{X \leqslant 5\} \approx \sum_{k=0}^{5} \frac{4^{k}}{k!} e^{-4}=0.7851$$

(2) $P\{$获利不少于 18 万元$\}=P\{20-2X \geqslant 18\}$

$$=P\{X \leqslant 1\} \approx \sum_{k=0}^{1} \frac{4^{k}}{k!} e^{-4}=0.0916$$

4. 超几何分布

[**定义 5**]　若随机变量 X 的概率分布为

$$P\{X=k\}=\frac{C_{M}^{k} C_{N-M}^{n-k}}{C_{N}^{n}} \qquad (k=0, 1, 2, \cdots, l) \quad (l=\min\{M, n\})$$

其中 N、M、n 均为自然数，且 $M<N$、$n<N$，则称随机变量 X 服从参数为 N、M、n 的超几何分布.

超几何分布的试验背景是不放回抽样.

【例 2-2-11】 20 个产品中有 5 个不合格品，若从中随机取出 8 个，求其中不合格品数的概率分布.

解： 由题可知，$N=20$，$M=5$，$n=8$，则

$$P\{X=k\}=\frac{C_5^k C_{15}^{8-k}}{C_{20}^8} \quad (k=0，1，2，\cdots，5)$$

将计算结果列表为

X	0	1	2	3	4	5
P	0.0511	0.2554	0.3973	0.2384	0.0542	0.0036

【例 2-2-12】 设有一大批发芽率为 90% 的种子，现从中任取 10 粒，求播种后

(1) 恰有 8 粒发芽的概率；

(2) 至少有 9 粒发芽的概率.

解： 从一大批种子任取 10 粒，发芽的种子数 X 服从超几何分布，但参数 N、M 均未知. 由于 10 粒种子从一大批中取出，即 N 很大而 n 相对 N 很小，此时不放回抽样可近似看成有放回抽样，即超几何分布近似为二项分布，即近似的有 $X \sim B(10,0.9)$，因此

(1) $P\{X=8\} \approx C_{10}^8 \times (0.9)^8 \times (1-0.9)^2 \approx 0.1937$

(2) $P\{X \geqslant 9\} \approx \sum_{k=9}^{10} C_{10}^k \times (0.9)^k \times (1-0.9)^{10-k} \approx 0.7631$

5. 几何分布

[定义 6] 在伯努利试验中，若一次试验成功的概率为 p，随机变量 X 表示独立重复该试验直到成功为止需要的次数，则 X 的概率分布为

$$P\{X=k\}=(1-p)^{k-1}p \quad (k=1，2，\cdots)$$

称随机变量 X 服从参数为 p 的几何分布.

【例 2-2-13】 若一批产品不合格率为 0.01，现有放回抽样，每次一件直到抽到不合格品为止，求抽查次数 X 的概率分布.

解： 抽查次数 X 服从参数为 $p=0.01$ 的几何分布，其概率分布为

$$P\{X=k\}=(0.99)^{k-1} \times 0.01 \quad (k=1，2，\cdots)$$

习题 2-2

1. 现有 10 个零件，其中有 3 个不合格，现从中任取一个使用，若取到不合格品则丢弃重新抽取一个，试求取到合格品之前取出的不合格品数 X 的概率分布.

2. 设随机变量 X 的概率分布为

X	0	1	2	3
P	0.2	0.3	0.1	0.4

试求：

(1) 随机变量 X 的分布函数并作出图形；

(2) 计算 $P\{-1 \leqslant X \leqslant 1\}$，$P\{0 \leqslant X \leqslant 1.5\}$，$P\{X \leqslant 2\}$.

3. 一批电子产品 20 个中有 5 个废品，任意取 4 个，求废品数不多于 2 个的概率.

4. 某厂需要 12 只集成电路装配仪表，已知该型号集成电路的不合格品率为 0.1，问需要采购几只才能以

99%的把握保证其中合格的集成电路不少于12只?

5.设随机变量 $X \sim P(\lambda)$,且 $P\{X=1\}=P\{X=2\}$,求 λ.

6.某车间有20部同型号的机床,每部机床开动的概率为0.8,若假定各机床是否开动相互独立,每部机床开动时所消耗的电能为15个单位,求这个车间消耗电能不少于270个单位的概率.

7.某商店有5名售货员独立地售货.已知每名售货员每小时中累计有15分钟要用台秤.

(1) 求在同一时刻需用台秤的人数的概率分布;

(2) 若商店里只有两台台秤,求因台秤太少而令顾客等候的概率.

8.已知随机变量 X 只能取 -1,0,1,2 四个值,相应概率依次为 $\dfrac{1}{2c}$,$\dfrac{3}{4c}$,$\dfrac{5}{8c}$,$\dfrac{7}{16c}$,试确定常数 c,并求概率 $P\{X<1 \mid X \neq 0\}$.

9.一名纺织厂女工照看800个纺锭,每一纺锭在某一段时间内断头的概率为0.005,求在这段时间内断头数不多于2的概率.

第三节　连续型随机变量及其分布

一、连续型随机变量

[定义1]　若对于随机变量 X 的分布函数 $F(x)$,存在非负可积函数 $f(x)$,使得对于任意实数 x,有

$$F(x)=P\{X \leqslant x\}=\int_{-\infty}^{x} f(t)\mathrm{d}t \tag{2-3-1}$$

则称 X 为连续型随机变量,称 $f(x)$ 为 X 的概率密度函数,简称为概率密度或密度函数,记为 $X \sim f(x)$.概率密度函数的图形称为 X 的密度曲线.

根据定义可知概率密度具有以下性质:

① $f(x) \geqslant 0$;

② $\int_{-\infty}^{+\infty} f(x)\mathrm{d}x=1$.

反之,若一个函数满足上述性质,则该函数可以作为某个连续型随机变量的概率密度函数.

连续型随机变量分布函数有以下性质.

① 对于一个连续型随机变量 X,若已知它的概率密度 $f(x)$,根据定义可以求得分布函数 $F(x)$,同时可以通过密度函数的积分来求 X 落在任何区间上的概率,即

$$P\{a<X \leqslant b\}=F(b)-F(a)=\int_{a}^{b} f(x)\mathrm{d}x \tag{2-3-2}$$

② 连续型随机变量 X 取任一指定值 $a(a \in R)$ 的概率为0,因为

$$P\{X=a\}=\lim_{\Delta x \to 0^{+}} P\{a-\Delta x<X \leqslant a\}=\lim_{\Delta x \to 0^{+}} \int_{a-\Delta x}^{a} f(x)\mathrm{d}x=0$$

因此,对连续型随机变量 X,有

$$P\{a<X \leqslant b\}=P\{a \leqslant X<b\}=P\{a<X<b\}=P\{a \leqslant X \leqslant b\}$$

由此性质可见,连续型随机变量 X 取任意值 a 的概率为0,这说明概率为零的事件不一定是不可能事件.同样,概率为1的事件也不一定是必然事件.

③ 若 $f(x)$ 在 x 处连续,则有

$$F'(x) = f(x) \tag{2-3-3}$$

【例 2-3-1】　设随机变量 X 的概率密度为

$$f(x) = \begin{cases} cx, & 0 \leqslant x < 3 \\ 2 - \dfrac{x}{2}, & 3 \leqslant x \leqslant 4 \\ 0, & 其他 \end{cases}$$

(1) 求系数 c；

(2) 求 X 的分布函数；

(3) 求 $P\{2 < X \leqslant 3.5\}$.

解：(1) 根据概率密度的性质有

$$\int_{-\infty}^{+\infty} f(x)\,\mathrm{d}x = \int_0^3 cx\,\mathrm{d}x + \int_3^4 \left(2 - \dfrac{x}{2}\right)\mathrm{d}x = 1$$

解得 $c = \dfrac{1}{6}$，因此，密度函数为

$$f(x) = \begin{cases} \dfrac{1}{6}x, & 0 \leqslant x < 3 \\ 2 - \dfrac{x}{2}, & 3 \leqslant x \leqslant 4 \\ 0, & 其他 \end{cases}$$

(2) 当 $x < 0$ 时，$F(x) = \displaystyle\int_{-\infty}^x f(t)\,\mathrm{d}t = 0$；

当 $0 \leqslant x < 3$ 时，$F(x) = \displaystyle\int_{-\infty}^0 f(t)\,\mathrm{d}t + \int_0^x f(t)\,\mathrm{d}t = \int_0^x \dfrac{t}{6}\,\mathrm{d}t = \dfrac{x^2}{12}$；

当 $3 \leqslant x \leqslant 4$ 时，$F(x) = \displaystyle\int_{-\infty}^0 f(t)\,\mathrm{d}t + \int_0^3 f(t)\,\mathrm{d}t + \int_3^x f(t)\,\mathrm{d}t$

$$= \int_0^3 \dfrac{t}{6}\,\mathrm{d}t + \int_3^x \left(2 - \dfrac{t}{2}\right)\mathrm{d}t = -\dfrac{x^2}{4} + 2x - 3$$；

当 $x > 4$ 时，$F(x) = \displaystyle\int_{-\infty}^0 f(t)\,\mathrm{d}t + \int_0^3 f(t)\,\mathrm{d}t + \int_3^4 f(t)\,\mathrm{d}t + \int_4^x f(t)\,\mathrm{d}t$

$$= \int_0^3 \dfrac{t}{6}\,\mathrm{d}t + \int_3^4 \left(2 - \dfrac{t}{2}\right)\mathrm{d}t = 1$$

因此

$$F(x) = \begin{cases} 0, & x < 0 \\ \dfrac{x^2}{12}, & 0 \leqslant x < 3 \\ -\dfrac{x^2}{4} + 2x - 3, & 3 \leqslant x \leqslant 4 \\ 1, & x > 4 \end{cases}$$

(3) $P\{2 < X \leqslant 3.5\} = F(3.5) - F(2) = \dfrac{29}{48}$.

【**例 2-3-2**】 设随机变量 X 的分布函数为

$$F(x)=\begin{cases}0, & x\leqslant 0 \\ x^2, & 0<x<1 \\ 1, & x\geqslant 1\end{cases}$$

(1) 求概率 $P\{0.3<X<0.7\}$；

(2) X 的概率密度.

解：(1) $P\{0.3<X<0.7\}=F(0.7)-F(0.3)=0.4$；

(2) X 的概率密度为

$$f(x)=F'(x)=\begin{cases}2x, & 0<x<1 \\ 0, & 其他\end{cases}.$$

二、几种常用的连续分布

1. 均匀分布

[**定义 2**] 若连续型随机变量 X 的概率密度为

$$f(x)=\begin{cases}\dfrac{1}{b-a}, & a\leqslant x\leqslant b \\ 0, & 其他\end{cases}$$

称 X 服从区间 $[a,b]$ 上的均匀分布，记作 $X\sim U[a,b]$.

由定义可知：(1) $f(x)\geqslant 0$；(2) $\displaystyle\int_{-\infty}^{+\infty}f(x)\mathrm{d}x=1$.

均匀分布的分布函数为

$$F(x)=\begin{cases}0, & x<a \\ \dfrac{x-a}{b-a}, & a\leqslant x\leqslant b \\ 1, & x>b\end{cases}$$

对于任意的 $x_1,x_2\in[a,b]$（$x_1<x_2$），有

$$P\{x_1<X<x_2\}=F(x_2)-F(x_1)=\frac{x_2-x_1}{b-a}$$

这表明均匀分布的随机变量 X 落入 $[a,b]$ 任意子区间的概率与该子区间的长度成正比，而与子区间的位置无关.

【**例 2-3-3**】 某城市每天有两班开往某旅游景点的列车，发车时间分别为早上 7 点 30 分和 8 点，设一游客到达车站的时刻均匀分布于早上 7～8 点之间，求此游客候车时间不超过 20 分钟的概率.

解：设游客到达车站的时间为 7 点过 X 分，则 $X\sim U[0,60]$，因此 X 的概率密度为

$$f(x)=\begin{cases}\dfrac{1}{60}, & 0\leqslant x\leqslant 60 \\ 0, & 其他\end{cases}$$

游客只有在 7:10～7:30 之间或 7:40～8:00 之间到达车站，候车时间不超过 20 分钟，因此所求概率为

$$P\{``10\leqslant X\leqslant 30"\bigcup``40\leqslant X\leqslant 60"\}=P\{10\leqslant X\leqslant 30\}+P\{40\leqslant X\leqslant 60\}$$

$$=\frac{30-10}{60}+\frac{60-40}{60}=\frac{2}{3}$$

2. 指数分布

[**定义 3**]　若连续型随机变量 X 的概率密度为

$$f(x)=\begin{cases}\lambda e^{-\lambda x}, & x>0\\ 0, & x\leqslant 0\end{cases}$$

其中 $\lambda>0$ 为常数，则称 X 服从参数为 λ 的指数分布，记作 $X\sim e(\lambda)$.

指数分布的分布函数为

$$F(x)=\begin{cases}1-e^{-\lambda x}, & x>0\\ 0, & x\leqslant 0\end{cases}$$

指数分布常用来描述各种"寿命"，如电子元器件的寿命、动物寿命、随机服务系统中的等候时间都服从指数分布. 指数分布在可靠性理论和排队轮中有广泛的应用.

【**例 2-3-4**】　设某电子元器件的寿命 X（单位：小时）服从参数为 $\lambda=\dfrac{1}{1000}$ 的指数分布.

（1）求该元器件在使用 800 小时后仍没有坏的概率；

（2）求在该元件已经使用了 600 小时未坏的条件下，它还可以再使用 800 小时的概率.

解：（1）元器件的寿命 X 的分布函数为

$$F(x)=\begin{cases}1-e^{-\frac{x}{1000}}, & x>0\\ 0, & x\leqslant 0\end{cases}$$

因此

$$P\{X>800\}=1-F(800)=e^{-\frac{800}{1000}}\approx 0.4493$$

$$(2)\ P\{X>1400|X>600\}=\frac{P\{X>600,X>1400\}}{P\{X>600\}}=\frac{P\{X>1400\}}{P\{X>600\}}$$

$$=\frac{e^{-1.4}}{e^{-0.6}}=e^{-0.8}\approx 0.4493$$

上例（2）中的计算结果表明：$P\{X>1400|X>600\}=P\{X>800\}$，即在元件使用了 600 小时未坏的条件下，可以再继续使用 800 小时的概率，等于它从启用起使用 800 小时不坏的无条件概率，这种性质称为指数分布的"无记忆性"，相当于说，元器件对已使用过的 600 小时没有记忆，不影响它以后使用寿命的统计规律.

3. 正态分布

[**定义 4**]　若连续型随机变量 X 的概率密度为

$$f(x)=\frac{1}{\sqrt{2\pi}\sigma}e^{-\frac{(x-\mu)^2}{2\sigma^2}}\qquad(-\infty<x<+\infty)$$

其中 μ、σ 均为常数，且 $\sigma>0$，则称 X 服从参数为 μ、σ^2 的正态分布，记作 $X\sim N(\mu,\sigma^2)$.

正态分布的概率密度具有以下性质：

① 概率密度的图形关于直线 $x=\mu$ 对称，当 $x=\mu$ 时，$f(x)$ 达到最大值：$\dfrac{1}{\sqrt{2\pi}\sigma}$；

② 概率密度曲线在 $x=\mu\pm\sigma$ 处对应有拐点；

③ 概率密度曲线以 x 轴为水平渐近线.

正态分布的密度曲线也称作正态曲线，它是一条钟形曲线：中间高、两边低、左右对称. 从图 2-3-1、图 2-3-2 中可以看出，参数 μ 确定了正态曲线的位置，而 σ 的大小决定了曲线的陡峭程度.

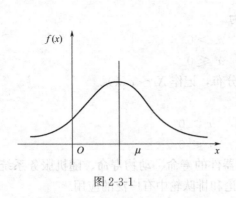

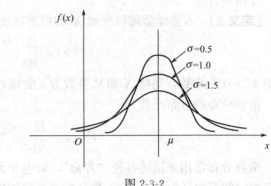

图 2-3-1　　　　　　　　　　图 2-3-2

正态分布是概率论与数理统计中最重要的分布，很多随机现象可以用正态分布描述或近似描述，例如：

① 测量时产生的误差 ε 是随机变量，时大时小，时正时负，但是误差大的可能性小，误差小的可能性大，正负误差出现的机会相同，这个特点与正态曲线"中间高、两边低、左右对称"是吻合的，因此测量误差服从正态分布；

② 自动包装流水线上生产的罐头重量服从正态分布；

③ 同年龄人的身高与体重分别都服从正态分布；

④ 某个地区的年降雨量（单位：毫米）服从正态分布；

⑤ 超市在一周内售出的鸡蛋的总重量服从正态分布.

正态分布的分布函数为

$$F(x)=\frac{1}{\sqrt{2\pi}\sigma}\int_{-\infty}^{x}e^{-\frac{(t-\mu)^2}{2\sigma^2}}dt \quad (-\infty<x<+\infty)$$

在正态分布中，当参数 $\mu=0$、$\sigma=1$ 时称为标准正态分布，记作 $X\sim N(0,1)$，此时密度函数

$$\varphi(x)=\frac{1}{\sqrt{2\pi}}e^{-\frac{x^2}{2}} \quad (-\infty<x<+\infty)$$

分布函数

$$\Phi(x)=\frac{1}{\sqrt{2\pi}}\int_{-\infty}^{x}e^{-\frac{t^2}{2}}dt \quad (-\infty<x<+\infty)$$

此时正态曲线见图 2-3-3.

$x\geqslant0$ 时，标准正态分布的分布函数值 $\Phi(x)$ 由标准正态分布表（附表 2）可查，由此来计算正态分布的概率，根据标准正态曲线的对称性，可知，当 $x<0$ 时

$$\Phi(x)=1-\Phi(-x) \quad (2\text{-}3\text{-}4)$$

若 $X\sim N(0,1)$，则

① $P\{X\leqslant x\}=\Phi(x)$

② $P\{X>x\}=1-\Phi(x)$

③ $P\{x_1<X\leqslant x_2\}=\Phi(x_2)-\Phi(x_1)$

④ $P\{|X|\leqslant x\}=2\Phi(x)-1, (x\geqslant0)$

【例 2-3-5】 设 $X\sim N(0,1)$，求 $P\{X\leqslant$

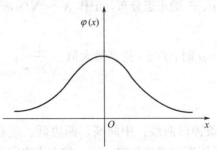

图 2-3-3　正态曲线

第二章　随机变量的分布

$-1.25\}$ 及 $P\{-1.5<X<2.3\}$.

解: 由附表2可查得 $\Phi(1.25)=0.8944$，于是

$$P\{X\leqslant-1.25\}=\Phi(-1.25)=1-\Phi(1.25)=1-0.8944=0.1056$$

$$P\{-1.5<X<2.3\}=\Phi(2.3)-\Phi(-1.5)=\Phi(2.3)-[1-\Phi(1.5)]$$
$$=0.9893+0.9332-1=0.9225$$

任何一个一般的正态分布都可以通过线性变换转化为标准正态分布.

定理　设 $X\sim N(\mu,\sigma^2)$，则 $Y=\dfrac{X-\mu}{\sigma}\sim N(0,1)$.

证明　$Y=\dfrac{X-\mu}{\sigma}$ 的分布函数

$$P\{Y\leqslant x\}=P\left\{\frac{X-\mu}{\sigma}\leqslant x\right\}=P\{X\leqslant\mu+\sigma x\}=\frac{1}{\sqrt{2\pi}\sigma}\int_{-\infty}^{\mu+\sigma x}e^{-\frac{(t-\mu)^2}{2\sigma^2}}dt$$

令 $u=\dfrac{t-\mu}{\sigma}$，上式等于

$$\frac{1}{\sqrt{2\pi}}\int_{-\infty}^{x}e^{-\frac{u^2}{2}}du=\Phi(x)$$

即

$$P\{Y\leqslant x\}=\Phi(x)$$

因此

$$Y=\frac{X-\mu}{\sigma}\sim N(0,1)$$

设 $X\sim N(\mu,\sigma^2)$，则 X 的分布函数

$$F(x)=\Phi\left(\frac{x-\mu}{\sigma}\right)\tag{2-3-5}$$

若 $X\sim N(\mu,\sigma^2)$，则

(1) $P\{X\leqslant x\}=F(x)=\Phi\left(\dfrac{x-\mu}{\sigma}\right)$

(2) $P\{X>x\}=1-F(x)=1-\Phi\left(\dfrac{x-\mu}{\sigma}\right)$

(3) $P\{x_1<X\leqslant x_2\}=F(x_2)-F(x_1)=\Phi\left(\dfrac{x_2-\mu}{\sigma}\right)-\Phi\left(\dfrac{x_1-\mu}{\sigma}\right)$

【例 2-3-6】　设 $X\sim N(8,0.5^2)$，求 $P\{|X-8|\leqslant1\}$ 及 $P\{X<10\}$.

解: $P\{|X-8|\leqslant1\}=P\left\{\left|\dfrac{X-8}{0.5}\right|\leqslant2\right\}=2\Phi(2)-1=0.9545$

$$P\{X<10\}=F(10)=\Phi\left(\frac{10-8}{0.5}\right)=\Phi(4)=1$$

【例 2-3-7】　设 $X\sim N(\mu,\sigma^2)$，求:

(1) $P\{\mu-\sigma<X<\mu+\sigma\}$.

(2) $P\{\mu-2\sigma<X<\mu+2\sigma\}$

(3) $P\{\mu-3\sigma<X<\mu+3\sigma\}$

解: (1) $P\{\mu-\sigma<X<\mu+\sigma\}=\Phi\left(\dfrac{\mu+\sigma-\mu}{\sigma}\right)-\Phi\left(\dfrac{\mu-\sigma-\mu}{\sigma}\right)$

$$=\Phi(1)-\Phi(-1)=0.6826$$

$$(2)\ P\{\mu-2\sigma<X<\mu+2\sigma\}=\Phi\left[\frac{\mu+2\sigma-\mu}{\sigma}\right]-\Phi\left[\frac{\mu-2\sigma-\mu}{\sigma}\right]$$
$$=\Phi(2)-\Phi(-2)=0.9544$$

$$(3)\ P\{\mu-3\sigma<X<\mu+3\sigma\}=\Phi\left[\frac{\mu+3\sigma-\mu}{\sigma}\right]-\Phi\left[\frac{\mu-3\sigma-\mu}{\sigma}\right]$$
$$=\Phi(3)-\Phi(-3)=0.9973$$

由此看出：X 的取值大部分落在区间 $(\mu-\sigma,\mu+\sigma)$ 内，基本上落在区间 $(\mu-2\sigma,\mu+2\sigma)$ 内，几乎全部落在区间 $(\mu-3\sigma,\mu+3\sigma)$ 内，落在以 μ 为中心、3σ 为半径的区间外的概率不到 0.003.

从理论上讲，服从正态分布的随机变量 X 的取值范围是 $(-\infty,+\infty)$，但实际上 X 取区间 $(\mu-3\sigma,\mu+3\sigma)$ 外的数值的可能性微乎其微. 因此，往往认为它的取值是个有限区间，即区间 $(\mu-3\sigma,\mu+3\sigma)$，即实用中的三倍标准差规则，也叫 3σ 规则. 在企业管理中，经常应用这个规则进行质量检查和工艺过程控制.

【例 2-3-8】 某厂生产罐装咖啡，每罐标准重量为 1 千克，长期生产实践表明自动包装机包装的每罐咖啡的重量 X 服从参数 $\sigma=0.1$ 千克的正态分布. 为了使重量少于 1 千克的罐头数不超过 10%，应把自动包装线控制的平均值 μ 调节到什么位置上？

解： $X\sim N(\mu,0.1^2)$，若把自动包装线控制的在 μ 值调节到 1 千克位置，则有：

$$P\{X<1\}=\Phi\left[\frac{1-1}{0.1}\right]=\Phi(0)=0.5$$

即重量少于 1 千克的罐头占全部罐头数的 50%，这显然不符合要求. 所以应该把自动包装线控制的 μ 值调节到比 1 千克大一些的位置，使得

$$P\{X<1\}=\Phi\left[\frac{1-\mu}{0.1}\right]\leqslant 0.1 \quad 或 \quad \Phi\left[\frac{\mu-1}{0.1}\right]\geqslant 0.9$$

查附表 2 可得 $\Phi(1.29)=0.90147>0.9$，得 $\mu=1+0.1\times 1.29=1.129$.

即将包装控制的平均值 μ 调节到 1.129 处，可使得少于 1 千克的罐头数不超过 10%（见图 2-3-4、图 2-3-5）.

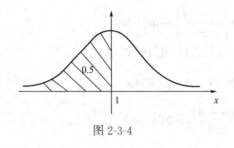

图 2-3-4

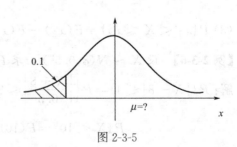

图 2-3-5

习题 2-3

1. 设连续型随机变量 X 的概率密度函数为

$$f(x)=\begin{cases}\dfrac{100}{x^2}, & x>100 \\ 0, & x\leqslant 100\end{cases}$$

求：(1) 分布函数 $F(x)$；

(2) $P\{X \leqslant 200\}$；

(3) $P\{X > 300\}$.

2. 设连续型随机变量 X 的分布函数为

$$F(x) = \begin{cases} A + Be^{-2x}, & x > 0 \\ 0, & x \leqslant 0 \end{cases}$$

求：(1) A、B 的值；

(2) $P\{-1 < X \leqslant 1\}$；

(3) 概率密度函数 $f(x)$.

3. 某种包裹的快递规定：每包不得超过 1 千克，令 X 表示任选一个包裹的重量，其概率密度为

$$f(x) = \begin{cases} 0.5 + x, & 0 < x \leqslant 1 \\ 0, & \text{其他} \end{cases}$$

求：(1) 这类包裹的重量至少 0.75 千克的概率；

(2) 这类包裹的重量最多为 0.5 千克的概率；

(3) $P\{0.25 \leqslant X \leqslant 0.75\}$.

4. 设连续型随机变量 X 服从 $[2,5]$ 上的均匀分布，现对 X 进行 3 次独立观测，求至少有两次观测值大于 3 的概率.

5. 某电脑显示器的使用寿命 X（单位：千小时）服从参数为 $\lambda = \dfrac{1}{50}$ 的指数分布，生产厂家承诺：购买者使用一年内显示器损坏将免费予以更换，求：

(1) 假设用户一般每年使用电脑 2000 小时，求厂家需免费为其更换显示器的概率；

(2) 显示器至少可以使用 10000 小时的概率；

(3) 已知某台显示器已经使用 10000 小时，求其至少还能再用 10000 小时的概率.

6. 设 $X \sim N(50,10^2)$，求下列概率：$P\{X \leqslant 20\}$，$P\{45 \leqslant X \leqslant 62\}$，$P\{X > 70\}$.

7. 设 $X \sim N(0.5,4)$，求：

(1) $P\{-0.5 < X < 1.5\}$，$P\{|X+0.5| < 2\}$，$P\{X \geqslant 0\}$；

(2) 常数 a，使 $P\{X > a\} = 0.8944$.

8. 资料显示，某年龄段妇女心脏的收缩压 X 服从均值 $\mu = 120$mmHg 和标准差 $\sigma = 10$mmHg 的正态分布，求：

(1) X 介于 $110 \sim 140$ 之间的概率；

(2) X 超过 145 的概率；

(3) X 低于 105 的概率.

9. 某工厂在工人中增发高产奖，按过去生产状况对月生产额最高的 5% 的工人发放该奖. 已知过去每人每月生产额 X（单位：千克）服从正态分布 $N(4000,60^2)$，试问高产奖发放标准应把月生产额定为多少？

第四节　随机变量函数的分布

在讨论正态分布与标准正态分布的关系时，有如下结论：若随机变量 $X \sim N(\mu,\sigma^2)$，则随机变量

$$Y = \frac{X-\mu}{\sigma} \sim N(0,1)$$

可以看出，Y 是随机变量 X 的函数，对 X 的每一个可能取值，Y 根据函数关系有唯一确

定的值与之对应. 因此, Y 也是随机变量, 这里称随机变量 Y 是随机变量 X 的函数, 一般表示为 $Y=g(X)$.

对于随机变量函数, 我们研究的是如何根据 $Y=g(X)$ 的关系, 由随机变量 X 的分布得到随机变量 Y 的分布, 下面就随机变量 X 为离散型和连续型两种情况来讨论.

一、离散型随机变量函数的分布

如果随机变量 X 为离散型随机变量, 则它的函数 $Y=g(X)$ 也必然是离散型随机变量, 可以由 X 的概率分布求出 Y 的概率分布.

【例 2-4-1】 设随机变量 X 的概率分布为

X	-2	-1	0	1	2	3
P	0.05	0.15	0.20	0.25	0.2	0.15

求 $Y=2X+1$ 和 $Z=X^2$ 的概率分布.

解:

X	-2	-1	0	1	2	3
$Y=2X+1$	-3	-1	1	3	5	7
P	0.05	0.15	0.2	0.25	0.2	0.15
$Z=X^2$	0	1	4	9		
P	0.2	0.40	0.25	0.15		

其中, 对于 $Z=X^2$, $P\{Z=0\}=P\{X=0\}=0.2$

$$P\{Z=1\}=P\{"X=-1" \cup "X=1"\}=0.15+0.25=0.4$$
$$P\{Z=4\}=P\{"X=-2" \cup "X=2"\}=0.05+0.2=0.25$$
$$P\{Z=9\}=P\{X=3\}=0.15$$

一般地, 若随机变量 X 的概率分布为

$$P\{X=x_k\}=p_k \ (k=1,2,\cdots)$$

则 $Y=g(X)$ 的全部可能取值为 $\{y_k=g(x_k) k=1,2,\cdots\}$, 由于其中可能有重复的, 所以在求 Y 的概率分布即计算 $P\{Y=y_i\}$ 时, 要将使 $g(x_k)=y_i$ 的所有 x_k 所对应的概率 $P\{X=x_k\}$ 累加起来, 即

$$P\{Y=y_i\}=\sum_{f(x_k)=y_i} p\{X=x_k\} \quad (i=1,2,\cdots)$$

二、连续型随机变量函数的分布

若 X 为连续型随机变量, 已知其概率密度为 $f_X(x)$, 我们按照分布函数及其性质来求随机变量函数 $Y=g(X)$ 的概率密度.

【例 2-4-2】 设 $X \sim e(\lambda)$ 和 $a>0$, 求 $Y=aX$ 的概率密度.

解: 由于 X 为连续型随机变量, 则 $Y=aX$ 也是连续型随机变量, 现已知 X 的分布函数和概率密度分别为

$$F_X(x)=\begin{cases}1-e^{-\lambda x}, & x>0 \\ 0, & x \leqslant 0\end{cases} \quad f_X(x)=\begin{cases}\lambda e^{-\lambda x}, & x>0 \\ 0, & x \leqslant 0\end{cases}$$

现求 $Y=aX$ 的分布函数 $F_Y(y)$ 或概率密度 $f_Y(y)$.

由于 X 不可能取负值，因此 Y 也不可能取负值，所以有

当 $y \leqslant 0$ 时　　　　　$F_Y(y) = P\{Y \leqslant y\} = 0$

当 $y > 0$ 时　　　　　$F_Y(y) = P\{Y \leqslant y\} = P\{aX \leqslant y\}$

$$= P\left\{X \leqslant \frac{y}{a}\right\} = F_X\left[\frac{y}{a}\right] = 1 - \mathrm{e}^{-\frac{\lambda y}{a}}$$

因此得到 Y 的分布函数

$$F_Y(y) = \begin{cases} 1 - \mathrm{e}^{-\frac{\lambda y}{a}}, & y > 0 \\ 0, & y \leqslant 0 \end{cases}$$

对 $F_Y(y)$ 求导即得到 Y 的概率密度

$$f_Y(y) = \begin{cases} \dfrac{\lambda}{a} \mathrm{e}^{-\frac{\lambda y}{a}}, & y > 0 \\ 0, & y \leqslant 0 \end{cases}$$

【例 2-4-3】　设 $X \sim U[0,1]$，求 $Y = -\ln X$ 的概率分布.

解：由题可知 X 的分布函数与概率密度分别为

$$F_X(x) = \begin{cases} 0, & x < 0 \\ x, & 0 \leqslant x \leqslant 1 \\ 1, & x > 1 \end{cases} \qquad f_X(x) = \begin{cases} 1, & 0 \leqslant x \leqslant 1 \\ 0, & 其他 \end{cases}$$

X 仅在 $[0,1]$ 上取值，因此 $Y = -\ln X$ 只可能在 $(0, +\infty)$ 上取值，所以

当 $y \leqslant 0$ 时，$F_Y(y) = 0$

当 $y > 0$ 时，$F_Y(y) = P\{Y \leqslant y\} = P\{-\ln X \leqslant y\}$

$$= P\{\ln X \geqslant -y\} = P\{X \geqslant \mathrm{e}^{-y}\}$$

$$= 1 - P\{X < \mathrm{e}^{-y}\} = 1 - F_X(\mathrm{e}^{-y}) = 1 - \mathrm{e}^{-y}$$

因此 Y 的分布函数

$$F_Y(y) = \begin{cases} 1 - \mathrm{e}^{-y}, & y > 0 \\ 0, & y \leqslant 0 \end{cases}$$

对其求导得 Y 的概率密度

$$f_Y(y) = \begin{cases} \mathrm{e}^{-y}, & y > 0 \\ 0, & y \leqslant 0 \end{cases}$$

可见，当 X 服从 $[0,1]$ 上的均匀分布时，$Y = -\ln X$ 服从参数 $\lambda = 1$ 的指数分布.

按照以上例题的思路，不难得到以下定理

定理　设已知随机变量 X 的分布函数 $F_X(x)$ 和密度函数 $f_X(x)$，又设 $Y = g(X)$，其中 $g(x)$ 为严格单调函数，且导数存在，则 Y 的密度函数为

$$f_Y(y) = f_X(h(y)) |h'(y)|$$

其中 $h(y)$ 是 $y = g(x)$ 的反函数，$h'(y)$ 是其导数.

证略.

【例 2-4-4】　设 $X \sim N(\mu, \sigma^2)$，求 $Y = aX + b$（$a \neq 0$）的概率密度.

解：由题可知，X 的取值范围为 $(-\infty, +\infty)$，$g(x) = ax + b$ 在 $(-\infty, +\infty)$ 内严格单

调且反函数为 $h(y) = \dfrac{1}{a}(y-b)$ ，导数为 $h'(y) = \dfrac{1}{a}$ ．则由定理 1 可得

$$f_Y(y) = \frac{1}{|a|} f_X\left[\frac{y-b}{a}\right] = \frac{1}{\sqrt{2\pi}\,|a|\,\sigma} e^{-\frac{[y-(a\mu+b)]^2}{2(a\sigma)^2}}$$

可见 $Y = aX + b \sim N(a\mu + b, a^2\sigma^2)$ ，即正态随机变量的线性函数仍为正态随机变量．

习题 2-4

1. 已知随机变量 X 概率分布为

X	-2	-1	0	1	2	3
P	$2a$	a	$3a$	a	a	$2a$

试求：（1）a ；

（2）$Y = X^2 - 1$ 的概率分布．

2. 设随机变量 X 的概率分布为 $P\{X = k\} = \dfrac{1}{2^k}$（$k = 1, 2, \cdots$），求 $Y = \sin\left(\dfrac{\pi}{2}X\right)$ 的概率分布．

3. 设随机变量 X 服从 $[0, 1]$ 上的均匀分布，求随机变量函数 $Y = e^X$ 的概率密度．

4. 设随机变量 $X \sim e(\lambda)$ ，求 $Y = X^{-1}$ 的概率密度．

5. 设随机变量 X 的概率密度为 $f_X(x) = \begin{cases} e^{-x}, & x > 0 \\ 0, & x \leqslant 0 \end{cases}$ ，求 $Y = e^{-2X}$ 的概率密度．

第五节　随机变量的数字特征

随机变量的分布是对随机变量统计规律的完整描述，但在实际问题中，某些随机变量的概率分布很难确定，有时也不需要全面考察一个随机变量的分布情况，只需要知道随机变量在某些方面的特征即可．例如，考察某种大批量生产的元件寿命时，有时想了解元件的平均使用寿命，有时只需要分析这种元件的寿命与平均寿命的偏离程度．因为平均寿命达到一定要求并且这种偏离程度较小时，元件的质量就好．

实际上，描述随机变量取值的平均程度和偏离程度的某些数字特征在理论和实践上都具有更重要的意义，它们对于随机变量的本质描述的更为直接和实用．

一、数学期望

1. 离散型随机变量的数学期望

[定义 1]　设离散型随机变量 X 的概率分布为 $P\{X = x_k\} = p_k$（$k = 1, 2, \cdots$），若级数 $\sum\limits_{k=1}^{\infty} x_k p_k$ 绝对收敛，则称级数 $\sum\limits_{k=1}^{\infty} x_k p_k$ 为 X 的数学期望，简称期望或均值，记为 $E(X)$ ，即

$$E(X) = \sum_{k=1}^{\infty} x_k p_k$$

若级数 $\sum\limits_{k=1}^{\infty} |x_k| p_k$ 发散，则 X 的数学期望不存在．

若 X 为有限点分布，则

$$E(X) = \sum_{k=1}^{n} x_k p_k$$

【例 2-5-1】　甲、乙两个工人生产同一种产品，日产量相等，在一天中出现的废品数分别为 X 和 Y，其分布列各为

X	0	1	2	3
P	0.4	0.3	0.2	0.1

Y	0	1	2	3	4
P	0.5	0.1	0.2	0.1	0.1

试比较这两个工人的技术情况.

解： $E(X) = 0 \times 0.4 + 1 \times 0.3 + 2 \times 0.2 + 3 \times 0.1 = 1$

$E(Y) = 0 \times 0.5 + 1 \times 0.1 + 2 \times 0.2 + 3 \times 0.1 + 4 \times 0.1 = 1.2$

这表明：平均而言，乙每天出现的废品数比甲多，从这个意义上说，甲的技术比乙好些.

【例 2-5-2】　在有 N 个人的团体中普查某种疾病需要逐个验血，若血样呈阳性，则有此种疾病；呈阴性，则无此种疾病. 逐个验血需检验 N 次，若 N 很大，那验血的工作量也很大. 为了减少工作量，一位统计学家提出一个想法：把 k 个人（$k \geqslant 2$）的血样混合后再检验，若呈阴性则 k 个人都无此疾病，此时 k 个人只需要检验一次；若呈阳性，则对 k 个人再逐一检验，此时需要检验 $k+1$ 次. 若该团体中得此疾病的概率为 p，且得此疾病相互独立. 试问此种验血办法能否减少验血次数？若能减少，能减少多少工作量.

解： 令 X 表示该团体中每人需要验血的次数，则 X 是仅取两个值的随机变量，其概率分布为

X	$\frac{1}{k}$	$\frac{1}{k}+1$
P	$(1-p)^k$	$1-(1-p)^k$

则每人平均验血次数为

$$E(X) = \frac{1}{k}(1-p)^k + \left[\frac{1}{k}+1\right][1-(1-p)^k]$$

$$= 1 - (1-p)^k + \frac{1}{k}$$

新的验血方法比逐一验血方法平均能较少验血次数为

$$1 - E(X) = (1-p)^k - \frac{1}{k}$$

若 $E(X) < 1$，则新方法能减少验血次数.

例如，当 $p = 0.1$、$k = 2$ 时，$1 - E(X) = 1 - 0.69 = 0.31$，即平均每人减少 0.31 次. 若该团体有 10000 人，则可减少 3100 次，即减少 31% 的工作量. 对 k 的其他值，也可类似计算，计算结果见表 2-5-1.

表 2-5-1　平均验血次数（$p = 0.1$）

k	$E(X)$	$1 - E(X)$ /%
2	0.6900	31.00
3	0.6043	39.57
4	0.5939	40.61
5	0.6095	39.05
6	0.6352	36.48
7	0.6646	33.54
8	0.6954	30.55
10	0.7513	24.87
15	0.8608	13.92
25	0.9682	3.18
30	0.9909	0.91
34	1.0015	−0.15

从该表可以看出，当 $p = 0.1$ 已知时，可选出一个 $k_0 = 4$ 使得 $E(X)$ 最小，此时把 4 个人的血样混合用新的方法检验，可使平均验血次数最少. 而当 $k \geqslant 34$ 时，反而要增加平均验血次数.

随机变量的数学期望由其概率分布唯一确定，因此，我们常把具有相同概率分布的随机变量的数学期望称为其分布的数学期望.

下面来计算一些常用的离散型分布的数学期望.

（1）伯努利分布（0—1 分布）

伯努利分布的概率分布为

X	0	1
P	$1-p$	p

则

$$E(X) = 1 \times p + 0 \times (1-p) = p$$

即伯努利分布的数学期望为随机变量 X 取值为 1 的概率.

（2）二项分布

设 $X \sim B(n, p)$，则 X 的概率分布为

$$P\{X = k\} = C_n^k p^k (1-p)^{n-k} \quad (0 < p < 1, k = 0, 1, 2, \cdots, n)$$

于是

$$E(X) = \sum_{k=0}^{n} k C_n^k p^k (1-p)^{n-k} = \sum_{k=1}^{n} \frac{kn!}{k!(n-k)!} p^k (1-p)^{n-k}$$

$$= \sum_{k=1}^{n} \frac{n(n-1)!}{(k-1)![(n-1)-(k-1)]!} pp^{k-1}(1-p)^{(n-1)-(k-1)}$$

$$= np \sum_{k=1}^{n} C_{n-1}^{k-1} p^{k-1} (1-p)^{(n-1)-(k-1)} = np(p+1-p)^{n-1} = np$$

（3）泊松分布

设 $X \sim P(\lambda)$，则有

$$P\{X = k\} = \frac{\lambda^k}{k!} e^{-\lambda} \quad (k = 0, 1, 2, \cdots)$$

于是

$$E(X) = \sum_{k=0}^{\infty} k \frac{\lambda^k e^{-\lambda}}{k!} = \sum_{k=0}^{\infty} \frac{\lambda^{k-1}}{(k-1)!} \lambda e^{-\lambda} = e^{\lambda} \lambda e^{-\lambda} = \lambda$$

2. 连续型随机变量的数学期望

[**定义 2**]　设随机变量 X 的概率密度为 $f(x)$，若积分 $\int_{-\infty}^{+\infty} x f(x) dx$ 绝对收敛，则称 $\int_{-\infty}^{+\infty} x f(x) dx$ 为 X 的数学期望，即

$$E(X) = \int_{-\infty}^{+\infty} x f(x) dx$$

若积分 $\int_{-\infty}^{+\infty} |x| f(x) dx$ 发散，则称 X 的数学期望不存在.

【**例 2-5-3**】　（柯西分布）　设随机变量 X 的概率密度为

$$f(x) = \frac{1}{\pi} \times \frac{1}{1+x^2} \qquad (-\infty < x < +\infty)$$

由于

$$\int_{-\infty}^{+\infty} |x| \frac{1}{\pi} \times \frac{1}{1+x^2} dx = \infty$$

所以 $E(X)$ 不存在.

【**例 2-5-4**】　设随机变量 X 的概率密度为

$$f(x) = \begin{cases} x, & 0 \leqslant x < 1 \\ 2-x, & 1 \leqslant x \leqslant 2 \\ 0, & \text{其他} \end{cases}$$

求 X 的数学期望.

解：根据连续型随机变量数学期望的定义，有

$$\begin{aligned} E(X) &= \int_{-\infty}^{+\infty} x f(x) dx \\ &= \int_{-\infty}^{0} x \cdot 0 dx + \int_{0}^{1} x \cdot x dx + \int_{1}^{2} x \cdot (2-x) dx + \int_{2}^{+\infty} x \cdot 0 dx \\ &= \frac{x^3}{3} \Big|_{0}^{1} + \left(x^2 - \frac{x^3}{3} \right) \Big|_{1}^{2} = 1 \end{aligned}$$

下面来计算一些常用的连续型分布的数学期望.

（1）均匀分布

设 $X \sim U[a,b]$，则 X 的概率密度为

$$f(x) = \begin{cases} \dfrac{1}{b-a}, & a \leqslant x \leqslant b \\ 0, & \text{其他} \end{cases}$$

于是

$$E(X) = \int_{-\infty}^{+\infty} x f(x) dx = \int_{a}^{b} \frac{x}{b-a} dx = \frac{1}{2}(a+b)$$

　　由此可见，均匀分布 $[a,b]$ 的数学期望恰是区间 $[a,b]$ 的中点，这直观表示了数学期望的意义.

　　(2) 指数分布

　　设 $X \sim e(\lambda)$，则 X 的概率密度为

$$f(x)=\begin{cases}\lambda e^{-\lambda x}, & x>0 \\ 0, & x \leqslant 0\end{cases}$$

　　其中 $\lambda > 0$ 为常数.

于是

$$E(X)=\int_{-\infty}^{+\infty} x f(x) \mathrm{d}x=\int_0^{+\infty} x\lambda e^{-\lambda x} \mathrm{d}x$$

$$=-x e^{-\lambda x}\Big|_0^{+\infty}+\int_0^{+\infty} e^{-\lambda x}\mathrm{d}x=-\frac{1}{\lambda}e^{-\lambda x}\Big|_0^{+\infty}=\frac{1}{\lambda}$$

　　由此可见，如果一个电子元件的寿命 X 服从参数为 λ（$\lambda > 0$）的指数分布，则这种元件的平均寿命为 $\frac{1}{\lambda}$.

　　(3) 正态分布

　　设 $X \sim N(\mu,\sigma^2)$，则 X 的概率密度为

$$f(x)=\frac{1}{\sqrt{2\pi}\sigma}e^{-\frac{(x-\mu)^2}{2\sigma^2}} \qquad (-\infty < x < +\infty)$$

在 $E(X)$ 的积分表达式中作变量代换 $z=\dfrac{x-\mu}{\sigma}$，则

$$E(X)=\int_{-\infty}^{+\infty} x f(x) \mathrm{d}x=\int_{-\infty}^{+\infty} \frac{1}{\sqrt{2\pi}\sigma} e^{-\frac{(x-\mu)^2}{2\sigma^2}} \mathrm{d}x$$

$$=\frac{1}{\sqrt{2\pi}}\int_{-\infty}^{+\infty}(\sigma z+\mu)e^{-\frac{z^2}{2}}\mathrm{d}z$$

$$=\frac{1}{\sqrt{2\pi}}\left[\sigma\int_{-\infty}^{+\infty}z e^{-\frac{z^2}{2}}\mathrm{d}z+\mu\int_{-\infty}^{+\infty}e^{-\frac{z^2}{2}}\mathrm{d}z\right]$$

$$=\mu$$

　　3.随机变量函数的数学期望

　　① 设 X 是离散型的随机变量，其分布列为 $P\{X=x_k\}=p_k(k=1,2,\cdots)$，又设 $y=g(x)$ 为连续实函数，且 $\displaystyle\sum_{k=1}^{\infty}g(x_k)p_k$ 绝对收敛，$Y=g(X)$，则

$$EY=E[g(X)]=\sum_{k=1}^{\infty}g(x_k)p_k$$

　　② 设 X 是连续型的随机变量，其密度函数为 $f(x)$，又设 $y=g(x)$ 为连续实函数，且 $\displaystyle\int_{-\infty}^{+\infty}g(x)f(x)\mathrm{d}x$ 绝对收敛，$Y=g(X)$，则

$$EY = E[g(X)] = \int_{-\infty}^{+\infty} g(x) f(x) \mathrm{d}x$$

【例 2-5-5】 设 X 的概率分布如下所示，求 $E[X-E(X)]^2$.

X	0	1	2
P	0.1	0.6	0.3

解：先求 $E(X)$

$$E(X) = 0 \times 0.1 + 1 \times 0.6 + 2 \times 0.3 = 1.2$$

则

$$E[X-E(X)]^2 = (0-1.2)^2 \times 0.1 + (1-1.2)^2 \times 0.6 + (2-1.2)^2 \times 0.3 = 0.36$$

【例 2-5-6】 设 X 服从 $[0,\pi]$ 上的均匀分布，求 $E(X^2)$ 和 $E(\sin X)$.

解：由题可知 X 的概率密度为

$$f(x) = \begin{cases} \dfrac{1}{\pi}, & 0 \leqslant x \leqslant \pi \\ 0, & \text{其他} \end{cases}$$

于是

$$E(X^2) = \int_{-\infty}^{+\infty} x^2 f(x) \mathrm{d}x = \int_0^{\pi} x^2 \frac{1}{\pi} \mathrm{d}x = \frac{1}{3}\pi^2$$

$$E(\sin X) = \int_{-\infty}^{+\infty} \sin x f(x) \mathrm{d}x = \int_0^{\pi} \frac{1}{\pi} \sin x \mathrm{d}x = \frac{2}{\pi}$$

4. 数学期望的性质

性质1　若 c 为常数，则 $E(c)=c$

性质2　若 a 为常数，则 $E(aX)=aE(X)$

性质3　线性性质：若 a、b 为常数，则 $E(aX+b)=aE(X)+b$

性质4　可加性：$E(X+Y)=E(X)+E(Y)$

性质 4 的推广：$E(X_1+X_2+\cdots+X_n)=E(X_1)+E(X_2)+\cdots+E(X_n)$

【例 2-5-7】 设 X 的分布列为

X	-1	0	1
P	$\frac{1}{2}$	$\frac{1}{4}$	$\frac{1}{4}$

求 $E(X)$ 和 $E(2X-1)$.

解：

$$E(X) = \sum_{k=1}^{3} x_k p_k = (-1) \times \frac{1}{2} + 0 \times \frac{1}{4} + 1 \times \frac{1}{4} = -\frac{1}{4}$$

$$E(2X-1) = 2E(X) - 1 = 2 \times \left(-\frac{1}{4}\right) - 1 = -\frac{3}{2}$$

二、方差

数学期望 $E(X)$ 描述的是随机变量 X 取值的平均程度，是分布的位置特征数，它总位于分布的中心，X 的取值总在其左右波动. 方差是度量此种波动大小的特征数.

称 $X-E(X)$ 为偏差，为随机变量. 偏差可大可小，可正可负，为了使这种偏差能累积起来不至于正负抵消，可取绝对偏差的数学期望 $E|X-E(X)|$ 来表示随机变量取值的波

动大小. 但由于绝对值在数学上处理不方便, 因此改用偏差平方来消去符号, 然后用期望 $E[X-E(X)]^2$ 来描述随机变量取值波动的大小 (取值的分散程度).

1. 方差的定义

[定义 3]　设 X 为随机变量, 若 $E[X-E(X)]^2$ 存在, 则称其为随机变量 X 的方差, 记作 $D(X)$, 即

$$D(X) = E[X-E(X)]^2$$

称 $\sqrt{D(X)}$ 为随机变量 X 的均方差或标准差.

由定义可知, 随机变量 X 描述了它取值与其期望的偏离程度. $D(X)$ 越小, 则该随机变量的取值越集中, 反之, $D(X)$ 越大, 该随机变量取值越分散.

方差是随机变量函数的数学期望, 若已知 X 为离散型随机变量, 其概率分布为

$$P\{X=x_k\} = p_k \quad (k=1,2,\cdots),$$

则

$$D(X) = \sum_{k=1}^{\infty} [x_k-E(X)]^2 p_k$$

若 X 为连续型随机变量, 已知 X 的概率密度为 $f(x)$, 则

$$D(X) = \int_{-\infty}^{+\infty} [x-E(X)]^2 f(x)\mathrm{d}x$$

由此可见, 随机变量的方差是一个非负数, 它由随机变量的概率分布完全确定. 因此也把随机变量的方差称为分布的方差.

根据方差的定义 $D(X)=E[X-E(X)]^2$, 由数学期望的性质, 有

$$\begin{aligned}
D(X) &= E[X-E(X)]^2 \\
&= E[X^2-2XE(X)+[E(X)]^2] \\
&= E(X^2)-2[E(X)]^2+[E(X)]^2 \\
&= E(X^2)-[E(X)]^2
\end{aligned}$$

即得到方差的常用计算公式:

$$D(X) = E(X^2)-[E(X)]^2$$

【例 2-5-8】　某人有一笔资金, 可投入两个项目: 房地产和开商店, 其收益都与市场状态有关. 若把未来市场划分为好、中、差三个等级, 其发生的概率分别为 0.2、0.7、0.1, 通过调查, 该人认为购置房地产的收益 X (万元) 和开商店的收益 Y (万元) 的概率分布分别为

X	-3	3	11
P	0.1	0.7	0.2

Y	-1	4	6
P	0.1	0.7	0.2

试问该人选择哪种投资较好?

解: 首先考察数学期望, 即平均收益

$$E(X) = -3\times0.1+3\times0.7+11\times0.2 = 4 \text{ (万元)}$$
$$E(Y) = -1\times0.1+4\times0.7+6\times0.2 = 3.9 \text{ (万元)}$$

从平均收益看，购置房地产较为有利，平均收益多 0.1 万元，再来考察方差，首先计算

$$E(X^2)=(-3)^2\times0.1+3^2\times0.7+11^2\times0.2=31.4$$

$$E(Y^2)=(-1)^2\times0.1+4^2\times0.7+6^2\times0.2=18.5$$

根据公式 $D(X)=E(X^2)-[E(X)]^2$，得

$$D(X)=15.4，D(Y)=3.29$$

得到标准差 $\sqrt{D(X)}=3.92$ 万元，$\sqrt{D(Y)}=1.81$ 万元.

方差越大，收益的波动就越大，从而风险也大，从标准差可见购置房地产的风险要比开商店的风险高一倍多，因此投资商店较好.

下面来计算一些常用分布的方差.

（1）伯努利分布（0—1 分布）

伯努利分布的概率分布为

X	0	1
P	$1-p$	p

并已求得 $E(X)=p$，则

$$E(X^2)=1^2\times p+0^0\times(1-p)=p$$

因此

$$D(X)=E(X^2)-[E(X)]^2=p-p^2=p(1-p)$$

（2）二项分布

设 $X\sim B(n,p)$，则 X 的概率分布为

$$P\{X=k\}=C_n^k p^k(1-p)^{n-k}\qquad(0<p<1，k=0，1，2，\cdots，n)$$

且 $E(X)=np$

$$
\begin{aligned}
E(X^2)&=E(X^2-X+X)\\
&=E[X(X-1)]+E(X)\\
&=\sum_{k=0}^{n}k(k-1)C_n^k p^k(1-p)^{n-k}+np\\
&=np+\sum_{k=2}^{n}\frac{k(k-1)n(n-1)\cdots(n-k+1)}{k!}p^k(1-p)^{n-k}\\
&=np+n(n-1)p^2\times\sum_{k=2}^{n}\frac{(n-2)(n-3)\cdots(n-k+1)}{(k-2)!}p^{k-2}(1-p)^{n-k}\\
&=np+n(n-1)p^2(p+1-p)^{n-2}=np+n^2p^2-np^2
\end{aligned}
$$

则

$$D(X)=E(X^2)-[E(X)]^2=np(1-p)$$

（3）泊松分布

设 $X\sim P(\lambda)$，则有

$$P\{X=k\}=\frac{\lambda^k}{k!}\mathrm{e}^{-\lambda}\qquad(k=0，1，2，\cdots)$$

且 $E(X)=\lambda$，则

$$
\begin{aligned}
E(X^2)&=E[X(X-1)]+E(X)\\
&=\lambda+\sum_{k=0}^{\infty}\frac{k(k-1)\lambda^k}{k!}\mathrm{e}^{-\lambda}\\
&=\lambda+\sum_{k=2}^{\infty}\frac{k(k-1)\lambda^k}{k!}\mathrm{e}^{-\lambda}
\end{aligned}
$$

$$=\lambda+\lambda^2\sum_{k=2}^{\infty}\frac{\lambda^{k-2}}{(k-2)!}\mathrm{e}^{-\lambda}$$

$$=\lambda+\lambda^2$$

则
$$D(X)=E(X^2)-[E(X)]^2=\lambda$$

(4) 均匀分布

设 $X\sim U[a,b]$，则 X 的概率密度为

$$f(x)=\begin{cases}\dfrac{1}{b-a}, & a\leqslant x\leqslant b\\ 0, & \text{其他}\end{cases}$$

且 $E(X)=\dfrac{1}{2}(a+b)$

$$E(X^2)=\int_{-\infty}^{+\infty}x^2f(x)\mathrm{d}x=\int_a^b x^2\frac{1}{b-a}\mathrm{d}x=\frac{1}{3}(b^2+ab+a^2)$$

则
$$D(X)=E(X^2)-[E(X)]^2$$

$$=\frac{1}{3}(b^2+ab+a^2)-\frac{1}{4}(a+b)^2=\frac{1}{12}(b-a)^2$$

(5) 指数分布

设 $X\sim e(\lambda)$，则 X 的概率密度为

$$f(x)=\begin{cases}\lambda\mathrm{e}^{-\lambda x}, & x>0\\ 0, & x\leqslant 0\end{cases}$$

其中 $\lambda>0$ 为常数，且 $E(X)=\dfrac{1}{\lambda}$. 则

$$E(X^2)=\int_{-\infty}^{+\infty}x^2f(x)\mathrm{d}x=\int_0^{+\infty}x^2\lambda\mathrm{e}^{-\lambda x}\mathrm{d}x=\frac{2}{\lambda^2}$$

$$D(X)=E(X^2)-[E(X)]^2=\frac{2}{\lambda^2}-\frac{1}{\lambda^2}=\frac{1}{\lambda^2}$$

(6) 正态分布

设 $X\sim N(\mu,\sigma^2)$，则 X 的概率密度为

$$f(x)=\frac{1}{\sqrt{2\pi}\sigma}\mathrm{e}^{\frac{(x-\mu)^2}{2\sigma^2}}\qquad(-\infty<x<+\infty)$$

且 $E(X)=\mu$. 则

$$D(X)=E[X-E(X)]^2=\int_{-\infty}^{+\infty}(x-\mu)^2\frac{1}{\sqrt{2\pi}\sigma}\mathrm{e}^{\frac{(x-\mu)^2}{2\sigma^2}}\mathrm{d}x$$

做变换 $u=\dfrac{x-\mu}{\sigma}$，可得

$$D(X)=\frac{\sigma^2}{\sqrt{2\pi}}\int_{-\infty}^{+\infty}u^2\mathrm{e}^{-\frac{u^2}{2}}\mathrm{d}u=\frac{2\sigma^2}{\sqrt{2\pi}}\int_0^{+\infty}u^2\mathrm{e}^{-\frac{u^2}{2}}\mathrm{d}u$$

利用变换 $y=\dfrac{u^2}{2}$，上述积分可化为伽玛函数，即

$$\int_0^{+\infty}u^2\mathrm{e}^{-\frac{u^2}{2}}\mathrm{d}u=\sqrt{2}\int_0^{+\infty}y^{\frac{1}{2}}\mathrm{e}^{-y}\mathrm{d}y=\sqrt{2}\,\Gamma\left[\frac{3}{2}\right]=\frac{\sqrt{2\pi}}{2}$$

代回原式即得 $D(X)=\sigma^2$，可见 σ 是正态分布的标准差.

    2.方差的性质

性质 1   若 c 为常数，则 $D(c)=0$

性质 2   若 b 为常数，则 $D(X+b)=D(X)$

性质 3   若 a 为常数，则 $D(aX)=a^2D(X)$

性质 4   若 a、b 为常数，则 $D(aX+b)=a^2D(X)$

性质 5 $D(X+Y)=D(X)+D(Y)$ （X 与 Y 独立）

习题2-5

1. 设 10 件产品中有 3 件次品，现任取一个使用，若取到次品就丢弃重新抽取一个，试求取到合格品之前取到的次品数的数学期望.

2. 设 5 次重复独立试验中，每次试验的成功率为 0.9，求失败次数的数学期望.

3. 一枚均匀硬币连抛 5 次：（1）写出正面出现次数 X 的概率分布；（2）求 X 的数学期望和方差.

4. 设随机变量 X 的概率分布为

X	-2	-1	0	1
P	0.2	0.3	0.1	0.4

  求：（1）$E(2X-1)$；（2）$E(X^2)$.

5. 已知 $X\sim B(n,p)$，且 $E(X)=3$，$D(X)=2$，试求 X 的全部可能的取值，并计算 $P\{X\leqslant 8\}$.

6. 设连续随机变量 X 的概率密度为

$$f(x)=\begin{cases} ax^b, & 0<x<1 \\ 0, & \text{其他} \end{cases} \quad (a,b>0)$$

已知 $E(X)=0.75$，求 a、b 的值.

7. 设连续随机变量 X 的概率密度为

$$f(x)=\begin{cases} \mathrm{e}^{-x}, & x>0 \\ 0, & x\leqslant 0 \end{cases}$$

  （1）设 $Y=2X+1$，求 $E(Y)$，$D(Y)$.

  （2）设 $Z=\mathrm{e}^{-2X}$，求 $E(Z)$，$D(Z)$.

综合练习二

一、填空题

1. 设随机变量 X 的概率分布为 $P\{X=k\}=\dfrac{k}{a}$，（$k=1,2,3$），则 $a=$ _____.

2. 一批零件的次品率为 0.01，有放回抽样，每次一件取 3 件，则取到的次品数 X 服从的分布为_____.

3. 设随机变量 $X\sim B(2,p)$，$Y\sim B(3,p)$，若 $P\{X\geqslant 1\}=\dfrac{5}{9}$，则 $P\{Y\geqslant 1\}=$ _____.

4. 设 $X\sim P(\lambda)$，且 $P\{X=1\}=P\{X=2\}$，则 $P\{X=3\}=$ _____.

5. 设随机变量 X 的概率密度为 $f(x)=\begin{cases} \dfrac{C}{x^2}, & x\geqslant 100 \\ 0, & x<100 \end{cases}$，则 $C=$ _____.

6. 设随机变量 X 的分布函数为 $F(x) = \begin{cases} 1 - e^{-\frac{x}{5}}, & x \geqslant 0 \\ 0, & x < 0 \end{cases}$，则 $P\{X > 5\} = $ _____.

7. 设随机变量 X 的概率密度为 $f(x) = ae^{-|x|}$（$-\infty < x < +\infty$），则 $a = $ _____.

8. 设连续型随机变量 X 的概率密度为 $f_X(x)$，则 $Y = e^X$ 的概率密度 $f_Y(y) = $ _____.

9. 设 $X \sim B(3, p)$，且 $P\{X < 1\} = \dfrac{1}{27}$，则 $E(X-1) = $ _____.

10. 设随机变量 X 服从泊松分布且 $P\{X = 1\} = P\{X = 2\}$，则 $E(3X-2) = $ _____.

11. 设随机变量 X 的概率密度为 $f(x) = \dfrac{1}{2\sqrt{\pi}} e^{\frac{x^2}{4}}$，则 $E(X^2) = $ _____.

12. 设随机变量 X 的概率密度为 $f(x) = \begin{cases} 2x, & 0 < x < 1 \\ 0, & 其他 \end{cases}$，则 $D(X) = $ _____.

二、选择题

1. 下列函数为某随机变量概率密度的是（　　）.

(A) $f(x) = \begin{cases} \sin x, & 0 < x < \dfrac{\pi}{2} \\ 0, & 其他 \end{cases}$　　　　(B) $f(x) = \begin{cases} \sin x, & 0 < x < \dfrac{3\pi}{2} \\ 0, & 其他 \end{cases}$

(C) $f(x) = \begin{cases} \sin x, & 0 < x < \pi \\ 0, & 其他 \end{cases}$　　　　(D) $f(x) = \begin{cases} \sin x, & 0 < x < 2\pi \\ 0, & 其他 \end{cases}$

2. 设随机变量 X 的概率密度为 $f(x)$，且 $f(-x) = f(x)$，$F(x)$ 是 X 的分布函数，则对任意实数 a，有（　　）.

(A) $F(-a) = 1 - \int_0^a f(x)dx$　　　　(B) $F(-a) = \dfrac{1}{2} - \int_0^a f(x)dx$

(C) $F(-a) = F(a)$　　　　(D) $F(-a) = 2F(a) - 1$

3. 设 1 个零件的使用寿命 X 的概率密度为 $f(x) = \begin{cases} \dfrac{1}{1000} e^{-\frac{x}{1000}}, & x > 0 \\ 0, & x \leqslant 0 \end{cases}$，则 3 个这样的零件恰好有 1 个使用寿命超过 1000 的概率为（　　）.

(A) e^{-1}　　　　(B) $3e^{-1}(1-e^{-1})^2$

(C) $3e^{-1}$　　　　(D) $(e^{-1})^3$

4. 设 $X \sim N(1,1)$，其概率密度为 $f(x)$，分布函数为 $F(x)$，则正确的结论是（　　）.

(A) $P\{X \leqslant 0\} = P\{X \geqslant 0\}$　　　　(B) $P\{X \leqslant 1\} = P\{X \geqslant 1\}$

(C) $F(-x) = F(x)$　　　　(D) $f(-x) = f(x)$

5. 设随机变量 X 的概率密度为 $f(x)$，则 $Y = -X$ 的概率密度为（　　）.

(A) $p(y) = -f(y)$　　　　(B) $p(y) = 1 - f(y)$

(C) $p(y) = f(-y)$　　　　(D) $p(y) = 1 - f(-y)$

6. 已知随机变量 X 的数学期望为 $E(X)$，则必有（　　）.

(A) $E(X^2) = [E(X)]^2$　　　　(B) $E(X^2) \geqslant [E(X)]^2$

(C) $E(X^2) \leqslant [E(X)]^2$　　　　(D) $E(X^2) + [E(X)]^2 = 1$

7. 设 X 服从泊松分布，且 $D(X+3) = 2$，则 $P\{X = 0\} = $（　　）.

(A) 0　　　　(B) $2e^{-2}$　　　　(C) e^{-2}　　　　(D) $\dfrac{1}{2}$

三、解答题

1. 盒子中有 6 个球，分别标注数字为 -3、-3、1、1、1、2，现从盒子中任取一球，试求取得的球上标注的数字的概率分布和分布函数.

2. 某工厂为了保证设备正常工作，需要配备一些维修工. 如果各台设备发生故障是相互独立的，且每台设备发生故障的概率都是 0.01. 试在以下条件下，求设备发生故障而不能及时维修的概率.

(1) 一名维修工负责 20 台设备；

(2) 3 名维修工负责 90 台设备.

3. 设 X 的分布函数为 $F(x) = \begin{cases} 0, & x < 0 \\ A\sin x, & 0 \leqslant x \leqslant \pi/2 \\ 1, & x > \pi/2 \end{cases}$，求常数 A 及 $P\{|X| < \frac{\pi}{6}\}$.

4. 一台电话总机共有 300 台分机，总机拥有 13 条外线，假设每台分机向总机要外线的概率为 3%，试求每台分机向总机要外线时，能及时得到满足的概率.

5. 设随机变量 X 的概率密度为 $f(x) = \begin{cases} c\lambda e^{-\lambda x}, & x > a \\ 0, & 其他 \end{cases}$ $(\lambda > 0)$，求常数 c 及 $P\{a-1 < X \leqslant a+1\}$.

6. 据调查某年级的学生完成一道作业题的时间 X（小时）是一个随机变量，它的概率密度为

$$f(x) = \begin{cases} cx^2 + x, & 0 \leqslant x < 0.5 \\ 0, & 其他 \end{cases}$$

(1) 确定常数 c；

(2) 求 X 的分布函数；

(3) 求在 20 分钟内完成一道作业题的概率；

(4) 求在 10 分钟以上完成一道作业题的概率.

7. 设 $X \sim N(\mu, \sigma^2)$，若 $P\{X \leqslant 9\} = 0.975$，$P\{X < 2\} = 0.062$，计算 μ、σ 的值并求 $P\{X > 6\}$.

8. 某单位招聘员工，共有 10000 人报考，假设考试成绩服从正态分布，且已知 90 分以上的 359 人，60 分以下的 1151 人，现按照考试成绩从高分到低分依次录用 2500 人，试问被录用者中最低分为多少？

9. 某车间生产的圆盘其直径服从区间 $[a, b]$ 上的均匀分布，试求圆盘面积的数学期望.

10. 一台设备由三大部件构成，在设备运转中需调整的概率为 0.1、0.2、0.3，假设各部件的状态相互独立，以 X 表示同时需要调整的部件数，求 X 的期望与方差.

11. 设随机变量 X 的概率密度为 $f(x) = \begin{cases} \dfrac{1}{\pi\sqrt{1-x^2}}, & |x| < 1 \\ 0, & 其他 \end{cases}$，求 X 的期望与方差.

第三章 多维随机变量及其分布

在实际应用中，仅用一维随机变量来讨论随机现象是不够的. 例如，对企业经济效益的测定需要同时考虑劳动生产率、资金产值率、资金利润等多个指标，这样就出现了三维随机变量. 又如，考虑一个国家的经济发展状况，有两个重要的指标：国民生产总值（GDP）和人均国民生产总值. 与一维随机变量的变化情况相同，对于多维随机变量亦可引入分布函数、概率密度函数等概念，本章将主要讨论二维随机变量及其分布.

第一节 二维随机变量及其分布

一、二维随机变量

[定义1] 设随机试验的样本空间是 $S=\{\omega\}$，而

$$X=X(\omega)，Y=Y(\omega)$$

是定义在 S 上的随机变量，称 $(X(\omega),Y(\omega))$ 为 S 上的二维随机变量或二维随机向量，简记为 (X,Y).

推广 一般地，称 n 个随机变量的整体 $X=(X_1,X_2,\cdots,X_n)$ 为 n 维随机变量或 n 维随机向量.

二、二维随机变量的分布函数

因为二维随机变量 (X,Y) 定义在同一个样本空间中，所以，二维随机变量的规律性不仅与 X 和 Y 有关，而且还依赖于这两个随机变量的相互关系，因此，逐个来研究 X 或 Y 的性质是不够的，还需将 (X,Y) 作为一个整体进行研究.

[定义2] 设 (X,Y) 是二维随机变量，对任意实数 x，y，二元函数

$$F(x,y)=P\{(X\leqslant x)\bigcap(Y\leqslant y)\}=P\{X\leqslant x,Y\leqslant y\} \tag{3-1-1}$$

称为二维随机变量 (X,Y) 的分布函数或称为随机变量 X 和 Y 的联合分布函数.

若将二维随机变量 (X,Y) 看成是平面上随机点 (x,y) 的坐标，则分布函数 $F(x,y)$ 在 (x,y) 处的函数值就是随机点 (X,Y) 落在如图 3-1-1 所示的以点 (x,y) 为顶点且位于该点左下方的无穷矩形域内的概率.

由概率的加法法则，随机点 (X,Y) 落入矩形域

$$G=\{(x,y)\,|\,x_1<x\leqslant x_2,y_1<y\leqslant y_2\}$$

（如图 3-1-2）的概率为

$$P\{x_1<x\leqslant x_2,y_1<y\leqslant y_2\}=F(x_2,y_2)-F(x_2,y_1)-F(x_1,y_2)+F(x_1,y_1)$$

$$\tag{3-1-2}$$

二维分布函数的性质：

（1）$0\leqslant F(x,y)\leqslant 1$，且

① 对任意固定的 y，$F(-\infty,y)=0$；

② 对任意固定的 x，$F(x,-\infty)=0$；

③ $F(-\infty,-\infty)=0$，$F(+\infty,+\infty)=1$.

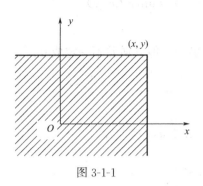

图 3-1-1

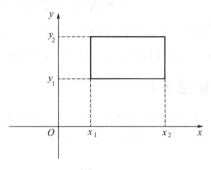

图 3-1-2

（2）$F(x,y)$ 关于 x 和 y 均为单调不减函数，即

① 对任意固定的 y，当 $x_2>x_1$ 时，$F(x_2,y)\geqslant F(x_1,y)$；

② 对任意固定的 x，当 $y_2>y_1$ 时，$F(x,y_2)\geqslant F(x,y_1)$.

（3）$F(x,y)$ 关于 x 和 y 均为右连续，即

$$F(x,y)=F(x+0,y)，F(x,y)=F(x,y+0)$$

（4）对于任意 (x_1,y_1)，(x_2,y_2)，$x_1<x_2$，$y_1<y_2$，不等式

$$F(x_2,y_2)-F(x_2,y_1)-F(x_1,y_2)+F(x_1,y_1)\geqslant 0$$

成立.

这一性质由式（3-1-2）及概率的非负性，即可得.

【例 3-1-1】　设二维随机变量 (X,Y) 的分布函数为

$$F(x,y)=(A+B\arctan x)(C+\arctan y)$$

求常数 A,B,C.

解：由二维分布函数性质得

$$F(-\infty,y)=\left(A-\frac{\pi}{2}B\right)(C+\arctan y)=0$$

$$F(x,-\infty)=(A+B\arctan x)\left(C-\frac{\pi}{2}\right)=0$$

$$F(+\infty,+\infty)=\left(A+\frac{\pi}{2}B\right)\left(C+\frac{\pi}{2}\right)=1$$

由上三式可得 $A=\dfrac{1}{2\pi}$，$B=\dfrac{1}{\pi^2}$，$C=\dfrac{\pi}{2}$.

三、二维随机变量边缘分布函数

对于二维随机变量 (X,Y) 作为一个整体，它具有分布函数 $F(x,y)$，而分量 X，Y 也都是随机变量，它们各自的分布函数称为 (X,Y) 关于 X 和 Y 的边缘分布函数，分别记为 $F_X(x)$，$F_Y(y)$.

[定义3] 若 (X,Y) 的分布函数 $F(x,y)$ 已知，则 (X,Y) 关于 X 的边缘分布函数为
$$F_X(x)=P\{X\leqslant x\}=P\{(X\leqslant x)\bigcap (Y\leqslant +\infty)\}$$
$$=P\{X\leqslant x,Y\leqslant +\infty\}=F(x,+\infty)=\lim_{y\to +\infty}F(x,y)$$

同理有 $F_Y(y)=F(+\infty,y)=\lim\limits_{x\to +\infty}F(x,y)$.

由上述可知，$F_X(x)$ 与 $F_Y(y)$ 由 $F(x,y)$ 唯一确定，但其逆并不一定成立.

习题 3-1

1. 设 (X,Y) 的分布函数为 $F(x,y)$ ，试用 $F(x,y)$ 表示：

(1) $P\{a\leqslant X\leqslant b,Y<c\}$ ；(2) $P\{0<Y<b\}$ ；(3) $P\{X\geqslant a,Y<b\}$.

2. 设

$$F(x,y)=\begin{cases}0, & x+y<1 \\ 1, & x+y\geqslant 1\end{cases},$$

讨论 $F(x,y)$ 能否成为某二维随机变量的分布函数？

第二节　二维离散型随机变量的分布

一、二维离散型随机变量的联合分布

[定义1]　若二维随机变量 (X,Y) 的所有可能取值是有限对或可列无穷对，则称 (X,Y) 为二维离散型随机变量.

设二维离散型随机变量 (X,Y) 的一切可能取值为 $(x_i,y_j)(i,j=1,2,\cdots,)$ ，记为
$$P\{X=x_i,Y=y_j\}=p_{ij}\quad (i,j=1,2,\cdots,)\tag{3-2-1}$$
式中 $p_{ij}(i,j=1,2,\cdots,)$ 称为二维离散型随机变量 (X,Y) 的概率分布（分布律），或 X 与 Y 的联合分布（分布律）.

(X,Y) 的分布律也可以用表 3-2-1 给出.

表 3-2-1

X \ Y	y_1	x_1	$\cdots$	y_j	$\cdots$	$P\{X=x_i\}$
x_1	p_{11}	p_{12}	$\cdots$	p_{1j}	$\cdots$	$\sum\limits_j p_{1j}$
x_2	p_{21}	p_{22}	$\cdots$	p_{2j}	$\cdots$	$\sum\limits_j p_{2j}$
$\vdots$	$\vdots$	$\vdots$	$\vdots$	$\vdots$	$\vdots$	$\vdots$
x_i	p_{i1}	p_{i2}	$\cdots$	p_{ij}	$\cdots$	$\sum\limits_j p_{ij}$
$\vdots$	$\vdots$	$\vdots$	$\vdots$	$\vdots$	$\vdots$	$\vdots$
$P\{Y=y_j\}$	$\sum\limits_i p_{i1}$	$\sum\limits_i p_{i2}$	$\cdots$	$\sum\limits_i p_{ij}$	$\cdots$	

由概率的定义有：

(1) $p_{ij}\geqslant 0$ ；　(2) $\sum\limits_{i=1}^{\infty}\sum\limits_{j=1}^{\infty}p_{ij}=1$.

离散型随机变量 X 和 Y 的联合分布函数具有形式
$$F(x,y)=P\{X\leqslant x,Y\leqslant y\}=\sum_{x_i\leqslant x}\sum_{y_j\leqslant y}p_{ij}\tag{3-2-2}$$

【例 3-2-1】　将两封信随意地投入 3 个空邮筒，设 X，Y 分别表示第 1、第 2 个邮箱中信的数量，求 X 与 Y 的联合分布，并求出第 3 个邮筒里至少投入一封信的概率.

解：X，Y 各自可能的取值均为 0，1，2，由题设知 (X,Y)，取 $(1,2)$、$(2,1)$、$(2,2)$ 均不可能. 取其他值的概率为

$$P\{X=0,Y=0\}=\frac{1}{3^2}=\frac{1}{9}$$

$$P\{X=0,Y=1\}=P\{X=1,Y=0\}=\frac{2}{3^2}=\frac{2}{9}$$

$$P\{X=1,Y=1\}=\frac{2}{9}$$

$$P\{X=2,Y=0\}=P\{X=0,Y=2\}=\frac{1}{9}.$$

(X,Y) 的联合分布表为

X＼Y	0	1	2
0	1/9	2/9	1/9
1	2/9	2/9	0
2	1/9	0	0

$P\{第三邮筒里至少有一封信\}=P\{第一、第二个邮筒里最多只有一封信\}$

$=P\{X+Y\leqslant 1\}=P\{X=0,Y=0\}+P\{X=0,Y=1\}+P\{X=1,Y=0\}$

$=\dfrac{1}{9}+\dfrac{2}{9}+\dfrac{2}{9}=\dfrac{5}{9}$

【例 3-2-2】　设随机变量 X 在 1，2，3，4 四个整数中等可能地取值，另一个随机变量 Y 在 $1\sim X$ 中等可能地取一个整数值，试求 (X,Y) 的分布律和 $F(2,3)$ 的值.

解：由乘法公式，易求 (X,Y) 的分布律. 易知事件 $\{X=i,Y=j\}$ 的取值是：$i=1,2,3,4$，j 取不大于 i 的正整数，且

$$P\{X=i,Y=j\}=P\{Y=j\,|\,X=i\}P\{X=i\}=\frac{1}{i}\times\frac{1}{4}$$

于是 (X,Y) 的分布律如下表.

Y＼X	1	2	3	4
1	1/4	1/8	1/12	1/16
2	0	1/8	1/12	1/16
3	0	0	1/12	1/16
4	0	0	0	1/16

从分布律可知

$$F(2,3)=P\{X\leqslant 2,Y\leqslant 3\}=\sum_{i\leqslant 2}\sum_{j\leqslant 3}p_{ij}=\sum_{i=1}^{2}\sum_{j=1}^{3}p_{ij}=\sum_{i=1}^{2}(p_{i1}+p_{i2}+p_{i3})$$

$$=p_{11}+p_{12}+p_{13}+p_{21}+p_{22}+p_{23}=\frac{1}{4}+0+0+\frac{1}{8}+\frac{1}{8}+0=\frac{1}{2}$$

二、二维离散型随机变量的边缘分布

二维离散型随机变量 (X,Y) 的分量都是一维离散型随机变量，X,Y 的分布律

$P\{X=x_i\}$，$P\{Y=y_j\}$ $(i,j=1,2,\cdots)$ 分别称为 (X,Y) 关于 X,Y 的边缘分布律.

由 $F(x,y)=P\{X\leqslant x,Y\leqslant y\}=\sum\limits_{x_i\leqslant x}\sum\limits_{y_j\leqslant y}p_{ij}$ 知道离散型随机变量 (X,Y) 关于 X,Y 的边缘分布函数.

$$F_X(x)=F(x,+\infty)=\sum_{x_i\leqslant x}\sum_{y_j\leqslant +\infty}p_{ij}=\sum_{x_i\leqslant x}\sum_{j=1}^{+\infty}p_{ij}$$

$$F_Y(y)=F(+\infty,y)=\sum_{x_i\leqslant +\infty}\sum_{y_j\leqslant y}p_{ij}=\sum_{x=1}^{+\infty}\sum_{y_j\leqslant y}p_{ij}$$

[定义 2]　二维离散型随机变量 (X,Y)，其中一维随机变量 X 的分布律为

$$P\{X=x_i\}=\sum_{j=1}^{\infty}p_{ij}\quad (i=1,2,\cdots)$$

则 (X,Y) 关于 X 的边缘分布律为

$$P\{X=x_i\}=\sum_{j=1}^{\infty}p_{ij}\quad (i=1,2,\cdots)$$

简记　　　　　$p_{i\cdot}=P\{X=x_i\}=\sum_{j=1}^{\infty}p_{ij}\quad (i=1,2,\cdots)$　　　　(3-2-3)

同理，(X,Y) 关于 Y 的边缘分布律记为 $p_{\cdot j}$，则

$$p_{\cdot j}=P\{Y=y_j\}=\sum_{i=1}^{\infty}p_{ij}\quad (j=1,2,\cdots)$$　　　　(3-2-4)

【例 3-2-3】　求例 3-2-1 中 (X,Y) 关于 X 的边缘分布律.

解：$P\{X=0\}=P\{X=0,Y=0\}+P\{X=0,Y=1\}+P\{X=0,Y=2\}=\dfrac{1}{9}+\dfrac{2}{9}+\dfrac{1}{9}$

$=\dfrac{4}{9}$

$P\{X=1\}=P\{X=1,Y=0\}+P\{X=1,Y=1\}+P\{X=1,Y=2\}=\dfrac{2}{9}+\dfrac{2}{9}+0=\dfrac{4}{9}$

$P\{X=2\}=P\{X=2,Y=0\}+P\{X=2,Y=1\}+P\{X=2,Y=2\}=\dfrac{1}{9}+0+0=\dfrac{1}{9}$

X	0	1	2
$p_{i\cdot}$	4/9	4/9	1/9

【例 3-2-4】　设袋中装有 4 个白球、5 个红球，现从袋中随机地无放回地抽取两次，每次一个，定义随机变量 X,Y 如下：

$$X=\begin{cases}0, & \text{第一次取出白球}\\ 1, & \text{第一次取出红球}\end{cases}\qquad Y=\begin{cases}0, & \text{第二次取出白球}\\ 1, & \text{第二次取出红球}\end{cases}$$

求随机变量 (X,Y) 的联合分布及边缘分布.

解：列表如下.

X　Y	0	1	$P\{Y=y_j\}=p_{\cdot j}$
0	$4/9\times3/8$	$5/9\times4/8$	4/9
1	$4/9\times5/8$	$5/9\times4/8$	5/9
$P\{X=x_i\}=p_{i\cdot}$	4/9	5/9	

习题 3-2

1. 求 (X,Y) 关于 X 和 Y 的边缘分布律.

X \ Y	−1	0	4
1	0.17	0.05	0.21
3	0.04	0.28	0.25

2. 设二维随机变量 (X,Y) 的分布函数为 $F(X,Y)$，分布律如下：

X \ Y	1	2	3	4
1	1/4	0	0	1/16
2	1/16	1/4	0	1/4
3	0	1/16	1/16	0

试求：(1) $P\left\{\dfrac{1}{2}<X<\dfrac{3}{2},0<Y<4\right\}$；(2) $P\{1\leqslant X\leqslant 2,3\leqslant Y\leqslant 4\}$；(3) $F(2,3)$.

3. 把一枚均匀硬币抛掷三次，设 X 为三次抛掷中正面出现的次数，而 Y 为正面出现次数与反面出现次数之差的绝对值，求 (X,Y) 的概率分布及 (X,Y) 关于 X,Y 的边缘分布.

4. 求例 3-2-2 中的关于 X,Y 的边缘分布.

5. 盒子里装有 3 只黑球、2 只红球、2 只白球，在其中任取 4 只球，以 X 表示取到黑球的只数，以 Y 表示取到红球的只数. 求 X 和 Y 的联合分布律.

第三节　二维连续型随机变量的分布

一、二维连续型随机变量的联合分布

[定义 1]　二维随机变量 (X,Y) 的分布函数 $F(X,Y)$，如果存在非负可积函数 $f(x,y)$，使得对于任意实数 x,y，有

$$F(X,Y)=P\{X\leqslant x,Y\leqslant y\}=\int_{-\infty}^{y}\int_{-\infty}^{x}f(s,t)\,\mathrm{d}s\,\mathrm{d}t \tag{3-3-1}$$

则称 (X,Y) 是二维连续型随机变量，函数 $f(x,y)$ 称为二维随机变量 (X,Y) 的概率密度或 X,Y 的联合概率密度.

按定义，概率密度 $f(x,y)$ 具有以下性质.

① $f(x,y)\geqslant 0$.

② $\int_{-\infty}^{+\infty}\int_{-\infty}^{+\infty}f(x,y)\,\mathrm{d}x\,\mathrm{d}y=F(-\infty,+\infty)=1$.

③ 若 $f(x,y)$ 在点 (x,y) 连续，则有

$$\frac{\partial^2 F(x,y)}{\partial x\partial y}=f(x,y) \tag{3-3-2}$$

④ 设 G 是平面 xoy 上的区域，则 (X,Y) 落在 G 内的概率为

$$P\{(X,Y)\in G\}=\iint\limits_{G}f(x,y)\,\mathrm{d}x\,\mathrm{d}y$$

【例 3-3-1】　设二维随机变量 (X,Y) 具有概率密度

$$f(x,y) = \begin{cases} k e^{-(2x+y)}, & x > 0, y > 0 \\ 0, & \text{其他} \end{cases}$$

求：(1) 常数 k ；(2) 分布函数 $F(x,y)$.

解：(1) 由性质 1，有

$$1 = \int_{-\infty}^{+\infty} \int_{-\infty}^{+\infty} f(x,y)\,\mathrm{d}x\mathrm{d}y = \int_{-\infty}^{+\infty} \int_{-\infty}^{+\infty} k e^{-(2x+y)}\,\mathrm{d}x\mathrm{d}y = k\int_{0}^{+\infty} e^{-2x}\,\mathrm{d}x\int_{0}^{+\infty} e^{-y}\,\mathrm{d}y = k \times \frac{1}{2},$$

于是 $k = 2$.

(2) $F(x,y) = P\{X \leqslant x, Y \leqslant y\} = \displaystyle\int_{-\infty}^{y} \int_{-\infty}^{x} f(x,y)\,\mathrm{d}x\mathrm{d}y$

$$= \begin{cases} \displaystyle\int_{0}^{y} \int_{0}^{x} 2e^{-(2x+y)}\,\mathrm{d}x\mathrm{d}y, & x > 0, y > 0 \\ 0, & \text{其他} \end{cases}$$

即

$$F(x,y) = \begin{cases} (1 - e^{-2x})(1 - e^{-y}), & x > 0, y > 0 \\ 0, & \text{其他} \end{cases}$$

【例 3-3-2】 设二维随机变量 (X, Y) 的密度函数为

$$f(x,y) = \begin{cases} 4xy, & 0 \leqslant x \leqslant 1, 0 \leqslant y \leqslant 1 \\ 0, & \text{其他} \end{cases}$$

求：(1) $P\{X + Y < 1\}$ ；(2) $P\{X > Y\}$.

解：(1) $P\{X + Y < 1\} = \displaystyle\int_{0}^{1}\mathrm{d}x\int_{0}^{1-x} 4xy\,\mathrm{d}y = \frac{1}{6}$ ，

(2) $P\{X > Y\} = \displaystyle\int_{0}^{1}\mathrm{d}x\int_{0}^{x} 4xy\,\mathrm{d}y = \frac{3}{4}$.

二、二维连续型随机变量的边缘分布

对于二维连续型随机变量 (X, Y) ，设它的概率密度为 $f(x,y)$ ，由边缘分布函数定义，有

$$F_X(x) = F(x, +\infty) = \int_{-\infty}^{x}\left[\int_{-\infty}^{+\infty} f(x,y)\,\mathrm{d}y\right]\mathrm{d}x \tag{3-3-3}$$

根据一维连续型随机变量的定义又可知，当 (X, Y) 是二维连续型随机变量时，某分量 (X, Y) 是一维连续型随机变量且 X 的概率密度为

$$f_X(x) = \int_{-\infty}^{+\infty} f(x,y)\,\mathrm{d}y \tag{3-3-4}$$

同理，Y 的概率密度为

$$f_Y(y) = \int_{-\infty}^{+\infty} f(x,y)\,\mathrm{d}x \tag{3-3-5}$$

[定义 2] 称上述 $f_X(x)$ ，$f_Y(y)$ 分别为二维随机变量 (X, Y) 关于 X, Y 的边缘概率密度.

【例 3-3-3】 设二维随机变量 (X, Y) 的概率密度为

$$f(x,y) = \begin{cases} 6, & x^2 \leqslant y \leqslant x, 0 \leqslant x \leqslant 1 \\ 0, & \text{其他} \end{cases}$$

求边缘概率密度 $f_X(x)$ ，$f_Y(y)$.

解：
$$f_X(x) = \int_{-\infty}^{+\infty} f(x,y)\,\mathrm{d}y = \begin{cases} \int_{x^2}^{x} 6\mathrm{d}y = 6(x-x^2), & 0 \leqslant x \leqslant 1 \\ 0, & \text{其他} \end{cases}$$

$$f_Y(y) = \int_{-\infty}^{+\infty} f(x,y)\,\mathrm{d}x = \begin{cases} \int_{y}^{\sqrt{y}} 6\mathrm{d}x = 6(\sqrt{y}-y), & 0 \leqslant y \leqslant 1 \\ 0, & \text{其他} \end{cases}$$

【例 3-3-4】 一个仪器由两个部件组成，分别以 X,Y 表示这两个部件的寿命（单位：小时），已知 (X,Y) 的分布函数

$$F(X,Y) = \begin{cases} 1-\mathrm{e}^{-0.01x}-\mathrm{e}^{-0.01y}+\mathrm{e}^{-0.01(x+y)}, & x>0, y>0 \\ 0, & \text{其他} \end{cases}$$

试求：(1) 边缘分布函数 $F_X(x)$，$F_Y(y)$；(2) $P\{1<X\leqslant 2, 1<Y\leqslant 2\}$；(3) 密度函数 $f(x,y)$.

解： (1)
$$F_X(x) = F(x,+\infty) = \begin{cases} 1-\mathrm{e}^{-0.01x}, & x>0 \\ 0, & \text{其他} \end{cases}$$

$$F_Y(y) = F(+\infty,y) = \begin{cases} 1-\mathrm{e}^{-0.01y}, & y>0 \\ 0, & \text{其他} \end{cases}$$

(2) $P\{1<x\leqslant 2, 1<y\leqslant 2\} = F(2,2)-F(2,1)-F(1,2)+F(1,1)$
$$= \mathrm{e}^{-0.02}-2\mathrm{e}^{-0.03}+\mathrm{e}^{-0.04}$$

(3) $f(x,y) = \dfrac{\partial^2 F(x,y)}{\partial x \partial y} = \begin{cases} (0.01)^2\mathrm{e}^{-0.01(x+y)}, & x>0, y>0 \\ 0, & \text{其他} \end{cases}$

说明：联合分布可以确定边缘分布，但边缘分布一般不能确定联合分布.

三、两个重要的二维连续型分布

1. 二维均匀分布

设 G 是平面上的有界区域，其面积为 A，若二维随机变量 (X,Y) 具有概率密度函数

$$f(x,y) = \begin{cases} 1/A, & (x,y) \in G \\ 0, & \text{其他} \end{cases}$$

则称 (X,Y) 在 G 上服从均匀分布.

二维均匀分布所描述的随机现象就是向平面区域 Ω 中随机投点，该点坐标 (X,Y) 落在 Ω 的子区域 G 中的概率只与 G 的面积有关，而与 G 的位置无关，这是几何概率，现由二维均匀分布描述，则

$$P\{(X,Y) \in G\} = \iint_G f(x,y)\,\mathrm{d}x\mathrm{d}y = \iint_G \frac{1}{A}\,\mathrm{d}x\mathrm{d}y = \frac{G\ \text{的面积}}{\Omega\ \text{的面积}}$$

这正是几何概率的计算公式.

【例 3-3-5】 设 (X,Y) 在区域 $D=\{(x,y)\,|\,0<x<2, -1<y<2\}$ 上服从均匀分布，试求：

(1) $P\{X\leqslant Y\}$；(2) $P\{X+Y>1\}$.

解： 区域 D 的面积 $S_D=6$，则 (X,Y) 概率密度函数为

$$f(x,y) = \begin{cases} \dfrac{1}{6}, & 0<x<2, -1<y<2 \\ 0, & \text{其他} \end{cases}$$

(1) 如图 3-3-1

$$P\{X \leqslant Y\} = \iint\limits_{S_{阴}} \frac{1}{6} \mathrm{d}x\,\mathrm{d}y = \frac{S_{阴}}{S_D} = \frac{1}{3}$$

(2) 如图 3-3-2

$$P\{X + Y > 1\} = \iint\limits_{S_{阴}} \frac{1}{6} \mathrm{d}x\,\mathrm{d}y = \frac{4}{6} = \frac{2}{3}$$

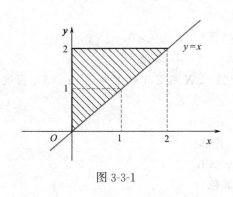
图 3-3-1

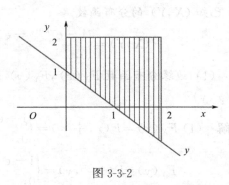
图 3-3-2

【例 3-3-6】 设 (X,Y) 服从单位圆域 $x^2 + y^2 \leqslant 1$ 上的均匀分布，求 X 和 Y 的边缘密度.

解： 概率密度函数
$$f(x,y) = \begin{cases} \dfrac{1}{\pi}, & x^2 + y^2 \leqslant 1 \\ 0, & 其他 \end{cases}$$

当 $x < -1$ 或 $x > 1$ 时，$f(x,y) = 0$，从而 $f_X(x) = 0$.

当 $-1 \leqslant x \leqslant 1$ 时，$f_X(x) = \displaystyle\int_{-\infty}^{+\infty} f(x,y)\,\mathrm{d}y = \int_{-\sqrt{1-x^2}}^{\sqrt{1-x^2}} \frac{1}{\pi} \mathrm{d}y = \frac{2}{\pi}\sqrt{1-x^2}$.

则 X 的边缘概率密度

$$f_X(x) = \begin{cases} \dfrac{2}{\pi}\sqrt{1-x^2}, & -1 \leqslant x \leqslant 1 \\ 0, & 其他 \end{cases}$$

同理 Y 的边缘概率密度

$$f_Y(y) = \begin{cases} \dfrac{2}{\pi}\sqrt{1-y^2}, & -1 \leqslant y \leqslant 1 \\ 0, & 其他 \end{cases}$$

【例 3-3-7】 设国际市场上甲、乙两种产品的需求量（单位：吨）是服从区域 G 上的均匀分布，$G = \{(x,y) \mid 2000 < x \leqslant 4000, 3000 < y \leqslant 6000\}$，试求两种产品需求量的差不超过 1000 吨的概率.

解： 设甲、乙两产品的需求量分别是 X 和 Y，则 (X,Y) 的联合密度为

$$f(x,y) = \begin{cases} \dfrac{1}{6 \times 10^6}, & (x,y) \in G \\ 0, & (x,y) \notin G \end{cases}$$

$$P\{|Y-X| \leqslant 1000\} = P\{-1000 \leqslant Y-X \leqslant 1000\} = \int_{2000}^{4000} \mathrm{d}x \int_{3000}^{x+1000} \frac{1}{6 \times 10^6} \mathrm{d}y = \frac{1}{3}$$

2.二维正态分布

若二维随机变量(X,Y)具有概率密度

$$f(x,y)=\frac{1}{2\pi\sigma_1\sigma_2\sqrt{1-\rho^2}}\exp\left\{\frac{-1}{2(1-\rho^2)}\left[\frac{(x-\mu_1)^2}{\sigma_1^2}-2\rho\frac{(x-\mu_1)(y-\mu_2)}{\sigma_1\sigma_2}+\frac{(y-\mu_2)^2}{\sigma_2^2}\right]\right\}\quad x,y\in R$$

其中，$\mu_1,\mu_2,\sigma_1,\sigma_2,\rho$均为常数，且$\sigma_1>0,\sigma_2>0,-1<\rho<1$，称$(X,Y)$服从参数为$\mu_1,\mu_2$，$\sigma_1,\sigma_2,\rho$的二维正态分布，记为$(X,Y)\sim N(\mu_1,\mu_2,\sigma_1^2,\sigma_2^2,\rho)$.

服从二维正态分布的概率密度函数的典型图形见图3-3-3.

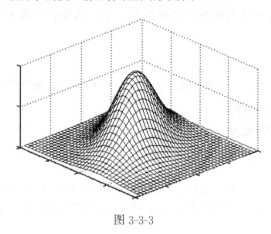

图 3-3-3

二维正态分布的两个边缘概率密度仍是正态的，即

$$f_X(x)=\frac{1}{\sqrt{2\pi}\sigma_1}e^{-\frac{(x-\mu_1)^2}{2\sigma_1^2}}\quad x\in R$$

$$f_Y(y)=\frac{1}{\sqrt{2\pi}\sigma_2}e^{-\frac{(y-\mu_2)^2}{2\sigma_2^2}}\quad y\in R$$

事实上
$$f_X(x)=\int_{-\infty}^{+\infty}f(x,y)\,dy$$

由于
$$\frac{(y-\mu_2)^2}{\sigma_2^2}-2\rho\frac{(x-\mu_1)(y-\mu_2)}{\sigma_1\sigma_2}=\left[\frac{y-\mu_2}{\sigma_2}-\rho\frac{x-\mu_1}{\sigma_1}\right]^2-\rho^2\frac{(x-\mu_1)^2}{\sigma_1^2}$$

于是
$$f_X(x)=\frac{1}{2\pi\sigma_1\sigma_2\sqrt{1-\rho^2}}\exp\left[-\frac{(x-\mu_1)^2}{2\sigma_1^2}\right]\int_{-\infty}^{+\infty}e^{-\frac{1}{2(1-\rho^2)}\left[\frac{y-\mu_2}{\sigma_2}-\rho\frac{x-\mu_1}{\sigma_1}\right]^2}dy$$

令$t=\frac{1}{\sqrt{1-\rho^2}}\left(\frac{y-\mu_2}{\sigma_2}-\rho\frac{x-\mu_1}{\sigma_1}\right)$，则有

$$f_X(x)=\frac{1}{2\pi\sigma_1}\exp\left[-\frac{(x-\mu_1)^2}{2\sigma_1^2}\right]\int_{-\infty}^{+\infty}e^{-\frac{t^2}{2}}dt=\frac{1}{\sqrt{2\pi}\sigma_1}e^{-\frac{(x-\mu_1)^2}{2\sigma_1^2}},x\in R$$

同理
$$f_Y(y)=\frac{1}{\sqrt{2\pi}\sigma_2}e^{-\frac{(y-\mu_2)^2}{2\sigma_2^2}},y\in R$$

我们看到二维正态分布的两个边缘分布都是一维正态分布并且不依赖于参数ρ，即对给定的$\mu_1,\mu_2,\sigma_1,\sigma_2$，不同的$\rho$所对应的二维正态分布不同，它们的边缘分布是不能确定二维随机变量(X,Y)的联合分布的.

【例 3-3-8】 设二维随机变量 (X,Y) 的概率密度

$$f(x,y)=\frac{1}{2\pi}e^{-\frac{1}{2}(x^2+y^2)}(1+\sin x \sin y)$$

试求关于 X,Y 的边缘概率密度函数.

　　　解：

$$f_X(x)=\int_{-\infty}^{+\infty}f(x,y)\,dy=\frac{1}{\sqrt{2\pi}}e^{-\frac{x^2}{2}}$$

$$f_Y(y)=\int_{-\infty}^{+\infty}f(x,y)\,dy=\frac{1}{\sqrt{2\pi}}e^{-\frac{y^2}{2}}$$

上例说明边缘分布均为正态分布的二维随机变量，其联合分布不一定是二维正态分布.

习题3-3

1. 设 D 由 $y=\dfrac{1}{x},y=0,x=1,x=e^2$ 围成的平面区域，(X,Y) 在 D 上服从均匀分布，，求 (X,Y) 关于 X 的边缘概率密度在 $X=2$ 处的值.

2. 设随机变量 (X,Y) 的概率密度为

$$f_X(x)=\begin{cases}k(6-x-y),& 0<x<2,2<y<4\\0,& 其他\end{cases}$$

试求：(1) 确定常数 k；(2) $P\{X<1,Y<3\}$；(3) $P\{X<1.5\}$；(4) $P\{X+Y\leqslant 4\}$.

3. 设平面区域 D 是由抛物线 $y=x^2$ 及直线 $y=x$ 所围，随机变量 (X,Y) 服从区域 D 上的均匀分布，试求：

(1) (X,Y) 的联合密度；(2) X,Y 各自的边缘分布；(3) $P\left\{0<x<\dfrac{1}{2},0<y<\dfrac{1}{2}\right\}$.

4. Y 服从参数 X 的指数分布，而 X 是服从 $[1,2]$ 上均匀分布的随机变量，求：

(1) (X,Y) 的密度函数；(2) Y 的边缘密度函数.

5. (X,Y) 的联合概率密度 $f(x,y)=e^{-(x+y)}$ $(x,y>0)$，求边缘概率密度.

6. 设 X,Y 均服从 $[0,4]$ 上的均匀分布，且 $P\{X\leqslant 3,Y\leqslant 3\}=\dfrac{9}{16}$，求 $P\{X>3,Y>3\}$.

第四节　随机变量的独立性

　　一般地，由二维分布可求得一维分布，但一般情况而言，由一维分布是不能确定二维分布的，因为一维分布只是描述每个一维随机变量而没有说明各个随机变量之间的相互依赖关系，但在特殊情况下，各个一维分布可以确定多维分布，既而引出随机变量互相独立的概念.

　　第一章中，我们知道，若 A、B 是两事件，则事件 A 与事件 B 相互独立充要条件：

$$P(AB)=P(A)P(B)$$

于是我们有下面的定义.

　　[定义] 对于二维随机变量 (X,Y)，联合分布函数为 $F(x,y)$，边缘分布函数为 $F_X(x)$，$F_Y(y)$，若对任意 x,y，有事件 $\{X\leqslant x\}$ 与 $\{Y\leqslant y\}$ 相互独立，则

$$P\{X\leqslant x,Y\leqslant y\}=P\{X\leqslant x\}P\{Y\leqslant y\}$$

即

$$F(x,y)=F_X(x)F_Y(y) \tag{3-4-1}$$

称 X 与 Y 相互独立.

本章第二节曾指出,由边缘分布不能确定联合分布,但若随机变量有独立性时,联合分布可由边缘分布通过上式(3-4-1)唯一确定.

设 (X,Y) 是二维离散型随机变量,X 和 Y 相互独立的条件(3-4-1)等价于对于 (X,Y) 的所有可能值 (x_i,y_i),有

$$P\{X=x_i,Y=y_j\}=P\{X=x_i\}P\{Y=y_j\} \tag{3-4-2}$$

即

$$p_{ij}=p_i. \ p._j \ ,i;j=1,2,\cdots$$

类似地,设 (X,Y) 是二维连续型随机变量,连续函数 $f(x,y),f_X(x),f_Y(y)$ 分别为 (X,Y) 的概率密度和边缘概率密度,则 X 和 Y 相互独立条件(3-4-1)等价于

$$f(x,y)=f_X(x)f_Y(y) \tag{3-4-3}$$

【例 3-4-1】 判断本章第二节例 3-2-4 中 X 与 Y 是否相互独立?

解: 由联合和边缘分布表知

$$P\{X=0,Y=0\}=\frac{4}{9}\times\frac{3}{8}\neq P\{X=0\}P\{Y=0\}=\frac{4}{9}\times\frac{4}{9}$$

即随机变量 X、Y 不相互独立.

【例 3-4-2】 如果二维随机变量 (X,Y) 的概率分布由下表给出,那么当 α,β 取什么值时,X 与 Y 才能相互独立?

解: 由 (X,Y) 联合分布律计算 X 和 Y 的边缘分布,并列于下表中.

X \ Y	1	2	3	$p._i$
1	$\frac{1}{6}$	$\frac{1}{9}$	$\frac{1}{18}$	$\frac{1}{3}$
2	$\frac{1}{3}$	α	β	$\frac{1}{3}+\alpha+\beta$
$p._j$	$\frac{1}{2}$	$\frac{1}{9}+\alpha$	$\frac{1}{18}+\beta$	

若 X 与 Y 相互独立,则对于所有的 i、j,都有 $p_{ij}=p_i. \ p._j$,因此:

$$P\{X=1,Y=2\}=P\{X=1\}\times P\{Y=2\}=\frac{1}{3}\times\left[\frac{1}{9}+\alpha\right]=\frac{1}{9}$$

$$P\{X=1,Y=3\}=P\{X=1\}\times P\{Y=3\}=\frac{1}{3}\times\left[\frac{1}{18}+\beta\right]=\frac{1}{18}$$

由上面两式联立可解:出:$\alpha=\frac{2}{9},\beta=\frac{1}{9}$.

【例 3-4-3】 设随机变量 (X,Y) 的密度函数为

$$f(x,y)=\begin{cases}8xy, & 0\leqslant x\leqslant y\leqslant 1\\0, & \text{其他}\end{cases}$$

试判断随机变量 X、Y 是否相互独立?

解: 已知联合密度为

$$f(x,y)=\begin{cases}8xy, & 0\leqslant x\leqslant y\leqslant 1\\0, & \text{其他}\end{cases}$$

则 X、Y 的边缘密度分别为

$$f_X(x) = \begin{cases} 4x(1-x)^2, & 0 \leqslant x \leqslant 1 \\ 0, & \text{其他} \end{cases}, \quad f_Y(y) = \begin{cases} 4y^3, & 0 \leqslant y \leqslant 1 \\ 0, & \text{其他} \end{cases}$$

任取一点 $\left(\frac{1}{4}, \frac{1}{2}\right)$，有 $f_X\left(\frac{1}{4}\right) = \frac{9}{16}$，$f_Y\left(\frac{1}{2}\right) = \frac{1}{2}$，$f\left(\frac{1}{4}, \frac{1}{2}\right) = 1$，即

$$f\left(\frac{1}{4}, \frac{1}{2}\right) \neq f_X\left(\frac{1}{4}\right) \times f_Y\left(\frac{1}{2}\right)$$

即随机变量 X、Y 不相互独立.

【例 3-4-4】 甲、乙两人约定中午 12:30 在某地会面. 若甲来到的时间在 12:15~12:45 之间是均匀分布的，乙独立到达，且到达时间在 12:00~13:00 之间是均匀分布的. 试求先到的人等待另一个到达时间不超过 5 分钟的概率，又甲先到的概率是多少？

解： 设 X 为甲到达时刻，Y 为乙到达时刻，以 12 时为起点，以分钟为单位，依题意，$X \sim U(15, 45)$，$Y \sim U(0, 60)$，即有

$$f_X(x) = \begin{cases} 1/30, & 15 < x < 45 \\ 0, & \text{其他} \end{cases} \quad f_Y(y) = \begin{cases} 1/60, & 0 < y < 60 \\ 0, & \text{其他} \end{cases}$$

由 X 与 Y 的独立性可知

$$f(x, y) = \begin{cases} 1/1800, & 15 < x < 45, 0 < y < 60 \\ 0, & \text{其他} \end{cases}$$

先到的人等待另一人到达时间不 5 分钟的概率为 $P\{|X - Y| \leqslant 5\}$（见图 3-4-1）.

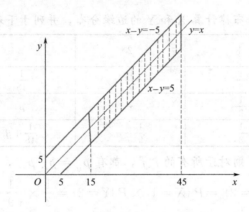

图 3-4-1

甲先到的概率为 $P\{X < Y\}$.

$$P\{|X - Y| \leqslant 5\} = P\{-5 \leqslant X - Y \leqslant 5\}$$
$$= \int_{15}^{45}\left[\int_{x-5}^{x+5} \frac{1}{1800} \mathrm{d}y\right] \mathrm{d}x = \frac{1}{6}$$
$$P\{X < Y\} = \int_{15}^{45}\left[\int_{x}^{60} \frac{1}{1800} \mathrm{d}y\right] \mathrm{d}x = \frac{1}{2}$$

【例 3-4-5】 设 (X, Y) 服从二维正态分布，即 $(X, Y) \sim N(\mu_1, \mu_2, \sigma_1^2, \sigma_2^2, \rho)$. 证明 X 和 Y 相互独立的充要条件是 $\rho = 0$.

证明 在本章第三节中，已经求得

$$f_X(x) = \frac{1}{\sqrt{2\pi}\sigma_1} \mathrm{e}^{-\frac{(x-\mu_1)^2}{2\sigma_1^2}}, \quad f_Y(y) = \frac{1}{\sqrt{2\pi}\sigma_2} \mathrm{e}^{-\frac{(y-\mu_2)^2}{2\sigma_2^2}}, \quad x \in R, y \in R$$

当 $\rho = 0$ 时，从 (X, Y) 的概率密度 $f(x, y)$ 的表达式上可以看出

$$f(x, y) = f_X(x) f_Y(y)$$

因此，当 $\rho = 0$ 时，X 与 Y 相互独立.

反之，设 X 和 Y 相互独立，由 $f(x, y)$，$f_X(x)$，$f_Y(y)$ 均为连续函数，所以满足

$$f(x, y) = f_X(x) f_Y(y)$$

即

$$\frac{1}{2\pi\sigma_1\sigma_2\sqrt{1-\rho^2}}\exp\left\{\frac{-1}{2(1-\rho^2)}\left[\frac{(x-\mu_1)^2}{\sigma_1^2} - \frac{2\rho(x-\mu_1)(y-\mu_2)}{\sigma_1\sigma_2} + \frac{(y-\mu_2)^2}{\sigma_2^2}\right]\right\}$$

$$= \frac{1}{2\pi\sigma_1\sigma_2}\exp\left\{\frac{-1}{2}\left[\frac{(x-\mu_1)^2}{\sigma_1^2} + \frac{(y-\mu_2)^2}{\sigma_2^2}\right]\right\}$$

令 $x = \mu_1$，$y = \mu_2$，得

$$\frac{1}{2\pi\sigma_1\sigma_2\sqrt{1-\rho^2}} = \frac{1}{2\pi\sigma_1\sigma_2}$$

从而，当 X 和 Y 相互独立时，$\rho = 0$.

关于随机变量独立性，还有下面定理.

定理 设 X 和 Y 是相互独立的随机变量，$h(x)$ 和 $g(y)$ 是 $(-\infty, +\infty)$ 上连续函数，则 $h(X)$ 和 $g(Y)$ 也是相互独立的随机变量.

习题 3-4

1. 已知 (X, Y) 的分布及边缘分布如下表.

X \ Y	-1	0	1	$p_{\cdot i}$
0	p_{11}	p_{12}	p_{13}	$1/2$
1	0	p_{22}	0	$1/2$
$p_{\cdot j}$	$1/4$	$1/2$	$1/4$	

(1) 求 (X, Y) 的联合分布表中 p_{11}，p_{12}，p_{13} 的值；(2) 判断 X 与 Y 是否独立.

2. 设 (X, Y) 的概率密度函数为

$$f_Y(y) = \begin{cases} e^{-y}, & x > 0, y > x \\ 0, & \text{其他} \end{cases}.$$

试求：(1) X, Y 的边缘密度函数；(2) 判断其独立性.

3. 设 X 和 Y 相互独立，其概率分布如表 3-4-1 及表 3-4-2，求：

(1) (X, Y) 的联合概率分布；(2) $P\{X + Y = 1\}$；(3) $P\{X + Y \neq 0\}$.

表 3-4-1

X	-2	-1	0	$1/2$
p_i	$1/4$	$1/3$	$1/12$	$1/3$

表 3-4-2

Y	$-1/2$	1	3
p_i	$1/2$	$1/4$	$1/4$

4. 设随机变量 (X, Y) 相互独立，X 在区间 $(0, 2)$ 上服从均匀分布，Y 服从参数为 1 的指数分布，则求概率 $P\{X + Y \leqslant 1\}$.

5.设 X 和 Y 是两个相互独立的随机变量,X 在 $(0,1)$ 上服从均匀分布,Y 的概率密度为.

$$f_Y(y)=\begin{cases}\dfrac{1}{2}e^{-\frac{y}{2}}, & y>0 \\ 0, & y\leqslant 0\end{cases}.$$

(1) 求 X 和 Y 的联合概率密度;

(2) 设含 a 的二次方程 $a^2+2Xa+Y=0$,试求 a 有实根的概率.

第五节　两个随机变量的函数的分布

本节我们讨论两个随机变量的函数分布.设 (X,Y) 的一个二维随机变量,$Z=g(x,y)$ 为一个已知二元函数,则 $Z=g(X,Y)$ 是随机变量 X,Y 的函数,它也是一个随机变量.

本节中,我们重点讨论两种函数关系:

① $Z=X+Y$;

② $M=\max\{X,Y\}$ 和 $N=\min\{X,Y\}$,其中,X 与 Y 相互独立.

一、离散型随机变量的函数分布

设 (X,Y) 是一个二维离散型随机变量,其分布律为

$$P\{X=x_i,Y=y_j\}=p_{ij}\quad i,j=1,2,\cdots,$$

则 X,Y 的函数 $Z=g(X,Y)$ 的分布律方法如下.

求出 Z 的所有可能的取值,再求 Z 取每个值的概率,即

$$P\{Z=z_k\}=P\{g(X,Y)=z_k\}=\sum_{g(x_i,y_j)=z_k}P\{X=x_i,Y=y_j\}$$

$$=\sum_{g(x_i,y_j)=z_k}p_{ij}\qquad k=1,2,\cdots \tag{3-5-1}$$

【例 3-5-1】 设二维随机变量 (X,Y)

Y＼X	-1	1	2
-1	1/4	1/6	1/8
0	1/4	1/8	1/12

求 $X+Y$,$X-Y$,XY,Y/X 的概率分布.

解:根据 (X,Y) 的联合分布可得

$-p$	1/4	1/4	1/6	1/8	1/8	1/12
(X,Y)	$(-1,-1)$	$(-1,0)$	$(1,-1)$	$(1,0)$	$(2,-1)$	$(2,0)$
$X+Y$	-2	-1	0	1	1	2
$X-Y$	0	-1	2	1	3	2
XY	1	0	-1	0	-2	0
Y/X	1	0	-1	0	-1/2	0

根据 (X,Y) 的联合分布可得

$X+Y$	-2	-1	0	1	2
p	1/4	1/4	1/6	1/4	1/12

$X-Y$	-1	0	1	2	3
p	1/4	1/4	1/8	1/4	1/8

XY	-2	-1	0	1
p	1/8	1/6	11/24	1/4

Y/X	-1	$-1/2$	0	1
p	1/6	1/8	11/24	1/4

【例 3-5-2】 若 X 和 Y 相互独立，它们分别服从参数为 λ_1,λ_2 的泊松分布，证明：$Z=X+Y$ 服从参数 $\lambda_1+\lambda_2$ 的泊松分布.

解： 依题意

$$P\{X=i\}=\frac{\mathrm{e}^{-\lambda_1}\lambda_1^i}{i!}\quad i=0,1,2,\cdots,\ P\{Y=j\}=\frac{\mathrm{e}^{-\lambda_2}\lambda_2^j}{j!}\quad j=0,1,2,\cdots$$

$$P\{Z=r\}=P\{X+Y=r\}=\sum_{i=0}^{r}P\{X=i,Y=r-i\}$$

由于 X 和 Y 相互独立，则

$$P\{Z=r\}=\sum_{i=0}^{r}P\{X=i\}P\{Y=r-i\}$$

$$=\frac{\mathrm{e}^{-(\lambda_1+\lambda_2)}}{r!}\sum_{i=0}^{r}\frac{r!}{i!\ (r-i)!}\lambda_1^i\lambda_2^{r-i}=\frac{\mathrm{e}^{-(\lambda_1+\lambda_2)}}{r!}(\lambda_1+\lambda_2)^r\quad r=0,1,\cdots$$

即 Z 服从参数为 $\lambda_1+\lambda_2$ 的泊松分布.

一般地，若 X,Y 相互独立

① $X\sim P(\lambda_1)$ ，$Y\sim P(\lambda_2)$ ，则 $Z=X+Y\sim P(\lambda_1+\lambda_2)$.

② 若 $X\sim b(n,p)$ ，$Y\sim b(m,p)$ ，则 $Z=X+Y\sim b(n+m,p)$.（证明留作练习）

二、连续型随机变量的函数分布

二维连续型随机变量 (X,Y) 的概率密度 $f(x,y)$ ，X,Y 的函数 $Z=g(X,Y)$ 的概率密度为 $f_Z(z)$ 分布函数为 $F_Z(z)$ ，则

$$F_Z(z)=P\{Z\leqslant z\}=P\{g(X,Y)\leqslant z\}=\iint\limits_{g(x,y)\leqslant z}f(x,y)\,\mathrm{d}x\mathrm{d}y$$

得

$$f_Z(z)=\frac{\mathrm{d}F_Z(z)}{\mathrm{d}z}. \tag{3-5-2}$$

【例 3-5-3】 设连续型随机变量 (X,Y) 的联合密度为

$$f(x,y)=\begin{cases}x^2+\dfrac{xy}{3} & 0\leqslant x\leqslant 1,0\leqslant y\leqslant 2\\ 0 & \text{其他}\end{cases}$$

求 $P\{X+Y\geqslant 1\}$.

解： 依题意，可作图（见图 3-5-1）

$$P\{X+Y\geqslant 1\}=\iint\limits_{x+y\geqslant 1}f(x,y)\,\mathrm{d}x\mathrm{d}y=\int_0^1\mathrm{d}x\int_{1-x}^2\left(x^2+\frac{xy}{3}\right)\mathrm{d}y=\frac{65}{72}$$

下面，求 (X,Y) 的三个特殊分布.

1. $Z=X+Y$ 的分布

设 (X,Y) 的概率密度为 $f(x,y)$ ，则 $Z=X+Y$ 的分布函数为

$$F_Z(z) = P\{Z \leqslant z\} = \iint\limits_{x+y \leqslant z} f(x,y)\,\mathrm{d}x\mathrm{d}y = \iint\limits_{D} f(x,y)\,\mathrm{d}x\mathrm{d}y$$

积分区域 $D = \{(x,y) \mid x+y \leqslant z\}$ 是直线 $x+y=z$ 左下方半平面，如图 3-5-2，则

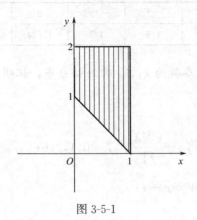

图 3-5-1　　　　　　　　　　　　　　　　图 3-5-2

$$F_Z(z) = \int_{-\infty}^{+\infty}\left[\int_{-\infty}^{z-y} f(x,y)\,\mathrm{d}x\right]\mathrm{d}y \xrightarrow{\text{固定}Z,\text{令}u=x+y} \int_{-\infty}^{+\infty}\left[\int_{-\infty}^{x} f(u-y,y)\,\mathrm{d}u\right]\mathrm{d}y$$

$$= \int_{-\infty}^{x}\left[\int_{-\infty}^{+\infty} f(u-y,y)\,\mathrm{d}y\right]\mathrm{d}u.$$

又 $f_Z(z) = \dfrac{\mathrm{d}F_Z(z)}{\mathrm{d}z}$，于是得 Z 的概率密度为

$$f_Z(z) = \int_{-\infty}^{+\infty} f(z-y,y)\,\mathrm{d}y \tag{3-5-3}$$

由 X,Y 的对称性知

$$f_Z(z) = \int_{-\infty}^{+\infty} f(x,z-x)\,\mathrm{d}x \tag{3-5-4}$$

特别地，当 X 和 Y 相互独立时，设 (X,Y) 关于 X，Y 的边缘密度函数分别为 $f_X(x)$，$f_Y(y)$，则上述式（3-5-3）、式（3-5-4）分别化为

$$f_Z(z) = \int_{-\infty}^{+\infty} f_X(z-y)f_Y(y)\,\mathrm{d}y \tag{3-5-5}$$

$$f_Z(z) = \int_{-\infty}^{+\infty} f_Y(z-x)f_X(x)\,\mathrm{d}x \tag{3-5-6}$$

这两个公式称为卷积积分，记为 $f_X * f_Y$，即

$$f_X * f_Y = \int_{-\infty}^{+\infty} f_X(z-y)f_Y(y)\,\mathrm{d}y = \int_{-\infty}^{+\infty} f_X(x)f_Y(z-x)\,\mathrm{d}x.$$

【例 3-5-4】 设 X,Y 是两个相互独立的随机变量，它们都服从正态分布 $N(0,1)$，其概率密度为 $f_X(x) = \dfrac{1}{\sqrt{2\pi}}\mathrm{e}^{-\frac{x^2}{2}}$ $(-\infty < x < +\infty)$，$f_Y(y) = \dfrac{1}{\sqrt{2\pi}}\mathrm{e}^{-\frac{y^2}{2}}$ $(-\infty < y < +\infty)$ 求 $Z = X+Y$ 的概率密度.

解： 由式（3-5-6），

$$f_Z(z) = \int_{-\infty}^{+\infty} f_X(x)f_Y(z-x)\,\mathrm{d}x = \frac{1}{2\pi}\int_{-\infty}^{+\infty} \mathrm{e}^{-\frac{x^2}{2}}\mathrm{e}^{-\frac{(z-x)^2}{2}}\,\mathrm{d}x = \frac{1}{2\pi}\int_{-\infty}^{+\infty} \mathrm{e}^{-\frac{z^2}{4}}\int_{-\infty}^{+\infty} \mathrm{e}^{-\left(x-\frac{z}{2}\right)^2}\,\mathrm{d}x$$

令 $t = x - \dfrac{z}{2}$ ，得

$$f_Z(z) = \frac{1}{2\pi} \mathrm{e}^{-\frac{z^2}{4}} \int_{-\infty}^{+\infty} \mathrm{e}^{-t^2} \, \mathrm{d}t = \frac{1}{\sqrt{2\pi}} \mathrm{e}^{-\frac{z^2}{4}}$$

即 Z 服从 $N(0,2)$ ．

一般地，设 X,Y 相互独立，$X \sim N(\mu_1,\sigma_1^2)$ ，$Y \sim N(\mu_2,\sigma_2^2)$ ，则 $Z = X + Y$ 仍服从正态分布，且有 $Z \sim N(\mu_1 + \mu_2,\sigma_1^2 + \sigma_2^2)$ ．

【例 3-5-5】　设随机变量 (X,Y) 的联合分布为

$$f(x,y) = \begin{cases} 3x, & 0 < x < 1, 0 < y < x \\ 0, & \text{其他} \end{cases}$$

是 $Z = X + Y$ ，求 $f_Z(z)$ ．

解：由式（3-5-4）可知

$$f_Z(z) = \int_{-\infty}^{+\infty} f(x,z-x) \, \mathrm{d}x$$

则

$$f(x,z-x) = \begin{cases} 3x, & 0 < x < 1, x < z < 2x \\ 0, & \text{其他} \end{cases}$$

见图 3-5-3。

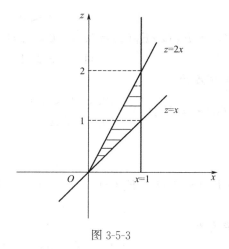

图 3-5-3

当 $z < 0$ 或 $z > 2$ 时

$$f_Z(z) = 0$$

当 $0 \leqslant z < 1$ 时

$$f_Z(z) = \int_{\frac{z}{2}}^{z} 3x \, \mathrm{d}x = \frac{9}{8} z^2$$

当 $1 \leqslant z < 2$ 时

$$f_Z(z) = \int_{\frac{z}{2}}^{1} 3x \, \mathrm{d}x = \frac{3}{2} \left(1 - \frac{z^2}{4} \right)$$

所以

$$f_Z(z) = \begin{cases} \dfrac{9}{8}z^2, & 0 \leqslant z < 1 \\[3mm] \dfrac{3}{2}\left(1 - \dfrac{z^2}{4}\right), & 1 \leqslant z < 2 \\[3mm] 0, & 其他 \end{cases}$$

2. $M = \max\{x, y\}$ 及 $N = \min\{X, Y\}$ 的分布

设随机变量 X, Y 相互独立，其分布函数分别为 $F_X(x)$ 和 $F_Y(y)$，求 $M = \max\{x, y\}$ 及 $N = \min\{X, Y\}$ 的分布函数.

由于 $M = \max\{x, y\}$ 不大于 z 等价于 X 和 Y 都不大于 z，故有

$$F_M(z) = P\{M \leqslant z\} = P\{X \leqslant z, Y \leqslant z\} = P\{X \leqslant z\}P\{Y \leqslant z\} = F_X(z)F_Y(z)$$

同理，可得 $N = \min\{X, Y\}$ 的分布函数

$$\begin{aligned} F_N(z) &= P\{N \leqslant z\} = 1 - P\{N > z\} = 1 - P\{X > z, Y > z\} \\ &= 1 - P\{X \leqslant z\}P\{Y \leqslant z\} = 1 - [1 - F_X(z)][1 - F_Y(z)] \end{aligned}$$

【例 3-5-6】 设 X 与 Y 是相互独立的随机变量，且在 $[0,1]$ 上服从均匀分布，试分别求随机变量 $M = \max\{x, y\}$，$N = \min\{X, Y\}$ 的概率密度.

解：　　X 与 Y 的分布函数分别为

$$F_X(x) = \begin{cases} 0, & x < 0 \\ x, & 0 \leqslant x \leqslant 1 \\ 1, & x > 1 \end{cases}, \quad F_Y(y) = \begin{cases} 0, & y < 0 \\ y, & 0 \leqslant y \leqslant 1 \\ 1, & y > 1 \end{cases}$$

则

$$F_M(z) = F_X(z)F_Y(z) = \begin{cases} 0, & z < 0 \\ z^2, & 0 \leqslant z \leqslant 1 \\ 1, & z > 1 \end{cases}$$

从而 $M = \max\{X, Y\}$ 的概率密度为

$$f_M(z) = F_M'(z) = \begin{cases} 2z, & 0 < z < 1 \\ 0, & 其他 \end{cases}$$

同理

$$F_N(z) = 1 - [1 - F_X(z)][1 - F_Y(z)] = \begin{cases} 0, & z < 0 \\ 1 - (1-z)^2, & 0 \leqslant z \leqslant 1 \\ 1, & z > 1 \end{cases}$$

则 $N = \min\{X, Y\}$ 的概率密度为

$$f_N(z) = F_N'(z) = \begin{cases} 2(1-z), & 0 < z < 1 \\ 0, & 其他 \end{cases}$$

习题 3-5

1. 设 (X, Y) 的分布律为

X \ Y	−1	1	2
−1	1/10	1/5	3/10
2	1/5	1/10	1/10

试求：（1）$Z = X + Y$ 的分布律；（2）$Z = XY$ 的分布律；（3）$Z = X/Y$ 的分布律；（4）$Z = \max\{X, Y\}$ 的分布律.

2. 设两个独立的随机变量 X, Y 的分布律为

X	1	3
p	0.3	0.7

Y	1	3
p	0.3	0.7

求（1）$Z = X + Y$ 的分布律；（2）$Z = XY$ 的分布律.

3. 设随机变量 (X, Y) 的概率密度为

$$f(x, y) = \begin{cases} 6x, & 0 \leqslant x \leqslant 1, y \geqslant 0, x + y \leqslant 1 \\ 0, & \text{其他} \end{cases}$$

试求：$Z = X + Y$ 的概率密度.

4. 设某种商品一周的需求量是一个随机变量，其概率密度函数为

$$f(x) = \begin{cases} x e^{-x}, & x > 0 \\ 0, & \text{其他} \end{cases}$$

如果各周的需求量相互独立，求两周需求量的概率密度函数.

5. 设随机变量 (X, Y) 的概率密度为

$$f(x, y) = \begin{cases} b e^{-(x+y)}, & 0 < x < 1, 0 < y < +\infty \\ 0, & \text{其他} \end{cases}$$

（1）试确定常数 b；（2）求 $f_X(x)$，$f_Y(y)$；（3）求函数 $U = \max\{X, Y\}$ 的分布函数.

6. 设随机变量 X, Y 相互独立，其概率密度分别为

$$f_X(x) = \begin{cases} 1, & 0 \leqslant x \leqslant 1 \\ 0, & \text{其他} \end{cases}, f_Y(y) = \begin{cases} e^{-y}, & y > 0 \\ 0, & \text{其他} \end{cases}$$

求随机变量 $Z = X + Y$ 的概率密度.

7. 设随机变量 X 与 Y 相互独立，且分别服从二项分布 $b(n, p)$ 与 $b(m, p)$，求证：

$$X + Y \sim b(n + m, p).$$

第六节　条件分布

在第一章中，我们介绍了条件概率，即对 A、B 两个事件，在事件 A 发生的条件下事件 B 发生的概率为 $P(B|A) = \dfrac{P(AB)}{P(A)}$，对于二维随机变量 (X, Y)，我们进一步研究其中一个随机变量取得某值的条件下，求另一个随机变量取值的概率分布.

一、离散型随机变量的条件分布律

设 (X, Y) 是一个二维离散型随机变量，其分布律为

$$P\{X = x_i, Y = y_j\} = p_{ij}, \quad i, j = 1, 2, \cdots$$

(X, Y) 关于 X 和关于 Y 的边缘分布律分别为

$$P\{X = x_i\} = p_i = \sum_{j=1}^{\infty} p_{ij}, \quad i = 1, 2, \cdots$$

$$P\{Y=y_j\}=p_{\cdot j}=\sum_{i=1}^{\infty}p_{ij},\quad j=1,2,\cdots$$

[定义 1] 对于固定的 j，若 $P\{Y=y_j\}>0$，由条件概率公式有

$$P\{X=x_i|Y=y_j\}=\frac{P\{X=x_i,Y=y_j\}}{P\{Y=y_j\}}=\frac{p_{ij}}{p_{\cdot j}},\quad i=1,2,\cdots \tag{3-6-1}$$

称为在 $Y=y_j$ 条件下随机变量 X 的条件分布律.

同理，对于固定的 i，若 $P\{X=x_i\}>0$，有

$$P\{Y=y_j|X=x_i\}=\frac{P\{X=x_i,Y=y_j\}}{P\{X=x_i\}}=\frac{p_{ij}}{p_{i\cdot}},\quad j=1,2,\cdots \tag{3-6-2}$$

称为在 $X=x_i$ 条件下随机变量是 Y 条件分布律.

条件分布律的性质：

(1) $P\{X=x_i|Y=y_j\}\geqslant 0$，$P\{Y=y_j|X=x_i\}\geqslant 0$；

(2) $\sum_{i=1}^{\infty}P\{X=x_i|Y=y_j\}=\sum_{i=1}^{\infty}\dfrac{p_{ij}}{p_{\cdot j}}=\dfrac{1}{p_{\cdot j}}\sum_{i=1}^{\infty}p_{ij}=\dfrac{p_{\cdot j}}{p_{\cdot j}}=1$，$\sum_{i=1}^{\infty}P\{Y=y_j|X=x_i\}=1$ ；

(3) 乘法公式：

$$P\{X=x_i,Y=y_j\}=P\{X=x_i|Y=y_j\}P\{Y=y_i\}=P\{Y=y_j|X=x_i\}P\{X=x_i\}\ .$$

特别地，当 X 与 Y 相互独立时

$$P\{X=x_i|Y=y_j\}=P\{X=x_i\}$$

同理

$$P\{Y=y_j|X=x_i\}=P\{Y=y_j\}$$

【例 3-6-1】 求本章第二节例 3-2-4 中，当 $Y=0$ 时，$X=1$ 的条件概率.

解： $P\{X=1|Y=0\}=\dfrac{P\{X=1,Y=0\}}{P\{X=1\}}=\dfrac{5/9\times 4/8}{4/9}=\dfrac{5}{8}$

【例 3-6-2】 袋中有 2 个白球、3 个黑球，不放回地连续取两次球，每次取一个，若设随机变量 X,Y 分别为第一次、第二次取得白球个数，试求：

(1) (X,Y) 的联合分布律；

(2) 关于 X 及关于 Y 的边缘分布律；

(3) $X=1$ 时，Y 的条件概率分布律；

(4) 判断 X 与 Y 是否相互独立.

解： (1)，(2) 由题意知 (X,Y) 所有可能取值为 $(0,0)$，$(0,1)$，$(1,0)$，$(1,1)$，则联合分布律及边缘分布律如表 3-6-1.

表 3-6-1

X ＼ Y	0	1	$p_{i\cdot}$
0	6/20	6/20	3/5
1	6/20	2/20	2/5
$p_{\cdot j}$	3/5	2/5	

(3) $P\{Y=0|X=1\}=\dfrac{P\{X=1,Y=0\}}{P\{X=1\}}=\dfrac{6/20}{2/5}=\dfrac{3}{4}$

　　$P\{Y=1|X=1\}=\dfrac{P\{X=1,Y=1\}}{P\{X=1\}}=\dfrac{2/20}{2/5}=\dfrac{1}{4}$

(4) 由于 $P\{X=0,Y=0\}=\dfrac{6}{20}\neq P\{X=0\}P\{Y=0\}=\dfrac{9}{25}$，故 X 与 Y 不相互独立.

【例 3-6-3】 一射手进行射击，击中目标的概率为 $p(0<p<1)$，射击进行到击中两次为止，令 X 表示首次击中目标所需射击次数，Y 表示总共射击次数，求 (X,Y) 的联合分布律、条件分布律和边缘分布律.

解： 由题设知 X,Y 边缘分布律，X 服从几何分布，即

$$P\{X=m\}=p(1-p)^{m-1},m=1,2,\cdots$$

Y 表示总共射击次数，在第 n 次击中目标，那么在前 $n-1$ 次射击中各有一次击中目标，而每次射击是相互独立的，所以 Y 的分布律为

$$P\{Y=n\}=(n-1)p^2(1-p)^{n-2},n=2,3,\cdots$$

(X,Y) 联合分布律

$$P\{X=m,Y=n\}=P\{X=m\}P\{Y=n|X=m\}\quad(m<n)$$
$$=p(1-p)^{m-1}p(1-p)^{n-m-1}=p^2(1-p)^{n-2}\quad m=1,2,\cdots,;n=2,3,\cdots$$

条件分布律为

$$P\{X=m|Y=n\}=\dfrac{P\{X=m,Y=n\}}{P\{Y=n\}}=\dfrac{p^2(1-p)^{n-2}}{(n-1)p^2(1-p)^{n-2}}=\dfrac{1}{n-1}\quad m=1,2,\cdots,n-1$$
$$P\{Y=n|X=m\}=p(1-p)^{n-m-1}\quad m=1,2,\cdots,n-1;n=m+1,m+2,\cdots$$

二、连续型随机变量的条件分布律

设 (X,Y) 是二维连续型随机变量，条件分布不能用 $P\{X=x_i|Y=y_j\}$ 来定义，因为 $P\{X=x_i|Y=y_j\}=0$，而应该用 $P\{X\leqslant x|Y=y\}$ 来定义.
事实上

$$\lim_{\Delta y\to0+}\dfrac{[F(x,y-\Delta y)-F(x,y)]/(-\Delta y)}{[F(x,y-\Delta y)-F_Y(y)]/(-\Delta y)}=\dfrac{\partial F(x,y)}{\Delta y}\Big/\dfrac{\mathrm{d}F_Y(y)}{\mathrm{d}y}$$

若 $f(x,y)$ 连续，$f_Y(y)\neq0$ 且连续，有

$$上式=\dfrac{\displaystyle\int_{-\infty}^{x}f(u,y)\mathrm{d}u}{f_Y(y)}=\int_{-\infty}^{x}\dfrac{f(u,y)}{f_Y(y)}\mathrm{d}u$$

将其定义为 $P\{X\leqslant x|Y=y\}$.

[定义 2] 若 $f(x,y)$ 在点 (x,y) 连续，$f_Y(y)$ 在点 y 处连续且 $f_Y(y)>0$，则称

$$\dfrac{\dfrac{\partial F(x,y)}{\Delta y}}{\dfrac{\mathrm{d}F_Y(y)}{\mathrm{d}y}}=\dfrac{\displaystyle\int_{-\infty}^{x}f(u,y)\mathrm{d}u}{f_Y(y)}=\int_{-\infty}^{x}\dfrac{f(u,y)}{f_Y(y)}\mathrm{d}u$$

为 $Y=y$ 时，X 的条件分布函数记作 $F_{X|Y}(x|y)=\displaystyle\int_{-\infty}^{x}\dfrac{f(u,y)}{f_Y(y)}\mathrm{d}u$；称 $f_{X|Y}(x|y)=$

$\dfrac{f(x,y)}{f_Y(y)}$ 为 $Y=y$ 的条件下 X 的条件概率密度.

类似地，称 $F_{Y|X}(y|x)=\displaystyle\int_{-\infty}^{y}\dfrac{f(x,v)}{f_X(x)}\mathrm{d}v$ 为 $X=x$ 的条件下 Y 的条件分布函数；称 $f_{Y|X}(y|x)=\dfrac{f(x,y)}{f_X(x)}$ 为 $X=x$ 的条件下 Y 的条件概率密度.

条件概率密度满足概率密度的两个性质.

说明：(1) $F_{X|Y}(x|y)$，$f_{x|y}(x|y)$ 仅是 x 的函数，Y 是常数，对每一 $f_Y(y)>0$ 的 y 处，只要符合定义的条件，都能定义相应的函数. $F_{Y|X}(y|x)$，$f_{y|x}(y|x)$ 相仿说明.

(2) $f(x,y)=\begin{cases} f_X(x)f_{Y|X}(y|x) & f_X(x)>0 \\ f_Y(y)f_{X|Y}(x|y) & f_Y(y)>0 \end{cases}$

【例 3-6-4】 求本章第三节例 3-3-6 的条件概率密度 $f_{X|Y}(x|y)$．

解：由本章第三节例 6 知概率密度

$$f(x,y)=\begin{cases} \dfrac{1}{\pi}, & x^2+y^2\leqslant 1 \\ 0, & \text{其他} \end{cases}$$

边缘概率密度为

$$f_Y(y)=\begin{cases} \dfrac{2}{\pi}\sqrt{1-y^2}, & -1\leqslant y\leqslant 1 \\ 0, & \text{其他} \end{cases}$$

于是，当 $-1<y<1$ 时，有

$$f_{X|Y}(x|y)=\begin{cases} \dfrac{\dfrac{1}{\pi}}{\dfrac{2}{\pi}\sqrt{1-y^2}}=\dfrac{1}{2\sqrt{1-y^2}}, & -\sqrt{1-y^2}\leqslant x\leqslant \sqrt{1-y^2} \\ 0, & \text{其他} \end{cases}$$

【例 3-6-5】 设数 X 在区间 $(0,1)$ 上随机取值，当观察到 $X=x$（$0<x<1$）时，数 Y 在区间 $(x,1)$ 随机取值，求 Y 的概率密度 $f_Y(y)$．

解：依题意 X 概率密度

$$f_X(x)=\begin{cases} 1, & 0<x<1 \\ 0, & \text{其他} \end{cases},$$

对任意给定的值 $x(0<x<1)$，在 $X=x$ 的条件下，Y 的条件概率密度为

$$f_{Y|X}(y|x)=\begin{cases} \dfrac{1}{1-x}, & x<y<1 \\ 0, & \text{其他} \end{cases}$$

则

$$f(x,y)=f_{Y|X}(y|x)f_X(x)=\begin{cases} \dfrac{1}{1-x}, & 0<x<y<1 \\ 0, & \text{其他} \end{cases}$$

于是关于 Y 的边缘概率密度为

$$f_Y(y)=\int_{-\infty}^{+\infty}f(x,y)\,\mathrm{d}x=\begin{cases} \displaystyle\int_0^y\dfrac{1}{1-x}\mathrm{d}x=-\ln(1-y), & 0<y<1 \\ 0, & \text{其他} \end{cases}$$

习题3-6

1. 已知 (X,Y) 的分布律如下表示：

X \ Y	0	1	2
0	1/4	1/8	0
1	0	1/3	0
2	1/6	0	1/8

求 (1) 在 $Y=1$ 的条件下，X 的条件分布律；(2) 在 $X=2$ 的条件下，Y 的条件分布律.

2. 将某一医药公司 9 月份和 8 月份的青霉素针剂的订货单数分别记为 X 与 Y，据以往积累的资料知，X 和 Y 的联合分布律为：

X \ Y	51	52	53	54	55
51	0.06	0.05	0.05	0.01	0.01
52	0.07	0.05	0.01	0.01	0.01
53	0.05	0.10	0.10	0.05	0.05
54	0.05	0.02	0.01	0.01	0.03
55	0.05	0.06	0.05	0.01	0.03

(1) 求边缘分布律；(2) 求 8 月份的订单数为 51 时，9 月份订单数的条件分布律.

3. 求本章第四节例 3-4-4 中的条件概率密度 $f_{X|Y}(x|y)$ 和 $f_{Y|X}(y|x)$.

4. 已知 (X,Y) 的概率密度函数为

$$f(x,y) = \begin{cases} kxye^{-(x^2+y^2)}, & x \geq 0, y \geq 0 \\ 0, & 其他 \end{cases}.$$

(1) 确定常数 k；(2) 求出 X 与 Y 的边缘概率密度；(3) 判断 X 与 Y 是否相互独立；
(4) 求条件概率密度 $f_{X|Y}(x|y)$.

5. 设随机变量 (X,Y) 的概率密度为

$$f(x,y) = \begin{cases} e^{-y}, & 0 < x < y \\ 0, & 其他 \end{cases}.$$

试求：(1) (X,Y) 的边缘概率密度；(2) (X,Y) 的条件概率密度；(3) $P\{X > 2 | Y < 4\}$.

6. 已知 X 服从 $[0,1]$ 均匀分布，$Y \sim N(0,1)$，且 X 与 Y 相互独立，求 (X,Y) 的密度函数.

第七节 多维随机变量的数字特征

对于二维随机变量 (X,Y)，我们要研究 X 与 Y 的数学期望与方差，还要研究 X 与 Y 之间的相互关系的数字特征，如协方差、相关系数、矩等.

一、二维随机变量函数的数学期望与方差

定理 设 (X,Y) 是二维随机变量，且 $Z=g(X,Y)$. 于是

① 若 (X,Y) 为离散型随机变量，其概率分布为

$$P\{X=x_i, Y=y_j\} = p_{ij}, \quad i,j=1,2,\cdots$$

若级数 $\sum\limits_{i,j=1}^{\infty} g(x_i, y_j) p_{ij}$ 绝对收敛，则

$$E(Z) = \sum_{i,j=1}^{\infty} g(x_i, y_j) p_{ij} \tag{3-7-1}$$

② 若 (X,Y) 为连续型随机变量，其概率密度为 $f(x,y)$ ，若广义积分

$$\int_{-\infty}^{+\infty}\int_{-\infty}^{+\infty} g(x,y) f(x,y)\, \mathrm{d}x\, \mathrm{d}y$$

绝对收敛，则

$$E(Z)=\int_{-\infty}^{+\infty}\int_{-\infty}^{+\infty} g(x,y) f(x,y)\, \mathrm{d}x\, \mathrm{d}y \tag{3-7-2}$$

【例 3-7-1】 设 (X,Y) 的分布律为

Y\X	1	2	3
−1	0.2	0.1	0
0	0.1	0	0.3
1	0.1	0.1	0.1

(1) 求 $E(X)$ ，$E(Y)$ ； (2) 设 $Z=XY$ ，求 $E(Z)$ ； (3) 设 $Z=(X-Y)^2$ ，求 $E(Z)$ ；(4) 设 $Z=\dfrac{Y}{X}$ ，求 $E(Z)$.

解： (1) (X,Y) 关于 X 和 Y 的边缘分布分别为

X	1	2	3
p_i	0.4	0.2	0.4

Y	−1	0	1
p_i	0.3	0.4	0.3

于是

$E(X)=1\times0.4+2\times0.2+3\times0.4=2$，$E(Y)=-1\times0.3+0\times0.4+1\times0.3=0$

(2) $E(Z)=E(XY)=-1\times1\times0.2+(-1)\times2\times0.1+(-1)\times3\times0$
$\quad\quad\quad+0\times1\times0.1+0\times2\times0+0\times3\times0.3+1\times1\times0.1+1\times2\times0.1+1\times3\times0.1$
$\quad\quad=0.2$

(3) $E(Z)=E(X-Y)^2=(1+1)^2\times0.2+(2+1)^2\times0.1+(3+1)^2\times0$
$\quad\quad\quad+(1-0)^2\times0.1+(2-0)^2\times0+(3-0)^2\times0.3$
$\quad\quad\quad+(1-1)^2\times0.1+(2-1)^2\times0.1+(3-1)^2\times0.1$
$\quad\quad=5$

(4) $E(Z)=E\left(\dfrac{Y}{X}\right)=\dfrac{-1}{1}\times0.2+\dfrac{-1}{2}\times0.1+\dfrac{-1}{3}\times0+\dfrac{0}{1}\times0.1+\dfrac{0}{2}\times0+\dfrac{0}{3}\times0.3$
$\quad\quad\quad+\dfrac{1}{1}\times0.1+\dfrac{1}{2}\times0.1+\dfrac{1}{3}\times0.1=-\dfrac{1}{15}$

【例 3-7-2】 设二维随机变量 (X,Y) 的概率密度函数为

$$f(x,y)=\begin{cases}\dfrac{1}{4}x(1+3y^2)，& 0<x<2,0<y<1 \\ 0，& \text{其他}\end{cases}$$

求：$E(X)$ ，$E(Y)$ ，$E(XY)$ ，$E(Y/X)$.

解： $E(X)=\displaystyle\int_{-\infty}^{+\infty}\int_{-\infty}^{+\infty} xf(x,y)\,\mathrm{d}x\,\mathrm{d}y=\int_0^2 x\times\dfrac{1}{4}\times x\,\mathrm{d}x\int_0^1(1+3y^2)\,\mathrm{d}y=\dfrac{4}{3}$

$E(Y)=\displaystyle\int_{-\infty}^{+\infty}\int_{-\infty}^{+\infty} yf(x,y)\,\mathrm{d}x\,\mathrm{d}y=\int_0^2\dfrac{1}{4}\times x\,\mathrm{d}x\int_0^1 y(1+3y^2)\,\mathrm{d}y=\dfrac{5}{8}$

$$E(XY) = \int_{-\infty}^{+\infty} \int_{-\infty}^{+\infty} xy f(x,y) \, \mathrm{d}x \, \mathrm{d}y = \int_0^2 x \times \frac{1}{4} \times x \, \mathrm{d}x \int_0^1 y(1+3y^2) \, \mathrm{d}y = \frac{5}{6}$$

$$E\left(\frac{Y}{X}\right) = \int_{-\infty}^{+\infty} \int_{-\infty}^{+\infty} \left(\frac{y}{x}\right) f(x,y) \, \mathrm{d}x \, \mathrm{d}y = \int_0^2 \frac{1}{2} \, \mathrm{d}x \int_0^1 y \times \frac{1}{2} \times (1+3y^2) \, \mathrm{d}y = \frac{5}{8} \neq \frac{15}{32} = \frac{E(Y)}{E(X)}$$

二维随机变量函数的数学期望与方差的性质如下.

性质 1 若 X,Y 是两个随机变量，则有

$$E(X+Y) = E(X) + E(Y)$$

此性质可以推广到任意有限个随机变量之和的情况.

$$E\left(\sum_{i=1}^n X_i\right) = \sum_{i=1}^n E(X_i)$$

性质 2 设 X,Y 相互独立，则有

$$E(XY) = E(X)E(Y)$$

说明：由 $E(XY) = E(X)E(Y)$ 不一定推出 X,Y 独立.

性质 3 设 X,Y 相互独立，则有

$$D(X \pm Y) = D(X) + D(Y)$$

二、二维随机变量的协方差与相关系数

对于二维随机变量 (X,Y)，已知联合分布能够确定关于 (X,Y) 的 X,Y 的边缘分布，但其逆不成立，这是因为二维随机变量，除每个随机变量各自的概率特性外，相互之间可能还有某种联系，怎样去反映这种联系？我们知道

$$D(X+Y) = D(X) + D(Y) + 2E\{[X-E(X)][Y-E(Y)]\}$$

当 X 与 Y 相互独立时，

$$E\{[X-E(X)][Y-E(Y)]\} = 0$$

这意味着当

$$E\{[X-E(X)][Y-E(Y)]\} \neq 0$$

时，X 与 Y 不相互独立，而是存在着一定关系.

1.协方差的定义与性质

[定义 1] 对于二维随机变量 (X,Y)，若

$$E\{[X-E(X)][Y-E(Y)]\}$$

存在，则称其为随机变量 X 和 Y 的协方差，记为 $Cov(X,Y)$，即

$$Cov(X,Y) = E\{[X-E(X)][Y-E(Y)]\} \tag{3-7-3}$$

若 (X,Y) 为离散型

$$Cov(X,Y) = \sum_{i=1}^{+\infty} \sum_{j=1}^{+\infty} [x_i - E(X)][y_j - E(Y)] p_{ij} \tag{3-7-4}$$

若 (X,Y) 为连续型，有

$$Cov(X,Y) = \int_{-\infty}^{+\infty} \int_{-\infty}^{+\infty} [X-E(X)][Y-E(Y)] f(x,y) \, \mathrm{d}x \, \mathrm{d}y \tag{3-7-5}$$

由数学期望性质，将协方差计算化简为

$$
\begin{aligned}
Cov(X,Y) &= E\{[X-E(X)][Y-E(Y)]\} \\
&= E(XY) - E(X)E(Y) - E(Y)E(X) + E(X)E(Y) \\
&= E(XY) - E(X)E(Y)
\end{aligned} \tag{3-7-6}
$$

$$D(X+Y) = D(X) + D(Y) + 2Cov(X,Y) \tag{3-7-7}$$

$$Cov(X,Y)=\frac{1}{2}\left[D(X+Y)-D(X)-D(Y)\right] \tag{3-7-8}$$

协方差具有以下基本性质.

① $Cov(X,Y)=Cov(Y,X)=E(XY)-E(X)E(Y)$;

② $Cov(aX,bY)=abCov(X,Y)$, a,b 是常数;

③ $Cov(X+Y,Z)=Cov(X,Z)+Cov(Y,Z)$;

④ $Cov(X,X)=D(X)$;

⑤ 若 X 与 Y 相互独立,则 $Cov(X,Y)=0$;

⑥ $|Cov(X,Y)|^2 \leqslant D(X)D(Y)$.

证明　只证明性质 (6).

令 $g(t)=E\{[Y-E(Y)]-Z[X-E(X)]\}^2=D(Y)-2tCov(X,Y)+t^2D(X)$,对任何实数 t , $g(t)\geqslant 0$. 所以 $4Cov^2(x,Y)-4D(X)D(Y)\leqslant 0$, 即 $|Cov(X,Y)|^2\leqslant D(X)D(Y)$.

【例 3-7-3】　求例 3-7-1 中的 $Cov(X,Y)$.

解:　由例 3-7-1 的 (1) (2) 知, $E(X)=2,E(Y)=0,E(XY)=0.2$,则

$$Cov(X,Y)=E(XY)-E(X)E(Y)=0.2-2\times 0=0.2$$

【例 3-7-4】　设随机变量 (X,Y) 具有概率密度

$$f(x,y)=\begin{cases}\dfrac{1}{8}(x+y), & 0\leqslant x\leqslant 2,0\leqslant y\leqslant 2 \\ 0, & \text{其他}\end{cases}$$

求 $Cov(X,Y)$.

解:
$$E(X)=\int_{-\infty}^{+\infty}\int_{-\infty}^{+\infty}xf(x,y)\mathrm{d}y\mathrm{d}x=\int_0^2\int_0^2 x\frac{1}{8}(x+y)\mathrm{d}y\mathrm{d}x=\frac{7}{8}$$

由对称性知 $E(Y)=\dfrac{7}{6}$,

$$E(XY)=\int_{-\infty}^{+\infty}\int_{-\infty}^{+\infty}xyf(x,y)\mathrm{d}x\mathrm{d}y=\int_0^2\int_0^2 xy\frac{1}{8}(x+y)\mathrm{d}x\mathrm{d}y$$

$$=\int_0^2\frac{1}{8}\left(\frac{8}{3}y+2y^2\right)\mathrm{d}y=\frac{4}{3}$$

于是 $Cov(X,Y)=E(XY)-E(X)E(Y)=\dfrac{4}{3}-\dfrac{7}{6}\times\dfrac{7}{6}=-\dfrac{1}{36}$

2. 相关系数的定义及性质

[定义 2]　对于二维随机变量 (X,Y) ,若 $0<D(X)<+\infty,0<D(Y)<+\infty$,则称

$$\rho_{XY}=\frac{Cov(X,Y)}{\sqrt{D(X)}\sqrt{D(Y)}}$$

为随机变量 X 与 Y 的相关系数, ρ_{XY} 是一个无量纲的量.

相关系数 ρ_{XY} 反映的是 X,Y 之间线性关系紧密程度的量,有如下性质:

① 若 X 与 Y 相互独立,则 $\rho_{XY}=0$, 称 X 与 Y 不相关;

② $|\rho_{XY}|\leqslant 1$;

③ 若随机变量 X 与 Y 呈线性关系,即 $Y=aX+b$ $(a\neq 0)$,则 $|\rho_{XY}|=1$, 称 X 与 Y 完全相关.

根据上述性质得到 $|\rho_{XY}|$ 越小，X,Y 线性相关程度越差，因此 X 与 Y 不相关，通常认为 X 与 Y 不存在线性关系，但并不能说明 X,Y 之间没有其他关系. 而且 X 与 Y 相互独立 $\Rightarrow \rho_{XY}=0$，若 X 与 Y 不相关，X 与 Y 可以不独立.

【例 3-7-5】 设 X 服从 $[-\pi,\pi]$ 上的均匀分布，令 $X_1=\sin(X)$，$X_2=\cos(X)$，求 $\rho_{X_1X_2}$，判断 X_1 与 X_2 是否相关、是否独立？

解： 由于

$$E(X_1)=\frac{1}{2\pi}\int_{-\pi}^{\pi}\sin(X)\,\mathrm{d}X=0\ ,\ E(X_2)=\frac{1}{2\pi}\int_{-\pi}^{\pi}\cos(X)\,\mathrm{d}X=0$$

$$E(X_1X_2)=\frac{1}{2\pi}\int_{-\pi}^{\pi}\sin(X)\cos(X)\,\mathrm{d}X=0$$

$$D(X_1)=EX_1^2-(EX_1)^2=EX_1^2=\frac{1}{2\pi}\int_{-\pi}^{\pi}\sin(X)^2\mathrm{d}X=\frac{1}{2}$$

$$D(X_2)=EX_2^2-(EX_2)^2=EX_1^2=\frac{1}{2}$$

所以 $Cov(X_1,X_2)=EX_1X_2-EX_1EX_2=0$. 即 $\rho_{X_1X_2}=\dfrac{Cov(X_1,X_2)}{\sqrt{DX_1}\sqrt{DX_2}}=0$，从而 X 与 Y 不相关，不存在线性关系，但显然，$X^2+Y^2=1$，即 X 与 Y 并不独立.

当 $0<D(X)<+\infty,0<D(Y)<+\infty$，以下四个结论彼此等价：

① $\rho_{XY}=0$；

② $Cov(X,Y)=0$；

③ $E(XY)=E(X)E(Y)$；

④ $D(X\pm Y)=D(X)\pm D(Y)$.

一般而言，X 与 Y 相互独立，则 X 与 Y 不相关，其逆不真. 但当 (X,Y) 服从二维正态分布时，X 与 Y 相互独立是等价的.

【例 3-7-6】 设 (X,Y) 服从二维正态分布 $(X,Y)\sim N(\mu_1,\mu_2;\sigma_1^2,\sigma_2^2;\rho)$，即

$$f(x,y)=\frac{1}{2\pi\sigma_1\sigma_2\sqrt{1-\rho^2}}\exp\left\{\frac{-1}{2(1-\rho^2)}\left[\frac{(x-\mu_1)^2}{\sigma_1^2}-2\rho\frac{(x-\mu_1)(y-\mu_2)}{\sigma_1\sigma_2}+\frac{(y-\mu_2)^2}{\sigma_2^2}\right]\right\}$$

求相关系数 ρ_{XY}.

解： 在本章第三节知道 (X,Y) 的边缘密度函数为一维正态分布，即 $X\sim N(\mu_1,\sigma_1^2)$，$Y\sim N(\mu_2,\sigma_2^2)$.

$$Cov(X,Y)=\int_{-\infty}^{+\infty}\int_{-\infty}^{+\infty}(x-\mu_1)(y-\mu_2)f(x,y)\,\mathrm{d}x\mathrm{d}y\xrightarrow{\frac{x-\mu_1}{\sigma_1}=s,\frac{y-\mu_2}{\sigma_2}}$$

$$=\frac{\sigma_1\sigma_2}{2\pi\sqrt{1-\rho^2}}\int_{-\infty}^{+\infty}\int_{-\infty}^{+\infty}st\exp\left[-\frac{1}{2(1-\rho^2)}(s-\rho t)^2-\frac{t^2}{2}\right]\mathrm{d}s\mathrm{d}t\xrightarrow{s-\rho t=\mu}$$

$$=\frac{\sigma_1\sigma_2}{2\pi\sqrt{1-\rho^2}}\int_{-\infty}^{+\infty}\int_{-\infty}^{+\infty}t(\rho t+\mu)\exp\left[-\frac{\mu^2}{2(1-\rho^2)}-\frac{t^2}{2}\right]\mathrm{d}\mu\mathrm{d}t$$

$$=\frac{\sigma_1\sigma_2\rho}{2\pi\sqrt{1-\rho^2}}\int_{-\infty}^{+\infty}\exp\left[-\frac{\mu^2}{2(1-\rho^2)}\right]\mathrm{d}\mu\int_{-\infty}^{+\infty}t^2\exp\left[-\frac{t^2}{2}\right]\mathrm{d}t$$

$$=\sigma_1\sigma_2\rho$$

则 $\rho_{XY}=\rho$.

　　说明二维正态随机变量 (X,Y) 的概率密度的参数 ρ 就是 X 和 Y 的相关系数,因而二维正态分布完全可由 X,Y 的数学期望、方差以及相关系数确定,则若 (X,Y) 服从二维正态分布,X 和 Y 相互独立的充要条件为 $\rho=0$,即 X 和 Y 不相关与 X 和 Y 相互独立等价.

习题3-7

1. 已知 (X,Y) 的联合分布律为:

X＼Y	-1	0	1
-1	1/8	1/8	1/8
0	1/8	0	1/8
1	1/8	1/8	1/8

　　试求 $Cov(X,Y)$.

2. 设二维随机变量 (X,Y) 的联合概率分布如下:

Y＼X	-1	0	1
0	0	1/3	0
1	1/3	0	1/3

　　证明:X 与 Y 不相关,但不是相互独立.

3. 将 3 个球随机地放入 3 个盒子里,用 X,Y 分别表示放入第一个与第二个盒子的球的个数,试判断 X 与 Y 是否相关.

4. 设二维随机变量 (X,Y) 服从二维正态分布,则 $\xi=X+Y$,$\eta=X-Y$ 不相关的充分条件为＿＿＿＿.

5. 求例 3-7-4 的 X 与 Y 的相关系数 ρ_{XY} 和 $D(X+Y)$.

6. 设二维随机变量 (X,Y) 在由 x 轴、y 轴及直线 $x+y-2=0$ 所围成的区域 G 上服从均匀分布,求 X 与 Y 的相关系数 ρ_{XY} .

7. 一商店经销某种商品,每周进化量 X 与顾客对该种需求量是相互独立的随机变量,且都服从区间 $[10,20]$ 上的均匀分布,若商店每售出一单位商品可获利 1000 元,若需求量超过进货量,商店可以从其他商店调剂供应,这时每单位商品获利 500 元.试求此商店经销该种商品所得利润的期望值.

8. 设 $\omega=(ax+3y)^2$,$E(X)=E(Y)=0$,$D(X)=4$,$D(Y)=16$,$\rho_{XY}=-0.5$,求常数 a 使 $E(\omega)$ 最小,并求 $E(\omega)$ 的最小值.

第八节　大数定律与中心极限定理

　　本节主要讨论概率论中两个重要的定理:大数定律和中心极限定理.所谓大数定律,就是给一类关于大量随机现象平均结果的稳定性问题以理论上的认证.例如,在什么条件和意义下,某事件的频率能作为该事件的概率估计,样本均值作为总体期望的真值.所谓中心极限定理,指出在什么条件下,怎样的随机变量可以看作或近似看作正态变量,而正态分布在概率论中有着极其重要的位置.

一、大数定律

　　定理 1　设非负随机变量 X 的期望 $E(X)$ 存在,有对于任意实数 $\varepsilon>0$,有

$$P\{X\geqslant\varepsilon\}\leqslant\frac{E(X)}{\varepsilon}$$

　　证明　仅对连续型随机变量情况加以证明.

　　设随机变量 X 的概率密度为 $f(x)$,

$$P\{X \geqslant \varepsilon\} = \int_{\varepsilon}^{+\infty} f(x)\,\mathrm{d}x \leqslant \int_{\varepsilon}^{+\infty} \frac{x}{\varepsilon} f(x)\,\mathrm{d}x \leqslant \frac{1}{\varepsilon} \int_{0}^{+\infty} x f(x)\,\mathrm{d}x = \frac{E(X)}{\varepsilon}$$

推论（切比雪夫不等式）　设随机变量 X 的数学期望为 μ 及方差 $D(X) = \sigma^2$，对任意 $\varepsilon > 0$，有

$$P\{|X - \mu| \geqslant \varepsilon\} \leqslant \frac{\sigma^2}{\varepsilon^2} \tag{3-8-1}$$

或

$$P\{|X - \mu| < \varepsilon\} \geqslant 1 - \frac{\sigma^2}{\varepsilon^2} \tag{3-8-2}$$

成立，上式（8.1）（8.2）称切比雪夫不等式.

[定义 1]　对随机变量 $X_1, X_2, \cdots X_n, \cdots$，若存在常数 a，使得对任意的 $\varepsilon > 0$，有

$$\lim_{n \to \infty} P\{|X_n - a| < \varepsilon\} = 1 \tag{3-8-3}$$

成立，则称序列 $X_1, X_2, \cdots, X_n, \cdots$ 依概率收敛于 a，记为

$$X_n \xrightarrow{P} a$$

序列依概率收敛性质：

（1）若 $X_n \xrightarrow{P} a$，$g(X)$ 在点 $X = a$ 连续，则 $g(X_n) \xrightarrow{P} g(a)$；

（2）若 $X_n \xrightarrow{P} a$，$Y_n \xrightarrow{P} b$，且 $g(X, Y)$ 在点 (a, b) 连续，则 $g(X_n, Y_n) \xrightarrow{P} g(a, b)$.

[定义 2]　随机变量序列 $X_1, X_2, \cdots, X_n, \cdots$，若对于任意 $n > 1$，$X_1, X_2, \cdots, X_n$ 都相互独立，称 $X_1, X_2, \cdots, X_n, \cdots$ 相互独立.

定理 2（切比雪夫大数定律）　设 $\{X_k\}$　$k = 1, 2, \cdots$ 为两两相互独立的随机变量序列，$E\{X_k\}$ 存在，且 $D(X_k) \leqslant C$　$(k = 1, 2, \cdots)$，对于任意正数 ε，有

$$\lim_{n \to \infty} P\{|Y_n - E(Y_n)| < \varepsilon\} = 1 \tag{3-8-4}$$

式中，$Y_n = \dfrac{1}{n} \sum_{k=1}^{\infty} X_k$，$C$ 为常数.

推论　设随机变量序列 $X_1, X_2, \cdots$ 相互独立，且 $E(X_k) = \mu$ 及 $D(X_i) = \sigma^2$ 均存在 $(k = 1, 2, \cdots)$，则对于任意的正数 ε，有

$$\lim_{n \to \infty} P\left\{\left|\frac{1}{n} \sum_{k=1}^{n} X_k - \mu\right| < \varepsilon\right\} = 1$$

上述推论说明，在所给的条件下，同一测量装置 n 次测量值的算术平均值与真值数学期望值 μ，当 n 充分大时，是十分接近的. 因此，测量时，一般用 n 次测量的平均值近似代替真值是可以采用的，从理论上验证了平均值具有稳定性.

定理 3（伯努利大数定律）　设 n_A 是 n 重伯努利试验中事件 A 发生的次数，p 是事件 A 在每次试验中发生的概率，则对任意 $\varepsilon > 0$，有

$$\lim_{n \to \infty} P\left\{\left|\frac{n_A}{n} - p\right| < \varepsilon\right\} = 1 \tag{3-8-5}$$

证明　$n_A \sim b(n, p)$，所以

$$n_A = X_1 + X_2 + \cdots + X_n$$

其中 $X_1 + X_2 + \cdots + X_n$ 相互独立，且都服从以 p 为参数的 $0-1$ 分布，因而，$E(X_k) = p$，$X_k = p(1-p)$，$(i = 1, 2, \cdots, n)$，

由切比雪夫大数定律，对任意 $\varepsilon > 0$，有

$$\lim_{n\to\infty}P\left\{\left|\frac{1}{n}\sum_{k=1}^{n}X_k-\mu\right|<\varepsilon\right\}=\lim_{n\to\infty}P\left\{\left|\frac{n_A}{n}-p\right|<\varepsilon\right\}=1.$$

上述定理说明大量重复独立试验中，事件 A 发生的概率 p，当 n 充分大时，可以用事件发生的频率 $\frac{n_A}{A}$ 近似代替，上述定理表述了频率的稳定性.

【例 3-8-1】 用切比雪夫不等式估计概率

200 个新生婴儿中，男孩多于 80 个且少于 120 个的概率（假定生男孩和女孩的概率均为 0.5）.

解：设 200 个新生婴儿中，男孩的个数为 X，X 是一个随机变量，且依题意可知 $X \sim b(200,0.5)$，则

$$E(X)=np=200\times0.5=100 \text{，} D(X)=npq=200\times0.5\times0.5=50$$

因为所求事件的概率为 $P\{80<X<120\}$，则用切比雪夫不等式估计

$$P\{80<X<120\}=P\{|X-100|<20\}\geqslant1-\frac{50}{20^2}$$

即 $P\{80<X<120\}\geqslant0.875.$

切比雪夫不等式主要是用来对期望、方差已知的随机变量取值的概率作粗略估计，验证了方差是描述随机变量与其数学期望值离散度的一个量.

二、中心极限定理

中心极限定理是研究在什么条件下，大量独立随机变量和的分布以正态分布为极限的定理，而正态分布在随机变量的各种分布中占有重要的地位.

定理 4（李雅普诺夫定理）　设 $X_1,X_2,\cdots$ 是相互独立的随机变量，有期望值 $E(X_i)=\mu_i$ 及方差 $D(X_i)=\sigma_i^2<+\infty$ $(i=1,2,\cdots)$，若每个 X_i 对总和 $\sum_{i=1}^{n}X_i$ 影响不大，令 $S_n=(\sum_{i=1}^{n}\sigma_i^2)^{\frac{1}{2}}$，则

$$\lim_{n\to\infty}P\left\{\frac{1}{S_n}\sum_{i=1}^{n}(X_i-\mu_i)\leqslant x\right\}=\frac{1}{\sqrt{2\pi}}\int_{-\infty}^{x}e^{-\frac{t^2}{2}}dt=\Phi(x)$$

这个定理说明，一个随机现象由众多的随机因素引起的，每个因素在总的变化里起着不显著的作用，就可以推断，描述这个随机现象的随机变量近似地服从正态分布. 而在实际中，这种现象很普遍，从而正态分布成为概率论统计中最重要的分布.

推论　设随机变量 $X_1,X_2,\cdots,X_n,\cdots$，相互独立服从同一分布，且 $E(X_i)=\mu$，$D(X_i)=\sigma^2$ $(i=1,2,\cdots)$，则

$$\lim_{n\to\infty}P\left\{\frac{\sum_{i=1}^{n}X_i-n\mu}{\sigma\sqrt{n}}\leqslant x\right\}=\int_{-\infty}^{x}\frac{1}{\sqrt{2\pi}}e^{-\frac{t^2}{2}}dt=\Phi(x) \tag{3-8-6}$$

【例 3-8-2】 一盒同型号螺丝钉共有 100 个，已知该型号的螺丝钉的重量是一个变量，期望值是 100 克，标准差是 10 克，求一盒螺丝钉的重量超过 10.2 千克的概率.

解：设 X_i 为第 i 个螺丝钉的重量，$i=1,2,\cdots100$，且它们之间独立同分布，所以，一盒螺丝钉的重量为 $X=\sum_{i=1}^{100}X_i$，而且 $\mu=E(X_i)=100,\sigma=\sqrt{D(X_i)}=10,n=100.$

由中心极限定理有

$$P\{X > 10200\} = P\left\{\frac{X-10000}{100} > \frac{10200-10000}{100}\right\}$$

$$= P\left\{\frac{X-10000}{100} > 2\right\} = 1 - P\left\{\frac{X-10000}{100} \leqslant 2\right\}$$

$$\approx 1 - \Phi(2) \approx 1 - 0.97725 = 0.02275.$$

定理 5（棣莫佛-拉普拉斯定理）　设随机变量 $X_i (i=1,2,\cdots,n)$ 服从参数为 p 的两点分布，即 $\sum\limits_{i=1}^{n} X_i \sim B(n,p)$ ，则对于任意的 x ，有

$$\lim_{n\to\infty} P\left\{\frac{\sum\limits_{i=1}^{n} X_i - np}{\sqrt{np(1-p)}} \leqslant x\right\} = \frac{1}{\sqrt{2\pi}}\int_{-\infty}^{x} e^{-\frac{t^2}{2}} dt = \Phi(x)$$

证明　$E(X_i) = p$ ，$D(X_i) = p(1-p)$ 　　$(i=1,2,\cdots,n)$ ，由李雅普诺夫定理可得.
上述定理说明二项分布的极限是正态分布.

【例 3-8-3】　检查员逐个检查某种产品，每次花 10 秒检查一个，但也可能有的产品需要再花 10 秒重复检查一次，假设每个需要复检的概率为 0.5，求在 8 小时内检查员检查产品个数多于 1600 个的概率.

解：引入随机变量 X_i（表示第 i 个产品花费的时间）

$$X_i = \begin{cases} 10 & \text{第 } i \text{ 个产品不需要复检} \\ 20 & \text{第 } i \text{ 个产品需要复检} \end{cases} \quad (i=1,2,\cdots,1600)$$

则 $X = \sum\limits_{i=1}^{1600} X_i$ 表示检查 1600 个产品所需时间.

$$E(X_i) = 10 \times 0.5 + 20 \times 0.5 = 15$$

$$D(X_i) = E(X_i^2) - [E(X_i)]^2 = 10^2 \times 0.5 + 20^2 \times 0.5 - 15^2 = 25$$

由中心极限定理可知

$$P\{X \leqslant 8 \times 3600\} = P\left\{\frac{X - 1600 \times 15}{\sqrt{1600} \times 5} \leqslant \frac{8 \times 3600 - 1600 \times 15}{\sqrt{1600} \times 5}\right\}$$

$$= P\left\{\frac{X - 1600 \times 15}{40 \times 5} \leqslant 24\right\} \approx \Phi(24) = 1$$

【例 3-8-4】　某商店供应某地区 1000 人商品，某种商品在一段时间内每人需用一件的概率为 0.6，假定在这一段时间内各人购买与否彼此无关，问商店应预备多少件这种商品，才能以 99.7% 的概率保证不会脱销（假定该商品在某一段时间内每人最多可买一件）.

解：设该种商品在一段时间内需要购买人数为随机变量 X ，则依题意可知 $X \sim b(1000,0.6)$ ，故 X 的期望和方差为

$$E(X) = np = 1000 \times 0.6 = 600$$

$$D(X) = npq = 1000 \times 0.6 \times 0.4 = 240$$

设商店应预备 x 件这种商品才能以 99.7% 的概率保证不会脱销，则由中心极限定理可知

$$P\{X \leqslant x\} \geqslant 99.7\%$$

$$P\left\{\frac{X - 600}{\sqrt{240}} \leqslant \frac{x - 600}{\sqrt{240}}\right\} \geqslant 99.7\%$$

$$\Phi\left(\frac{x-600}{\sqrt{240}}\right)\geqslant 0.997$$

查表得 $\dfrac{x-600}{\sqrt{240}}\geqslant 2.75$，$x\geqslant 642.6$，所以商店应预备 643 件这种商品.

【例 3-8-5】 保险业是最早使用概率论的部门之一，保险公司为了估计企业利润，需要计算各种概率. 假设现要设置一项保险：一辆自行车年交保费 2 元，若自行车丢失，保险公司赔偿 200 元，设在一年内自行车丢失的概率为 0.001，至少要有多少辆自行车投保才能以不少于 0.9 的概率保证这一保险不亏本？

解： 设有 n 辆自行车投保，X_n 表示一年内 n 辆自行车丢失的数量，则 $X_n\sim b(n,0.001)$，于是有

$$P\{2n-200X_n\geqslant 0\}\geqslant 0.9$$

即

$$P\{X_n\leqslant 0.01n\}\geqslant 0.9$$

$$P\{X_n\leqslant 0.01n\}=P\left\{\frac{X_n-0.001n}{\sqrt{0.000999\,n}}\leqslant\frac{0.01n-0.001n}{\sqrt{0.000999\,n}}\right\}=\Phi\left(\frac{0.009n}{\sqrt{0.000999\,n}}\right)\geqslant 0.9$$

查表得 $\dfrac{0.009n}{\sqrt{0.000999\,n}}\geqslant 1.29$，解不等式，得 $n\geqslant 21$.

习题 3-8

1. 设随机变量的方差为 25，则根据切比雪夫不等式 $P\{|X-E(X)|<10\}\geqslant$ _____ .

2. 设随机变量 X 和 Y 的数学期望分别为 -2 和 2，方差分别为 1 和 4，而相关系数为 -0.5，则根据切比雪夫不等式 $P\{|X+Y|\geqslant 6\}\leqslant$ _____ .

3. 将一枚匀称硬币独立地重复投掷 200 次，根据中心极限定理估计下面出现的次数在 95～105 之间的概率.

4. 设某电站供电网有 10000 盏电灯，夜晚每盏灯开灯的概率为 0.7，而假定开关时间彼此独立，估计夜晚同时开关的灯的盏数在 6800～7200 之间的概率.（用中心极限定理与切比雪夫不等式两种方法，并比较哪一种比较精确）.

5. 某保险公司有 10000 人参加保险，每人每年付 12 元保险费，在一年内这些人死亡的概率为 0.006，死亡后家属可向保险公司领取 1000 元，试求：
   (1) 保险公司一年的利润不少于 6 万元的概率；
   (2) 保险公司亏本的概率.

6. 某宿舍有学生 500 人，每人在今晚大约有 10% 的时间要占用一个水龙头，设每人占有水龙头是相互独立的，问该宿舍至少需要安装多少个水龙头，才能以 95% 以上概率保证用水的需要？

7. 一食品店有三种蛋糕出售，由于售出哪一种蛋糕是随机的，因而售出一只蛋糕的价格是一个随机变量，它取 1 元、1.2 元、1.5 元，各个值的概率分别为 0.3、0.2、0.5，若售出 300 只蛋糕：
   (1) 求收入至少为 400 元的概率；
   (2) 求出售价格为 1.2 元的蛋糕多于 60 只的概率.

8. 某公司有 200 名员工参加一种资格证书考试，按往年经验，该考试通过率为 0.8，试计算这 200 名员工至少有 150 人通过考试的概率.

综合练习三

1. 在一箱子中装有 12 只开关，其中 2 只是次品，在其中取 2 次，每次任取一只，考虑两种试验：①放回

抽样；②不放回抽样.

设随机变量 X,Y 如下：

$$X = \begin{cases} 0, & \text{若第一次取出的是正品} \\ 1, & \text{若第一次取出的是次品} \end{cases}$$

$$Y = \begin{cases} 0, & \text{若第二次取出的是正品} \\ 1, & \text{若第二次取出的是次品} \end{cases}$$

试分别就①，②两种情况求：

(1) X 和 Y 的联合分布律；(2) X 和 Y 的边缘分布律；(3) 判断 X 与 Y 是否相互独立.

2. 设 (X,Y) 服从由直线 $y=1, y=x, y=-x$ 围成区域 D 上的均匀分布，

(1) 求 (X,Y) 的概率密度；(2) 求 $P\{Y<2X\}$；(3) 求 $F(0.5,0.5)$.

3. 设随机变量 (X,Y) 的分布函数为

$$F(x,y) = A\left(B + \arctan\frac{x}{2}\right)\left(C + \arctan\frac{x}{3}\right)$$

试求：(1) 系数 A,B,C；(2) (X,Y) 的概率密度；(3) 边缘密度；(4) $P\{0 \leqslant X < 2, Y < 3\}$.

4. 设二维随机变量 (X,Y) 的概率密度为

$$f(x,y) = \begin{cases} \dfrac{1}{2}(x+y)\,\mathrm{e}^{-(x+y)}, & x>0, y>0 \\ 0, & \text{其他} \end{cases}$$

(1) 问 X 与 Y 是否相互独立；(2) 求 $Z=X+Y$ 的概率密度.

5. 设随机变量 X 与 Y 相互独立，且

$$P\{X=1\} = P\{Y=1\} = p > 0, \quad P\{X=0\} = P\{Y=0\} = 1-p > 0$$

定义随机变量 Z

$$Z = \begin{cases} 1, & X+Y \text{ 为偶数} \\ 0, & X-Y \text{ 为奇数} \end{cases}$$

问 p 为何值时，X 与 Z 相互独立.

6. 随机变量 X 与 Y 的联合密度函数为

$$f(x,y) = \begin{cases} 12\mathrm{e}^{-3x-4y}, & x>0, y>0 \\ 0, & \text{其他} \end{cases}$$

分别求下列概率密度函数：(1) $Z=X+Y$；(2) $N=\min\{X,Y\}$.

7. 设 $E(X)=2, E(Y)=4, D(X)=4, D(Y)=9, \rho_{XY}=0.5$，求：

(1) $U = 3X^2 - 2XY + Y^2 - 3$ 的数学期望；(2) $V = 3X - Y + 5$ 的方差.

8. 在长度为 1 的线段上任取两点，求两点间距离的数学期望和方差.

9. 设随机变量 (X,Y) 的联合概率密度为

$$f(x,y) = \begin{cases} \dfrac{3}{8}, & |x| \leqslant 1, |y| \leqslant 1-x^2 \\ 0, & \text{其他} \end{cases}$$

试判断 X 与 Y 是否独立？是否相关.

10. 设 A 和 B 是试验 E 的两个事件，且 $P(A)>0, P(B)>0$，并定义随机变量 X,Y 如下：

$$X = \begin{cases} 1, & \text{若 } A \text{ 发生} \\ 0, & \text{若 } A \text{ 不发生} \end{cases} \qquad Y = \begin{cases} 1, & \text{若 } B \text{ 发生} \\ 0, & \text{若 } B \text{ 不发生} \end{cases}$$

证明：若 $\rho_{XY}=0$，则 X 和 Y 必定相互独立.

11. 向一目标射击，目标中心为坐标原点，已知命中的横坐标 X 和纵坐标 Y 相互独立，且均服从 $N(0,2^2)$ 分布，求：

(1) 命中环形区域 $D = \{(X,Y) \mid 1 \leqslant X^2 + Y^2 \leqslant 2\}$ 的概率；

(2) 命中点到目标中心距离 $Z = \sqrt{X^2 + Y^2}$ 的数学期望.

12.已知随机变量 X 和 Y 分别服从正态分布 $N(1,3^2)$ 和 $N(0,4^2)$，且 X 与 Y 的相关系数 $\rho_{XY} = -\dfrac{1}{2}$，

设 $Z = \dfrac{X}{3} + \dfrac{Y}{2}$，求：

(1) $E(Z)$ 和 $D(Z)$；(2) X 与 Z 的相关系数 ρ_{XZ}.

13.某箱装有 100 件产品，其中一等品，二等品和三等品分别为 80 件、10 件和 10 件，现在随机抽取一件，记

$$X_i = \begin{cases} 1, & \text{若抽到第 } i \text{ 等品} \\ 0, & \text{其他} \end{cases} \quad (i=1,2,3)$$

求 X_1 与 X_2 的相关系数 $\rho_{X_1 X_2}$.

14.确定当投掷一枚均匀硬币时，需投掷多少次才能保证使得正面出现的频率在 0.4～0.6 之间的概率不小于 90%.分别用切比雪夫不等式和中心极限定理予以估计，并比较精确性.

15.计算器在进行加法时，将每个加数舍入最靠近它的整数，设所有舍入误差是独立的存在且 $(-0.5,0.5)$ 上服从均匀分布，若将 1500 个数相加，问误差总和的绝对值超过 15 的概率是多少？

16.设有 30 个电子器件，它们的使用寿命（单位：小时）$T_1, T_2, \cdots, T_{30}$ 服从参数 $\lambda = 0.1$ 的指数分布，其使用情况是第一个损坏第二个立即使用，第二个损坏第三个立即使用等.令 T 为 30 个器件使用的总时间，求 T 超过 350 小时的概率.

第四章　数理统计的基本知识

数理统计作为一门学科诞生于 19 世纪末 20 世纪初，创始人是比利时的数学家、统计学家和天文学家 R. A. Fisher，他最先将概率论应用于人口、人体测量等问题的研究，完成了统计学和概率论的结合. 从此，统计学进入丰富发展的新阶段. 许多学者从各个角度研究统计学，相继提出和发展了相关和回归理论、t 分布以及抽样理论等，使数理统计学很快发展成为一门比较系统、完善的学科. 数理统计方法在经济和金融领域有着广泛应用，早在 20 世纪二三十年代，数理统计的方法就被用来定量分析经济领域中的问题，如用时间序列的统计分析方法用来进行市场预测. 现在，数理统计学已成为每个经济管理者、研究者进行决策和科学研究的重要工具.

概率论的许多问题中，随机变量的概率分布通常是已知的，或者假设是已知的，而一切计算与推理都是在这已知基础上得出来的. 但实际情况往往并非如此，一个随机现象所服从的分布可能是完全不知道的，或者知道其分布概型，但是其中的某些参数是未知的. 数理统计的任务则是以概率论为基础，根据试验所得到的数据，对研究对象的客观统计规律性做出合理的推断.

由于大量随机现象必然呈现出它们的规律性，故理论上只要对随机现象进行足够多次观察，则研究对象的规律就一定能清楚地呈现出来，但实际上人们常常无法对所研究的对象的全体（或总体）进行观察，而只能抽取其中的部分（或样本）进行观察或试验以获得有限的数据. 数理统计的任务包括：怎样有效地收集、整理有限的数据资料；怎样对所得的数据资料进行分析、研究，从而对研究对象的性质、特点，作出合理的推断，此即所谓的统计推断问题.

从第四章开始，我们学习数理统计的基础知识. 数理统计所包含的内容十分丰富，本书介绍其中的参数估计、假设检验、方差分析、回归分析等内容. 第四章主要介绍数理统计的一些基本术语、基本概念、重要的统计量及其分布，它们是后面各章的基础.

第一节　几个基本概念

一、总体与个体

每个统计问题都有它明确的研究对象，数理统计是研究随机现象数量化规律的学科，在数理统计中我们所关心的并非是研究对象的所有特征，而仅仅是它的一项或几项数量指标. 我们将研究的某项数量指标的值的全体称为**总体**，总体又称母体. 总体中的每个元素称为**个体**. 总体中所包含的个体的个数称为**总体的容量**，容量为有限的称为**有限总体**；容量为无限的称为**无限总体**.

下面通过具体的例子来说明总体和个体.

例如：考察某地新生儿的身高和体重情况，则该地全体新生儿的身高和体重就构成了一个总体，每一个新生儿的身高和体重为一个个体. 又如，研究某工厂生产的一批灯泡的质量，则该批灯泡的寿命的全体构成了一个总体，其中每一个灯泡的寿命就是一个个体.

数理统计中，代表总体的指标可以是一个随机变量，也可以是一个随机向量．如研究灯泡的寿命，灯泡的寿命这个指标可以用随机变量 X 表示；当总体的数量指标不止一项时，用随机向量表示总体，如新生儿的身高和体重这两个指标可以用二维随机向量 (X,Y) 表示．本书只限于考察一项数量指标的情形．

总体中每个个体是随机变量 X 的一个取值，每个个体是一个实数，从而总体就是指某个随机变量可能取值的全体，是实数的集合．总体与个体的关系，即集合论中集合与元素的关系，对总体的研究就相当于对这个随机变量的研究．后面将不区分总体与相应的随机变量．

注：① 由于总体的特征由总体分布来刻画，因此统计学常把总体和总体分布视为相同，常用随机变量的符号或分布的符号来表示总体．如研究一批灯泡的质量，人们关心的数量指标是寿命 X，那么总体就可以用随机变量 X 来表示，或用其分布函数 F 来表示．我们将 X 的分布函数和数字特征分别称为总体的分布函数和数字特征．如总体服从正态分布，我们称总体为正态分布总体，简称正态总体；若总体服从指数分布，我们称总体为指数分布总体等．

② 统计学中将一个统计问题所研究的对象的全体称为总体，有时个体的特性的直接描述并非是数量指标，在数理统计中可将其数量化．如假定一批产品有 10000 件，其中有正品也有废品．为估计废品率，往往从中抽取一部分，如 100 件进行检查．此时，这 10000 件产品称为总体，其中的每件产品称为个体．定义随机变量如下：

$$X = \begin{cases} 1, & 废品 \\ 0, & 正品 \end{cases}$$

其概率分布为 0—1 分布．

③ 概率论的许多问题中，随机变量的概率分布通常是已知的，或者假设是已知的，但实际中，一个随机现象所服从的分布一般来说是未知的，有时即使知道其分布的类型（如正态分布、二项分布等），但不知这些分布中的所含参数（如 μ, σ^2, p 等）．数理统计的任务就是根据总体中部分个体的数据资料对总体的未知分布进行统计推断．

二、样本

为了对总体 X 的分布规律或某些特征进行研究，可以对每个个体逐个进行观察或试验，但由于工作量太大或试验具有破坏性，这种方法往往是不现实的（例如，全国人口普查，若要查到每一个人，则工作量是巨大的，也是没法做到的；如果对生产的炮弹进行质量检验，则要进行爆破试验，若每一枚都检测，就失去了生产的意义）．一般的方法是按一定原则从总体中随机抽取部分个体进行观察，这个过程叫做**抽样**．整理分析抽样得到的数据，对总体情况作出估计和推断，这种由部分推断总体的方法是数理统计最根本的方法，具有非常重要的意义．

从一个总体 X 中随机抽取的 n 个个体 $X_1, X_2, \cdots, X_n$ 称为总体 X 的一组**样本**，样本中个体的数目 n 称为**样本容量**．由于样本中的个体 $X_1, X_2, \cdots, X_n$ 是从总体 X 中随机抽取出来的，他们中的每一个 $X_i (i=1,2,\cdots,n)$ 都是随机变量．在一次抽取观察之后，得到的一串具体数据 $x_1, x_2, \cdots, x_n$ 称为样本的一组观察值，简称样本值．一般来说，不同次的抽取，所得观测值可能不同．

由于抽样的目的是为了对总体进行统计推断，为了使抽取的样本能很好地反映总体的信息，除了对样本的容量有一定的要求外，还对样本的抽取方式有一定的要求，最常用的一种抽样方法称为**简单随机抽样**. 它要求抽取的样本满足下面两个条件.

① 代表性: $X_1, X_2, \cdots, X_n$ 与所考察的总体具有相同的分布.

② 独立性: $X_1, X_2, \cdots, X_n$ 是相互独立的随机变量.

由简单随机抽样得到的样本称为**简单随机样本**.

[**定义 1**]　设 $X_1, X_2, \cdots, X_n$ 是来自总体 X 的容量为 n 的样本, 如果 $X_1, X_2, \cdots, X_n$ 相互独立且每一个都是与总体 X 有相同分布的随机变量, 则称 $X_1, X_2, \cdots, X_n$ 为总体 X 的**简单随机样本**, 简称**样本**.

显然, 简单随机样本是一种非常理想化的样本, 在实际应用中要获得严格意义下的简单随机样本并不容易. 对有限个体, 若采用有放回抽样就能得到简单随机样本, 但有放回抽样使用起来不方便, 故实际操作中通常采用的是无放回抽样, 当所考察的总体很大时, 可近似把无放回抽样所得到的样本看成是一个简单随机样本. 对无限总体, 因抽取一个个体不影响它的分布, 故采用无放回抽样即可得到的一个简单随机样本.

注: 后面假定所考虑的样本均为简单随机样本, 简称为样本.

对于简单随机样本, 我们可以应用概率论中对独立随机变量情形所建立的许多重要结论, 这些重要结论是数理统计的必要基础.

【**例 4-1-1**】　样本及观察值的表示方法.

(1) 哈尔滨环境空气质量发布系统显示, 某天哈尔滨市 10 个空气质量监测点中, PM2.5 颗粒浓度值全部超过 300, 属于严重污染. 分别为:

$$485 \quad 436 \quad 420 \quad 386 \quad 408 \quad 435 \quad 395 \quad 403 \quad 344 \quad 308$$

这是一个容量为 10 的样本的观察值, 它是来自哈尔滨环境空气质量这一总体的一个样本观察值.

(2) 2003 年某旅游区旅客的人数调查结果如下:

月份	1 月	2~3 月	4~8 月	9~11 月	12 月
月平均人数/万	10	13	16	14	10

这是一个容量为 63 的样本的观察值, 对应的总体是 2003 年某旅游区旅客的人数. 不过这里没有给出每一个样本的具体的观察值, 而是给出了样本观察值所在的区间, 称为**分组样本的观察值**. 这样一来当然会损失一些信息, 但是在样本量较大时, 这种经过整理的数据更能使人们对总体有一个大致的印象.

设总体 X 的分布函数为 $F(x)$, 由样本的独立性, 则简单随机样本 $X_1, X_2, \cdots, X_n$ 的联合分布函数为

$$F(x_1, x_2, \cdots, x_n) = \prod_{i=1}^{n} F(x_i) \tag{4-1-1}$$

并称其为样本分布.

① 若总体 X 为离散型随机变量, 其概率分布为 $p(x_i)$, 则样本 $X_1, X_2, \cdots, X_n$ 的概率分布为

$$p(x_1, x_2, \cdots, x_n) = P\{X_1 = x_1, X_2 = x_2, \cdots, X_n = x_n\} = \prod_{i=1}^{n} p(x_i) \tag{4-1-2}$$

称其为离散样本密度.

② 若总体 X 为连续型随机变量, 其概率密度为 $f(x)$, 则样本的概率密度为

$$f(x_1,x_2,\cdots,x_n)=\prod_{i=1}^{n}f(x_i) \tag{4-1-3}$$

称其为连续样本密度.

【例 4-1-2】 如果总体 X 服从正态分布，则称总体 X 为正态总体. 正态总体是统计应用中最常见的总体，现设总体 X 服从正态分布 $N(\mu,\sigma^2)$，则其样本概率密度由下式给出：

$$f(x_1,x_2,\cdots,x_n)=\prod_{i=1}^{n}\frac{1}{\sigma\sqrt{2\pi}}\exp\left\{-\frac{1}{2}\left[\frac{x_i-\mu}{\sigma}\right]^2\right\}$$

$$=\left(\frac{1}{\sigma\sqrt{2\pi}}\right)^n\exp\left\{-\frac{1}{2\sigma^2}\sum_{i=1}^{n}(x_i-\mu)^2\right\}$$

【例 4-1-3】 如果总体 X 服从以 $p(0<p<1)$ 为参数的 $0-1$ 分布，则称总体 X 为 $0-1$ 总体，即

$$P\{X=1\}=p\,,\,P\{X=0\}=1-p$$

不难算出其样本 $X_1,X_2,\cdots,X_n$ 的概率分布为

$$P\{X_1=i_1,X_2=i_2,\cdots,X_n=i_n\}=p^{s_n}(1-p)^{n-s_n}$$

其中 $i_k(1\leqslant k\leqslant n)$ 取 1 或 0，而 $s_n=i_1+i_2+\cdots+i_n$，它恰好等于样本中取值为 1 的分量之总数. 服从 $0-1$ 分布的总体具有广泛的应用背景，如废品率的检验.

三、经验分布函数

通过观察或试验得到的样本值，一般是杂乱无章的，需要进行整理才能从总体上呈现其统计规律性，分组数据统计表或频率直方图是两种常用的整理方法，他们可以形象地描述总体的概率分布的大致形态，而经验分布函数则可以用来描述总体分布函数的大致形状.

[定义 2] 设总体 X 的一个容量为 n 的样本的样本值 $x_1,x_2,\cdots,x_n$ 可按大小次序排列成 $x_{(1)}\leqslant x_{(2)}\leqslant\cdots\leqslant x_{(n)}$. 若 $x_{(k)}\leqslant x<x_{(k+1)}(k=1,2,\cdots,n-1)$，则不大于 x 的样本值的频率为 $\dfrac{k}{n}$. 因而，函数

$$F_n(x)=\begin{cases}0, & x<x_{(1)}\\ \dfrac{k}{n}, & x_{(k)}\leqslant x<x_{(k+1)} \quad (k=1,2,\cdots,n-1)\\ 1, & x\geqslant x_{(n)}\end{cases} \tag{4-1-4}$$

与事件 $\{X\leqslant x\}$ 在 n 次独立重复试验中的频率是相同的，我们称 $F_n(x)$ 为经验分布函数. 对于上述经验分布函数有下列结论：

$$P\{\lim_{n\to\infty}\sup_{-\infty<x<+\infty}|F_n(x)-F(x)|=0\}=1$$

由此结果，对于任一实数 x，当 n 充分大时，经验分布函数的任一个观察值 $F_{(n)}(x)$ 与总体分布函数 $F(x)$ 只有微小的差别，从而在实际中可当作 $F(x)$ 来使用. 这就是由样本推断总体其可行性的最基本的理论依据.

经验分布函数的做法如下.

① 将全部样本值排序 $x_{(1)}\leqslant x_{(2)}\leqslant\cdots\leqslant x_{(n)}$，并由此划分定义域区间；

② 求 $F_n(x)$，当 $x_{(k)}\leqslant x<x_{(k+1)}(k=1,2,\cdots,n-1)$ 时，$F_n(x)=\dfrac{k}{n}$. k 的值为事件 $\{X\leqslant x\}$ 包含的样本值个数.

【例 4-1-4】 设随机观察总体 F 得到一个容量为 10 的样本值：

$$3.2 \quad 2.5 \quad -2 \quad 2.5 \quad 0 \quad 3 \quad 2 \quad 2.5 \quad 2 \quad 4$$

求 F 的经验分布函数.

解：把样本值按从小到大的顺序排列为

$$-2 < 0 < 2 = 2 < 2.5 = 2.5 = 2.5 < 3 < 3.2 < 4$$

于是，得经验分布函数为

$$F_{10}(x) = \begin{cases} 0, & x < -2 \\ 1/10, & -2 \leqslant x < 0 \\ 2/10, & 0 \leqslant x < 2 \\ 4/10, & 2 \leqslant x < 2.5 \\ 7/10, & 2.5 \leqslant x < 3 \\ 8/10, & 3 \leqslant x < 3.2 \\ 9/10, & 3.2 \leqslant x < 4 \\ 1, & 4 \leqslant x \end{cases}$$

图 4-1-1 中的经验分布函数 $F_n(x)$ 是一个阶梯形函数，当样本容量增大时，相邻两阶梯的跃度变低，阶梯宽度变窄，容易想象，这样的阶梯形折线几乎就是一条曲线，如果设总体 X 的分布函数为 $F(x)$，则 $F_n(x)$ 非常接近于 $F(x)$.

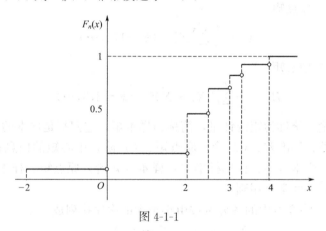

图 4-1-1

四、统计量

样本是总体的代表与反映，是对总体作出估计推断的基本依据. 但在数理统计中，并不直接利用样本进行估计推断，而是需要对样本值进行加工、分析，然后得出结论，以说明总体. 为了把样本中包含的所关心的信息都集中起来，就需要针对不同的问题构造出样本的某种函数，这种函数在数理统计中称为**统计量**.

[定义 3]　设 $X_1, X_2, \cdots, X_n$ 是来自总体 X 的一组样本，$f(X_1, X_2, \cdots, X_n)$ 为一 n 元连续函数，如果 $f(X_1, X_2, \cdots, X_n)$ 中不包含任何未知参数，则称 $f(X_1, X_2, \cdots, X_n)$ 为样本 $X_1, X_2, \cdots, X_n$ 的一个**统计量**. 当取定一组值 $(x_1, x_2, \cdots, x_n)$ 时，就得到统计量的一个观察值.

例如，总体 $X \sim N(\mu, \sigma^2)$，其中 μ 是已知的，σ^2 是未知的，$X_1, X_2, \cdots, X_n$ 是一样本，则 $\dfrac{1}{n} \sum\limits_{i=1}^{n} X_i$，$\dfrac{1}{n} \sum\limits_{i=1}^{n} (X_i - \mu)$ 是统计量，而 $\dfrac{\dfrac{1}{n} \sum\limits_{i=1}^{n} (X_i - \mu)}{\sigma^2}$ 就不是统计量.

　　显然，统计量完全由样本所确定，由于样本是随机变量，因而统计量也是随机变量.

　　注：所谓统计量，实际上就是样本的一个函数，是一个随机变量. 当样本 $X_1, X_2, \cdots,$ X_n 未取一组具体样本值时，统计量用大写字母表示；当样本 $X_1, X_2, \cdots, X_n$ 取一组具体样本值时，统计量用小写字母 $x_1, x_2, \cdots, x_n$ 表示. 如 $\overline{X} = \dfrac{1}{n} \sum\limits_{i=1}^{n} X_i$ 或 $\bar{x} = \dfrac{1}{n} \sum\limits_{i=1}^{n} x_i$.

　　下面来介绍几个常用统计量.

　　以下设 $X_1, X_2, \cdots, X_n$ 是来自总体 X 的一个样本.

　　① 样本均值

$$\overline{X} = \frac{1}{n} \sum_{i=1}^{n} X_i \tag{4-1-5}$$

　　② 样本方差

$$S^2 = \frac{1}{n-1} \sum_{i=1}^{n} (X_i - \overline{X})^2 \tag{4-1-6}$$

　　③ 样本标准差

$$S = \sqrt{\frac{1}{n-1} \sum_{i=1}^{n} (X_i - \overline{X})^2} \tag{4-1-7}$$

　　④ 样本（k 阶）原点矩

$$A_k = \frac{1}{n} \sum_{i=1}^{n} X_i^k \quad (k=1,2,\cdots) \tag{4-1-8}$$

　　⑤ 样本（k 阶）中心矩

$$B_k = \frac{1}{n} \sum_{i=1}^{n} (X_i - \overline{X})^k \quad (k=2,3,\cdots) \tag{4-1-9}$$

　　上述五种统计量可统称为矩统计量，简称为样本矩，它们都是样本的显函数，分别反映了总体的均值、方差、标准差、（k 阶）原点矩、（k 阶）中心矩的信息；它们的观察值仍分别称为样本均值、样本方差、样本标准差、样本（k 阶）原点矩、样本（k 阶）中心矩. 以上几个统计量今后要经常被用到.

　　⑥ 顺序统计量　将样本中的各分量按由小到大的次序排列成

$$X_{(1)} \leqslant X_{(2)} \leqslant \cdots \leqslant X_{(n)},$$

则称 $X_{(1)}, X_{(2)}, \cdots, X_{(n)}$ 为样本的一组顺序统计量，$X_{(i)}$ 称为样本的**第 i 个顺序统计量**. 特别地，称 $X_{(1)}$ 与 $X_{(n)}$ 分别为**样本极小值**与**样本极大值**，并称 $X_{(n)} - X_{(1)}$ 为样本的**极差**.

　　【例 4-1-5】 某厂实行计件工资制，为及时了解情况，随机抽取 30 名工人，调查各自在一周内加工的零件数，然后按规定算出每名工人的周工资如下（单位：元）：

156　134　160　141　159　141　157　155　149　144　169　138　168　171

147　156　125　156　135　156　151　155　146　155　157　198　161　151　153

求该样本的 $\overline{X}, S^2, S$，样本极差.

　　解：利用公式计算如下：

$$\overline{X} = \frac{1}{n} \sum_{i=1}^{30} x_i = \frac{1}{30} (156 + 134 + \cdots + 151 + 153) = 153.5$$

$$S^2 = \frac{1}{n-1} \sum_{i=1}^{30} (x_i - \bar{x})^2 = \frac{1}{29} \left[(156-153.5)^2 + (134-153.5)^2 + \cdots + (153-153.5)^2 \right]$$

$$= 182.3276$$

$S = 13.5028$

$X_{(n)} - X_{(1)} = 198 - 125 = 73$

五、随机变量的分位数

统计量所服从的分布称为统计分布,在统计推断中,经常用到统计分布的一类数字特征——分位数. 在介绍一些常用的统计分布之前,我们首先给出分位数的一般概念与性质. 熟悉这些概念与性质,对稍后查阅常用统计分布表是非常有用的.

[**定义 4**] 设随机变量 X 的分布函数为 $F(x)$,对给定的实数 $\alpha(0 < \alpha < 1)$,若实数 F_α 满足

$$P\{X > F_\alpha\} = \alpha$$

即

$$1 - F(F_\alpha) = \alpha \text{ 或 } F(F_\alpha) = 1 - \alpha$$

则称 F_α 为随机变量 X 分布的水平 α 的**上侧分位数或上侧临界值**.

显然,如果 $F(x)$ 是严格单调增的,那么其水平 α 的上侧分位数 F_α 为

$$F_\alpha = F^{-1}(1 - \alpha)$$

概率论中,对于连续型随机变量 X,$F(x)$ 为其分布函数. 对给定的实数 F_α,很容易求出事件 $\{X < F_\alpha\}$ 的概率 $F(F_\alpha)$. 反之,若已知分布函数 $F(F_\alpha)$ 的值,即事件 $\{X < F_\alpha\}$ 的概率,如何确定 F_α 的值就是求随机变量 X 分布的水平 α 的**上侧分位数**. 易知,实际上就是求 $F(x)$ 的反函数.

设连续型随机变量 X 的密度函数为 $f(x)$,则其水平 α 的上侧分位数 F_α 满足

$$\int_{F_\alpha}^{+\infty} f(x)\mathrm{d}x = \alpha$$

如图 4-1-2 所示,阴影区域面积恰好为 α.

标准正态分布 $N(0,1)$ 的水平 α 的上侧分位数通常记作 u_α,像这样的对称分布(即其密度函数为偶函数),统计学中还用到其另一种分位数-双侧分位数.

[**定义 5**] 设 X 是对称分布的连续型随机变量,其分布函数为 $F(x)$,对给定的实数 $\alpha(0 < \alpha < 1)$,如果正实数 $F_{\alpha/2}$ 满足

$$P\{|X| > F_{\alpha/2}\} = \alpha$$

则称 $F_{\alpha/2}$ 为随机变量 X 分布的水平 α 的**双侧分位数或双侧临界值**.

求双侧分位数的值也就是求 $F_{\alpha/2}$ 的值. 标准正态分布 $N(0,1)$ 的水平 α 的双侧分位数通常记作 $u_{\alpha/2}$.

上侧分位数和标准正态分布的双侧分位数分别如图 4-1-2 和图 4-1-3 所示.

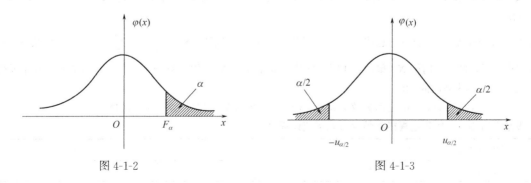

图 4-1-2   图 4-1-3

此外，对于具有对称密度函数的分布函数的上侧分位数，恒有

$$F_\alpha = -F_{1-\alpha} \tag{4-1-10}$$

请读者自己验证式（4-1-10）.

一般来讲，直接求解分位数是很困难的，对常见的统计分布，在书后的附表中可以查到.

【例 4-1-6】 求标准正态分布的水平 0.05 的上侧分位数和双侧分位数.

解： 由于 $\Phi(u_{0.05}) = 1 - 0.05 = 0.95$，查标准正态分布函数值表可得 $u_{0.05} = 1.645$，而水平 0.05 的双侧分位数为 $u_{0.025}$，它满足

$$\Phi(u_{0.025}) = 1 - 0.025 = 0.975$$

查表得

$$u_{0.025} = 1.96$$

习题4-1

1. 几个常用的统计量的分布都是在正态总体的情形下讨论的，试分析各统计量与常用分布函数之间的关系，分位数（临界值）的作用是什么？

2. 对以下几组样本值，计算样本均值和样本方差.
   (1) 54　67　68　78　70　66　67　70　65　69
   (2) 112.0　113.4　111.2　112.0　114.5　112.9　113.6

3. 设总体 $X \sim N(\mu, \sigma^2)$，X_1, X_2, X_3, X_4 正态总体 X 的一组样本，$\overline{X}$ 为样本均值，S^2 为样本方差，若 μ 为未知参数而 σ 为已知参数，下列随机变量是否为统计量？
   (1) $X_1 - X_2 + X_3$；　　　　(2) $2X_3 - \mu$；　　　　(3) $\dfrac{\overline{X} - \mu}{S}\sqrt{3}$；
   (4) $\dfrac{4(\overline{X} - \mu)^2}{S^2}$；　　　(5) $\dfrac{3S^2}{\sigma^2}$；　　　(6) $\dfrac{1}{\sigma}(X_2 - \overline{X})$.

4. X_1, X_2, X_3 是取自总体的样本，λ 是未知参数，则＿＿＿＿＿＿是统计量.
   (A) $X_1 + \lambda X_2 + X_3$　　(B) $X_1 X_3$　　(C) $\lambda X_1 X_2 X_3$　　(D) $\dfrac{1}{3}\sum_{i=1}^{3}(X_i - \lambda)^2$

5. 某港口为了加强货运管理，缩短货物候船日期，从去年的原始资料中随机抽出 25 份，得出关于货物候船日期如下（单位：天）：
   12　6　12　8　25　25　20　11　7　8　10　19　13
   11　17　3　19　18　13　22　14　17　32　15　26
   试估计去年货物候船日期的均值和标准差.

6. 设某种电灯泡的寿命 X 服从指数分布，求来自这一总体的简单随机样本 $X_1, X_2, \cdots, X_n$ 的联合概率密度.

7. 设 $X_1, \cdots, X_n$ 是来自正态总体 $N(\mu, \sigma^2)$ 的样本，试求样本方差 $S^2 = \dfrac{1}{n-1}\sum_{i=1}^{n}(X_i - \overline{X})^2$ 的数学期望.

8. 设电子元件的寿命时间 X（单位：小时）服从参数 $\lambda = 0.0015$ 的指数分布，今独立测试 $n = 6$ 个元件，记录它们的失效时间. 求：
   (1) 没有元件在 800 小时之前失效的概率；(2) 没有元件最后超过 3000 小时的概率.

9. 设某商店 100 天销售电视机的情况有如下统计资料：

日售出台数 (k)	2	3	4	5	6
天数 (f_k)	20	30	10	25	15

求样本容量 n 、经验分布函数 $F_n(x)$.

第二节 数理统计中几个常用分布

前面已指出,当取得总体 X 的样本 $X_1,X_2,\cdots,X_n$ 后,通常是借助样本的统计量对未知的总体分布进行推断,为此须进一步确定相应的统计量所服从的分布.统计量的分布就是随机变量函数的分布,要确定某一统计量的分布一般是比较复杂的.目前统计学中常用的统计量的分布大多是在正态总体条件下得到的.下面介绍几种常用统计量的分布.

一、 χ^2 分布

[**定义 1**] 设随机变量 $X_1,X_2,\cdots,X_n$ 相互独立,且都服从标准正态分布 $N(0,1)$,则

$$\chi^2 = X_1^2 + X_2^2 + \cdots + X_n^2 = \sum_{i=1}^n X_i^2 \tag{4-2-1}$$

服从自由度为 n 的 χ^2 分布,记作 $\chi^2 \sim \chi^2(n)$,其中 n 为正整数.

这里,自由度 n 是指式(4-2-1)中独立随机变量的个数.

$$\chi^2(n) \text{分布的概率密度函数} f(x)=\begin{cases} \dfrac{1}{2^{\frac{n}{2}}\Gamma\left[\dfrac{n}{2}\right]} x^{\frac{n}{2}-1} \mathrm{e}^{-\frac{x}{2}}, & x \geqslant 0 \\ 0, & x < 0 \end{cases} \tag{4-2-2}$$

其中 $\boldsymbol{\Gamma}(a)=\int_0^{+\infty} x^{a-1}\mathrm{e}^{-x}\mathrm{d}x(a>0)$ 是 $\boldsymbol{\Gamma}$(伽玛)函数,$\boldsymbol{\Gamma}\left(\dfrac{1}{2}\right)=\sqrt{\pi}$,$\boldsymbol{\Gamma}(n)=(n-1)\boldsymbol{\Gamma}(n-1)$.

分布密度函数的图形随自由度 n 的不同而变化,当 $n(n>45)$ 很大时接近正态分布,如图 4-2-1 所示.

可以证明,χ^2 分布具有如下性质.

(1) 若 $\chi^2 \sim \chi^2(n)$,则 $E(\chi^2)=n,D(\chi^2)=2n$

(2) χ^2 分布的可加性

若 $\chi_1^2 \sim \chi^2(m),\chi_2^2 \sim \chi^2(n)$,且 χ_1^2 与 χ_2^2 相互独立,则 $\chi_1^2 + \chi_2^2 \sim \chi^2(m+n)$.

(3) χ^2 分布的分位数

设 $\chi^2 \sim \chi^2(n)$,对给定的实数 $\alpha(0<\alpha<1)$,称满足条件

$$P\{\chi^2(n)>\chi_\alpha^2(n)\}=\int_{\chi_\alpha^2(n)}^{+\infty} f(x)\mathrm{d}x=\alpha$$

的数 $\chi_\alpha^2(n)$ 为 $\chi^2(n)$ 分布的**水平 α 的上侧分位数**,如图 4-2-2 所示.对不同的自由度 n 及概率 α,本书附表供查用.

例如,当 $\alpha=0.05,n=4$ 时,$\chi_{0.05}^2(4)=9.488$.

特别有:

① $P\{\chi^2(n)<\chi_\alpha^2(n)\}=1-P\{\chi^2(n)>\chi_\alpha^2(n)\}=1-\alpha$.

② $P\{\chi^2(n)>\chi_\alpha^2(n)\}=P\{\chi^2(n)<\chi_{1-\alpha}^2(n)\}=\alpha$.

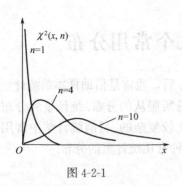

图 4-2-1

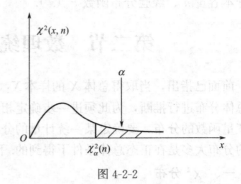

图 4-2-2

【例 4-2-1】 设 $X_1,\cdots,X_4$ 是来自正态总体 $N(0,1)$ 的样本，又设 $Y=(X_1+X_2)^2+(X_3+X_4)^2$，试求常数 C，使 CY 服从 χ^2 分布.

解： 因为 $X_1+X_2\sim N(0,2)$，$X_3+X_4\sim N(0,2)$，所以

$$\frac{X_1+X_2}{\sqrt{2}}\sim N(0,1),\qquad \frac{X_3+X_4}{\sqrt{2}}\sim N(0,1),$$

且它们相互独立. 于是，

$$\left(\frac{X_1+X_2}{\sqrt{2}}\right)^2+\left(\frac{X_3+X_4}{\sqrt{2}}\right)^2\sim\chi^2(2).$$

故应取 $C=\dfrac{1}{2}$，有 $\dfrac{1}{2}Y\sim\chi^2(2)$.

二、t 分布

[**定义 2**]　设随机变量 $X\sim N(0,1)$，$Y\sim\chi^2(n)$，且 X 与 Y 相互独立，则称随机变量

$$T=\frac{X}{\sqrt{Y/n}}\tag{4-2-3}$$

服从自由度为 n 的 t 分布，记作 $T\sim t(n)$. $t(n)$ 分布的密度函数为：

$$f(x)=\frac{\Gamma\left(\dfrac{n+1}{2}\right)}{\sqrt{n\pi}\,\Gamma\left(\dfrac{n}{2}\right)}\left(1+\frac{x^2}{n}\right)^{-\frac{n+1}{2}}\quad(-\infty<x<+\infty)\tag{4-2-4}$$

t 分布具有如下性质.

① 分布密度的图像关于 y 轴对称（见图 4-2-3），随自由度 n 的变化而不同. 当 n 比较大时，（一般 $n>30$ 时），t 分布与标准正态分布近似. 从图中可以看出，与标准正态分布的密度曲线相比，t 分布的曲线以较慢的速率趋于 x 轴. 换言之，t 分布没有正态分布那么集中.

② t 分布的分位数

设 $T\sim t(n)$，对给定的实数 $\alpha(0<\alpha<1)$，称满足条件

$$P\{T>t_\alpha(n)\}=\int_{t_\alpha(n)}^{+\infty}f(x)\mathrm{d}x=\alpha$$

的数 $t_\alpha(n)$ 为 $t(n)$ 分布的**水平 α 的上侧分位数**. 对不同的自由度 n 及概率 α，本书附表供查

用. 如图 4-2-4 所示.

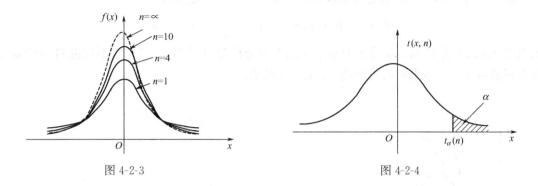

图 4-2-3　　　　　　　　　　　　　　　　　图 4-2-4

例如，当 $\alpha = 0.05$，$n = 10$ 时，$t_{0.05}(10) = 1.8125$，即 $P\{t(10) > 1.8125\} = 0.05$.

由于 t 分布是对称分布，我们可以给出 t 分布的双侧分位数

$$P\{|T| > t_{\frac{\alpha}{2}}(n)\} = \int_{-\infty}^{-t_{\frac{\alpha}{2}}(n)} f(x)\mathrm{d}x + \int_{t_{\frac{\alpha}{2}}(n)}^{+\infty} f(x)\mathrm{d}x = \alpha$$

显然有　　　$P\{T > t_{\frac{\alpha}{2}}(n)\} = \frac{\alpha}{2}$，　　　$P\{T < -t_{\frac{\alpha}{2}}(n)\} = \frac{\alpha}{2}$.

书后的附表中给出的是上侧 α 分位数表，查表时一定要注意这一点. 例如，当 $\alpha = 0.05$，$n = 10$ 时，$t_{0.05}(10) = 1.8125$，即

$$P\{t(10) > 1.8125\} = 0.05.$$

故有　　　　　　　　$P\{|t(10)| > 1.8125\} = 0.10.$

三、F 分布

[定义 3]　设随机变量 X, Y 相互独立，且 $X \sim \chi^2(m)$，$Y \sim \chi^2(n)$，则称随机变量

$$F = \frac{X/m}{Y/n} \tag{4-2-5}$$

服从自由度为 (m, n) 的 F 分布，记作 $F \sim F(m, n)$. m 和 n 分别称为第一自由度和第二自由度.

其分布密度函数为

$$f(x) = \begin{cases} \dfrac{\Gamma\left(\dfrac{m+n}{2}\right)}{\Gamma\left(\dfrac{m}{2}\right)\Gamma\left(\dfrac{n}{2}\right)}\left(\dfrac{m}{n}\right)\left(\dfrac{m}{n}x\right)^{\frac{m}{2}-1}\left(1 + \dfrac{m}{n}x\right)^{-\frac{m+n}{2}}, & x > 0 \\ 0, & x \leqslant 0 \end{cases} \tag{4-2-6}$$

密度函数的图形见图 4-2-5. 对于给定的 $m = 20$，当 n 取不同值时密度曲线的图形是偏态的，n 越小偏态越严重.

F 分布具有如下性质.

① 若 $X \sim t(n)$，则 $X^2 \sim F(1, n)$.

② 若 $F \sim F(m, n)$，则 $\dfrac{1}{F} \sim F(n, m)$.

③ F 分布的分位数

设 $F \sim F(m, n)$，对给定的实数 $\alpha(0 < \alpha < 1)$，称满足条件

$$P\{F > F_{\alpha}(m, n)\} = \int_{F_{\alpha}(m, n)}^{+\infty} f(x) \mathrm{d}x = \alpha$$

的数 $F_{\alpha}(m, n)$ 为 $F(m, n)$ 分布的水平 α 的上侧分位数（见图 4-2-6）. 对不同的自由度 m, n 和常用的概率 α，本书附表供查用 $F_{\alpha}(m, n)$ 的值.

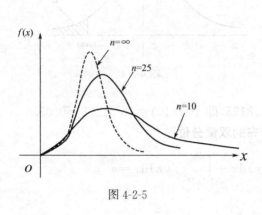

图 4-2-5

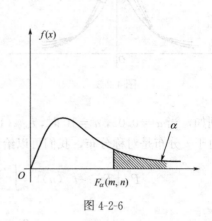

图 4-2-6

例如：当 $m = 10, n = 15, \alpha = 0.05$ 时，查表得：

$$F_{0.05}(10, 15) = 2.54$$

故有

$$P\{F(10, 15) > 2.45\} = 0.05.$$

另外，F 分布的分位数有一个重要性质：

$$F_{\alpha}(m, n) = \frac{1}{F_{1-\alpha}(n, m)} \tag{4-2-7}$$

由于附表仅对一些充分小的 α 值给出了 F 分布的上侧分位数，当 α 接近于 1 时，可利用式 (4-2-7) 计算 $F_{\alpha}(m, n)$ 的值.

例如，$F_{0.95}(15, 10) = \dfrac{1}{F_{0.05}(10, 15)} = \dfrac{1}{2.54} = 0.394$

习题 4-2

1. 随机变量 X 和 Y 相互独立都服从 $N(0, 3^2)$，而 $X_1, X_2, \cdots, X_9$ 和 $Y_1, Y_2, \cdots, Y_9$ 分别为来自总体 X 和 Y 的简单随机样本，则统计量 $U = \dfrac{X_1 + X_2 + \cdots + X_9}{\sqrt{Y_1^2 + Y_2^2 + \cdots + Y_9^2}}$ 服从_____分布，参数为_____.

2. 设 $X_1, \cdots, X_6$ 为总体 $X \sim N(0, 1)$ 的一个样本，$Y = (X_1 + X_2 + X_3)^2 + (X_4 + X_5 + X_6)^2$，且 cY 服从 χ^2 分布，则 $c = $ _____.

3. 设 $X_1, \cdots, X_7$ 为总体 $X \sim N(0, 0.5^2)$ 的一个样本，则 $P(\sum\limits_{i=1}^{7} X_i^2 > 4) = $ _____.

4. 查相关附表求下列分布的上侧分位数：

(1) $u_{0.4}$，$u_{0.1}$，$u_{0.05}$.

(2) $\chi_{0.95}^2(4)$，$\chi_{0.05}^2(4)$，$\chi_{0.99}^2(10)$，$\chi_{0.01}^2(10)$.

(3) $F_{0.95}(4, 6)$，$F_{0.05}(6, 4)$，$F_{0.99}(5, 5)$.

(4) $t_{0.05}(10)$，$t_{0.05}(3)$，$t_{0.1}(7)$.

5. 求满足概率等式 $P\{|U| \geqslant u_{\alpha}\} = 0.1$ 的临界值 u_{α}.

6.求满足概率等式 $P\{|T| \leqslant t_a\} = 0.99$ 的 t_a，其中 $n = 8$.

第三节　抽样分布定理

前面已提及，样本的统计量是不含总体分布的任何参数的.不过，有时在统计推断问题中会遇到已知总体分布的类型，但其中含有未知参数的情形，此时需对总体的未知参数或对总体的数字特征（如数学期望、方差等）进行统计推断，此类问题称为**参数统计推断**.在参数统计推断问题中，常需利用总体的样本构造出合适的统计量，并使其服从或渐近地服从已知的分布.统计学中泛称统计量的分布为**抽样分布**.

讨论抽样分布的途径有两个：一是精确地求出抽样分布，并称相应的统计推断为**小样本统计推断**；另一种方式是让样本容量趋于无穷，并求出抽样分布的极限分布，然后，在样本容量充分大时，再利用该极限分布作为抽样分布的近似分布，进而对未知参数进行统计推断，称与此相应的统计推断为**大样本统计推断**.这里重点讨论正态总体的抽样分布，属小样本统计范畴，此外，也简要介绍一般总体的某些抽样分布的极限分布，属大样本统计范畴.

一、正态总体的抽样分布

在实际应用中，许多量的概率分布或者是正态分布，或者接近正态分布；正态分布具有许多优良的性质，便于进行较深入的理论研究，因此在概率统计问题中，正态分布占据着十分重要的位置.这里，我们重点讨论一下正态总体下的抽样分布.其中最重要的统计量就是样本均值 $\overline{X}$ 和样本方差 S^2.

设 $X_1, X_2, \cdots, X_n$ 是来自正态总体 X 的简单随机样本，$EX = \mu, DX = \sigma^2$，由于 $X_1, X_2, \cdots, X_n$ 是总体 X 的样本，因此有 $EX_i = \mu, DX_i = \sigma^2 (i = 1, 2, \cdots, n)$.由数学期望和方差的性质有：

$$E(\overline{X}) = E\left[\frac{1}{n}\sum_{i=1}^{n}X_i\right] = \frac{1}{n}\sum_{i=1}^{n}E(X_i) = \frac{1}{n}\sum_{i=1}^{n}\mu = \mu,$$

$$D(\overline{X}) = D\left[\frac{1}{n}\sum_{i=1}^{n}X_i\right] = \frac{1}{n^2}\sum_{i=1}^{n}DX_i = \frac{1}{n^2}n\sigma^2 = \frac{\sigma^2}{n},$$ 所以有 $\overline{X} \sim N\left[\mu, \frac{\sigma^2}{n}\right]$ ，即服从期望是

μ 、方差是 $\dfrac{\sigma^2}{n}$ 的正态分布.

定理 1　设总体 $X \sim N(\mu, \sigma^2)$，$X_1, X_2, \cdots, X_n$ 是取自 X 的一个样本，$\overline{X}$ 与 S^2 分别为该样本的样本均值和样本方差，则有

① $\overline{X} \sim N(\mu, \sigma^2/n)$；；　　　　　　　　　　　　　　　　　　　(4-3-1)

② $U = \dfrac{\overline{X} - \mu}{\sigma/\sqrt{n}} \sim N(0,1)$；；　　　　　　　　　　　　　　　(4-3-2)

③ $\dfrac{n-1}{\sigma^2}S^2 = \dfrac{\sum\limits_{i=1}^{n}(X_i - \overline{X})^2}{\sigma^2} \sim \chi^2(n-1)$；　　　　　　　(4-3-3)

④ $\overline{X}$ 与 S^2 相互独立.　　　　　　　　　　　　　　　　　　　　(4-3-4)

【例 4-3-1】　设总体 $X \sim N(2, 1^2)$，$X_1, X_2, \cdots, X_9$ 是来自总体 X 的一组样本，求：

(1) $\overline{X}=\dfrac{1}{9}\sum\limits_{i=1}^{n}X_i$ 的分布；

(2) X 和 $\overline{X}$ 在区间 $[1,3]$ 中取值的概率，并说明 X 的分布与 $\overline{X}$ 的分布之间的关系.

解：（1）因为 $X\sim N(2,1^2)$，$\mu=2,\sigma^2=1,n=9$

所以 $\overline{X}\sim N\left(2,\dfrac{1}{9}\right)$，即服从 $\mu=2,\sigma^2=\dfrac{1}{9},\sigma=\dfrac{1}{3}$ 的正态分布；

（2）$P\{1\leqslant X\leqslant 3\}=P\{|X-2|\leqslant 1\}=2\Phi_0(1)-1=0.6826$

$$P\{1\leqslant \overline{X}\leqslant 3\}=P\left\{\left|\dfrac{X-2}{1/3}\right|\leqslant 3\right\}=2\Phi_0(3)-1=0.9973$$

二、单正态总体的抽样分布

定理2 设总体 $X\sim N(\mu,\sigma^2)$，$X_1,X_2,\cdots,X_n$ 是取自 X 的一个样本，$\overline{X}$ 与 S^2 分别为该样本的样本均值和样本方差，则有

① $U=\dfrac{\overline{X}-\mu}{\sigma/\sqrt{n}}\sim N(0,1)$ 　　　　　　　　　　　　　　　　　(4-3-5)

② $\dfrac{n-1}{\sigma^2}S^2\sim \chi^2(n-1)$ 　　　　　　　　　　　　　　　　　(4-3-6)

③ $T=\dfrac{\overline{X}-\mu}{S/\sqrt{n}}\sim t(n-1)$ 　　　　　　　　　　　　　　　　　(4-3-7)

证明 结论①与②已由定理1给出. 再由 $\overline{X}$ 与 S^2 相互独立，有

$$T=\dfrac{\overline{X}-\mu}{S/\sqrt{n}}=\dfrac{\overline{X}-\mu}{\sigma/\sqrt{n}}\Big/\sqrt{\dfrac{(n-1)S^2}{\sigma^2(n-1)}}\sim t(n-1)$$

即统计量 $T=\dfrac{\overline{X}-\mu}{S/\sqrt{n}}$ 服从自由度为 $n-1$ 的 t 分布.

作为概率论的推导结果，不论正态总体的期望 μ 与方差 σ 是否已知，定理2的结论都成立.

【例4-3-2】 在设计导弹发射装置时，重要事情之一是研究弹着点偏离目标中心的距离的方差. 对于一类导弹发射装置，弹着点偏离目标中心的距离服从正态分布 $N(\mu,\sigma^2)$，这里 $\sigma^2=100$ 米^2，现在进行了 25 次发射试验，用 S^2 记这 25 次试验中弹着点偏离目标中心的距离的样本方差，试求 S^2 超过 50 米的概率.

解： 根据定理2，有 $\dfrac{(n-1)S^2}{\sigma^2}\sim\chi^2(n-1)$，于是

$$P\{S^2>50\}=P\left\{\dfrac{(n-1)S^2}{\sigma^2}>\dfrac{(n-1)50}{\sigma^2}\right\}=P\left\{\chi^2(24)>\dfrac{24\times 50}{100}\right\}$$
$$=P\{\chi^2(24)>12\}>P\{\chi^2(24)>12.401\}=0.975$$

于是，S^2 超过 50 米^2 的概率超过 97.5%.

三、双正态总体的抽样分布

定理3 设 $X\sim N(\mu_1,\sigma_1^2)$ 与 $Y\sim N(\mu_2,\sigma_2^2)$ 是两个相互独立的正态总体，又设 $X_1,X_2,\cdots,X_n$ 是取自总体 X 的样本，$\overline{X}$ 与 S_1^2 分别为该样本的样本均值与样本方差. $Y_1,Y_2,\cdots,Y_n$ 是取自总体 Y 的样本，$\overline{Y}$ 与 S_2^2 分别为该样本的样本均值与样本方差. 再记 S_w^2 为 S_1^2 与 S_2^2 的加权平均，即

$$S_w^2 = \frac{n_1-1}{n_1+n_2-2}S_1^2 + \frac{n_2-1}{n_1+n_2-2}S_2^2$$

则　① $U = \dfrac{(\overline{X}-\overline{Y})-(\mu_1-\mu_2)}{\sqrt{\dfrac{\sigma_1^2}{n_1}+\dfrac{\sigma_2^2}{n_2}}} \sim N(0,1)$　　　　　　　　　　　　　　(4-3-8)

② $F = \dfrac{S_1^2/S_2^2}{\sigma_1^2/\sigma_2^2} \sim F(n_1-1,n_2-1)$　　　　　　　　　　　　　(4-3-9)

③ 当 $\sigma_1^2=\sigma_2^2=\sigma^2$ 时

$$T = \frac{(\overline{X}-\overline{Y})-(\mu_1-\mu_2)}{S_W\sqrt{\left(\dfrac{1}{n_1}+\dfrac{1}{n_2}\right)}} \sim t(n_1+n_2-2)$$　　　　　　(4-3-10)

四、一般总体抽样分布的极限分布

[定义]　设 $F_n(x)$ 为随机变量 X_n 的分布函数，$F(x)$ 为随机变量 X 的分布函数，并记 $C(F)$ 为由 $F(x)$ 的全体连续点组成的集合，若

$$\lim_{n\to\infty}F_n(x) = F(x)，\forall x \in C(F),$$

则称随机变量 X_n 依分布收敛于 X ，简记为

$$F_n(x) \xrightarrow{d} F(x).$$

关于一般总体抽样分布的极限分布，我们有下述定理.

定理 4　设 $X_1,X_2,\cdots,X_n$ 为总体 X 的样本，并设总体 X 的数学期望与方差均存在，记为 $E(X)=\mu,D(X)=\sigma^2$，记统计量

$$U_n = \frac{\overline{X}-\mu}{\sigma/\sqrt{n}}，T_n = \frac{\overline{X}-\mu}{S/\sqrt{n}}$$

其中 $\overline{X}$ 与 S^2 分别表示上述样本的样本均值与样本方差，则有

① $F_{U_n}(x) \xrightarrow{d} \Phi(x)$

② $F_{T_n}(x) \xrightarrow{d} \Phi(x)$

以上 $F_{U_n}(x),F_{T_n}(x)$ 与 $\Phi(x)$ 分别表示 U_n,T_n 与标准正态分布的分布函数.

习题4-3

1. 设总体 $X \sim N(\mu,\sigma^2)$，样本 $X_1,X_2,\cdots,X_n$，样本均值 $\overline{X}$，样本方差 S^2，则 $\dfrac{\overline{X}-\mu}{\sigma/\sqrt{n}} \sim$ _____，

$\dfrac{\overline{X}-\mu}{S/\sqrt{n}} \sim$ _____，$\dfrac{1}{\sigma^2}\sum\limits_{i=1}^{n}(X_i-\overline{X})^2 \sim$ _____，$\dfrac{1}{\sigma^2}\sum\limits_{i=1}^{n}(X_i-\mu)^2 \sim$ _____.

2. 在总体 $N(52,6.3^2)$ 中随机抽一容量为 36 的样本，求样本均值 $\overline{X}$ 落在 50.8～53.8 之间的概率.

3. 总体 $X \sim N(\mu,\sigma^2)$，$X_1,X_2,\cdots,X_{16}$ 为来自总体的一个样本，则求此式子的概率值

$$P\left\{\frac{\sigma^2}{2} \leqslant \frac{1}{16}\sum_{i=1}^{16}(X_i-\mu)^2 \leqslant 2\sigma^2\right\}.$$

4. 设总体 $X \sim N(50,6^2)$，总体 $X \sim N(46,4^2)$，从总体 X 中抽取容量为 10 的样本，其样本方差记为 S_1^2；从总体 Y 中抽取容量为 8 的样本，其样本方差记为 S_2^2，求下列概率：

(1) $P(0<\overline{X}-\overline{Y}<8)$ ；(2) $P\left\{\dfrac{S_1^2}{S_2^2}<8.28\right\}$.

5.设 $X\sim N(\mu_1,\sigma_1^2)$ 与 $Y\sim N(\mu_2,\sigma_2^2)$ 是两个相互独立的正态总体，又设 $X_1,X_2,\cdots,X_n$ 与 $Y_1,Y_2,\cdots,Y_n$ 分别是取自总体 X 与 Y 的样本，则以下统计量服从什么分布？

(1) $\dfrac{(n-1)(S_1^2+S_2^2)}{\sigma^2}$　　(2) $\dfrac{n[(\overline{X}-\overline{Y})-(\mu_1-\mu_2)]^2}{S_1^2+S_2^2}$

6.分别从方差为 20 和 35 的正态总体中抽取容量为 8 和 10 的两个样本，求第一个样本方差不小于第二个样本方差的两倍的概率.

综合练习四

一、填空题

1.设总体 $X\sim N(12,4)$ ，　　　 $(X_1,X_2,\cdots,X_5)$ 是 X 的样本，X 与 $\overline{X}$ 大于 13 的概率分别是 _____ , _____ .

2.从总体中随机地抽取容量为 n 的一个样本 $(x_1,x_2,\cdots,x_n)$ ，若满足：_____ 、_____ 、_____ ，则称此样本为简单的随机样本.

3.设 $(X_1,X_2,\cdots,X_n)$ 是总体 X 的一个样本，并且 $E(X)=\mu,D(X)=\sigma$ ，则 $E(\overline{X})=$ _____ ，$D(\overline{X})=$ _____ .

4.设总体 $X\sim N(\mu,\sigma^2)$ ，样本容量为 n ，则 $\overline{X}\sim$ _____ ，$\dfrac{(n-1)S^2}{\sigma^2}\sim$ _____ .

5.设总体 $X\sim N(4,40)$ ，$(X_1,X_2,\cdots,X_{10})$ 是 X 的一个容量为 10 的样本，则 $\overline{X}$ 的密度函数为 _____ .

6.设总体 $X\sim N(\mu,\sigma^2)$ ，样本容量为 n ，则 $\dfrac{\overline{X}-\mu}{\sqrt{\sigma^2/n}}\sim$ _____ ，$\dfrac{\overline{X}-\mu}{\sqrt{S^2/n}}\sim$ _____ .

7.若 $P(|t(n)|>\lambda)=\alpha$ ，则 $P(t(n)<-\lambda)=$ _____ .

二、选择题

1.样本是来自正态总体 $X\sim N(\mu,\sigma^2)$ ，记 $\overline{X}=\dfrac{1}{n}\sum\limits_{i=1}^{n}X_i$ ，$S^2=\dfrac{1}{n-1}\sum\limits_{i=1}^{n}(X_i-\overline{X})^2$ ，则正确的一项是 (　　).

(A) $\overline{X}\sim N(\mu,\sigma^2)$ 　　　　　　(B) $\dfrac{\overline{X}-\mu}{\sigma}\sim N(0,1)$

(C) $\dfrac{(n-1)S^2}{\sigma^2}\sim t^2(n-1)$ 　　　(D) $\dfrac{\overline{X}-\mu}{S/\sqrt{n}}\sim t(n-1)$

2.若总体 $X\sim N(\mu,\sigma^2)$ ，当 μ 已知时，(X_1,X_2,X_3,X_4) 是总体 X 的一个样本，则不是统计量的是 (　　).

(A) X_1+5X_4 　　　　　　　　(B) $\sum\limits_{i=1}^{n}X_i-\mu$

(C) $X_1-\sigma$ 　　　　　　　　(D) $\sum\limits_{i=1}^{n}X_i^2$

3.若总体 $X\sim N(2,9)$ ，$(X_1,X_2,\cdots,X_{10})$ 是总体 X 的一个样本，则 (　　).

(A) $\overline{X}\sim N(20,90)$ 　　　　(B) $\overline{X}\sim N(2,0.9)$

(C) $\overline{X}\sim N(2,9)$ 　　　　　(D) $\overline{X}\sim N(20,9)$

4.若总体 $X\sim N(1,9)$ ，$(X_1,X_2,\cdots,X_9)$ 是总体 X 的一个样本，则 (　　).

(A) $\dfrac{\overline{X}-1}{3}\sim N(0,1)$ 　　　　(B) $\dfrac{\overline{X}-1}{1}\sim N(0,1)$

(C) $\dfrac{\overline{X}-1}{9}\sim N(0,1)$ 　　　　(D) $\dfrac{\overline{X}-1}{\sqrt{3}}\sim N(0,1)$

5.设 $X \sim N(\mu,\sigma^2)$，$(X_1,X_2,\cdots,X_8)$ 是 X 的一个样本，$S^2 = \dfrac{1}{7}\sum\limits_{i=1}^{8}(X_i - \overline{X})^2$，则下面成立的是（   ）.

(A) $\dfrac{\overline{X} - \mu}{\sigma}\sqrt{8} \sim t(8)$

(B) $\dfrac{\overline{X} - \mu}{S}\sqrt{8} \sim t(8)$

(C) $\dfrac{\overline{X} - \mu}{\sigma\sqrt{8}}\sqrt{8} \sim t(7)$

(D) $\dfrac{\overline{X} - \mu}{S}\sqrt{8} \sim t(7)$

三、解答题

1.若总体 $X \sim N(10,9)$，$(X_1,X_2,\cdots,X_6)$ 是总体 X 的一个样本，求 $P\{\overline{X} > 11\}$.

2.已知随机变量 $T \sim t(n)$，若 $\alpha = 0.01$，当 n 分别是 $15,30,150$，求临界值.

3.已知 $F \sim F(20,15)$，分别求 λ_1,λ_2，使 $P(F > \lambda_1) = 0.01, P(F < \lambda_2) = 0.01$.

第五章　参数估计

在统计研究中，参数指的是刻画总体某方面性质的量.譬如，每平方米的布上疵点数 X 服从泊松分布 $P(\lambda)$，这里的 λ 是参数，每平方米布上没有疵点的概率 $P\{X=0\}=\mathrm{e}^{-\lambda}$ 也可以看成一个新的参数，它是参数 λ 的函数.

在统计问题中，若已知总体分布的类型，但分布的参数未知，要完全确定这些参数的值常常是不可能的.我们往往通过样本提供的信息对未知参数进行估计，譬如，某种产品废品率的 p 估计；正态总体中未知参数 μ 与 σ^2 的估计等.在有统计问题的地方，几乎都要提出各种各样的参数估计问题.所以参数估计问题是数理统计的基本问题之一.

参数估计常有两种方案：点估计与区间估计.简单说，点估计就是用一个具体的数值去估计未知参数.区间估计就是把未知参数估计在某两个界限（下限、上限）之间.这里我们首先讨论点估计的有关问题.

第一节　参数的点估计

[**定义**]　设 $X_1,X_2,\cdots,X_n$ 是取自总体 X 的一个样本，$x_1,x_2,\cdots,x_n$ 是样本的一个观测值.θ 是总体分布中的未知参数，为估计参数 θ，构造一个统计量

$$\hat{\theta}(X_1,X_2,\cdots,X_n)$$

用它的观测值 $\hat{\theta}(x_1,x_2,\cdots,x_n)$ 来估计 θ 的值.称 $\hat{\theta}(X_1,X_2,\cdots,X_n)$ 为 θ 的估计量，称 $\hat{\theta}(x_1,x_2,\cdots,x_n)$ 为 θ 的估计值.估计量与估计值统称为点估计，简称为估计，记为 $\hat{\theta}$.

估计量 $\hat{\theta}(X_1,X_2,\cdots,X_n)$ 是一个随机变量，是样本的函数，对不同的样本值，θ 的估计值 $\hat{\theta}$ 一般是不同的.

一个未知参数的估计量可以有很多种，但一个好的估计量却是按照一定的统计思想产生的.估计方法有很多，下面我们介绍其中的矩估计法和极大似然估计法.

一、矩估计法

1.矩估计法的思想

矩估计法的思想是用样本矩估计总体矩.根据概率论的知识我们知道，当总体的 k 阶矩存在时，样本的 k 阶矩依概率收敛于总体的 k 阶矩.譬如，可以用样本均值 $\overline{X}$ 作为总体均值 $E(X)$ 的估计量.

一般若记：

总体 k 阶矩　$\mu_k=E(X^k)$；

总体 k 阶中心矩　$\upsilon_k=E[X-E(X)]^k$；

样本 k 阶矩　$A_k=\dfrac{1}{n}\sum\limits_{i=1}^{n}X_i^k$；

样本 k 阶中心矩　$B_k=\dfrac{1}{n}\sum\limits_{i=1}^{n}(X_i-\overline{X})^k$.

则用样本的 k 阶矩来估计总体的 k 阶矩，用样本的 k 阶中心矩来估计总体的 k 阶中心矩. 即

$$\hat{\mu}_k = A_k , k = 1, 2, \cdots$$

$$\hat{\nu}_k = B_k , k = 1, 2, \cdots$$

这种点估计的方法称为矩估计法. 用矩估计法确定的估计量称为矩估计量，相应的估计值称为矩估计值. 矩估计量和矩估计值统称为矩估计.

矩估计法是一种古老的估计方法，它是 K. Pearson 在 19 世纪末提出来的. 它的特点是并不要求总体的分布类型已知. 只要未知参数可以表示成总体矩的函数，就可以求出它的矩估计.

2. 矩估计的求法

设总体 X 的分布中有 k 个未知参数 $\theta_1, \theta_2, \cdots, \theta_k$，则总体 X 的前 k 阶矩 $\mu_1, \mu_2, \cdots, \mu_k$（或中心距）一般都是这 k 个未知参数的函数，记为

$$\mu_i = g_i(\theta_1, \theta_2, \cdots, \theta_k) , i = 1, 2, \cdots, k$$

如果能从这 k 个方程中解出

$$\theta_j = h_j(\mu_1, \mu_2, \cdots, \mu_k) , j = 1, 2, \cdots, k$$

则用 μ_i（$i = 1, 2, \cdots, k$）的矩估计量 A_i 分别代替上式中对应的 μ_i，即可得到 θ_j（$i = 1, 2, \cdots, k$）的矩估计量.

$$\hat{\theta}_j = \hat{h}_j(A_1, A_2, \cdots, A_k) , j = 1, 2, \cdots, k$$

【例 5-1-1】 求总体 X 的均值 μ 及方差 σ^2 的矩估计.

解：设 $X_1, X_2, \cdots, X_n$ 是来自总体 X 的样本，根据 $E(X) = \mu$，$D(X) = \sigma^2$ 可得

$$E(X^2) = D(X) + [E(X)]^2 = \sigma^2 + \mu^2$$

根据矩估计法，将

$$\begin{cases} \mu = E(X) \\ \sigma^2 + \mu^2 = E(X^2) \end{cases}$$

中的 $E(X)$ 替换成 $\overline{X}$，$E(X^2)$ 替换成 $\frac{1}{n}\sum_{i=1}^n X_i^2$，解得

$$\hat{\mu} = \overline{X}$$

$$\hat{\sigma}^2 = \frac{1}{n}\sum_{i=1}^n X_i^2 - (\overline{X})^2$$

【例 5-1-2】 设总体 X 的概率密度为

$$f(x) = \begin{cases} (\alpha+1)x^\alpha, & 0 < x < 1 \\ 0, & 其他 \end{cases}$$

其中 $\alpha(\alpha > -1)$ 为未知参数，$X_1, X_2, \cdots, X_n$ 是来自 X 的样本，求参数 α 的矩估计.

解：$E(X) = \mu_1$ 即数学期望是一阶矩，得

$$\mu_1 = E(X)$$
$$= \int_0^1 x(\alpha+1)x^\alpha dx = (\alpha+1)\int_0^1 x^{\alpha+1} dx$$
$$= \frac{\alpha+1}{\alpha+2}$$

将 $E(X)$ 替换成 $\overline{X}$，解得 $\hat{\alpha} = \dfrac{2\overline{X}-1}{1-\overline{X}}$.

二、极大似然估计法

1. 极大似然估计法的思想

【例5-1-3】 设有甲、乙两个袋子，袋中各装有 4 个球，甲中 1 个黑球、3 个白球，乙中 3 个黑球、1 个白球.

(1) 现任取一袋，再从中任取 1 球，发现是黑球，试问该球来自哪个袋子的可能性大？

(2) 现任取一袋，再从中有放回取 3 个球，其中有 1 个黑球，试问此时取到哪个袋子的可能性大？

解：(1) 设 p 为取到黑球的概率，则

$$p_{甲} = \frac{1}{4}, \quad p_{乙} = \frac{3}{4}$$

由于 $p_{乙} > p_{甲}$，因此该黑球来自乙袋的可能性大.

(2) 设 X 表示 3 个球中的黑球数，则 $X \sim B(3,p)$.

$$P\{X = k\} = C_3^k p^k (1-p)^{3-k}, \quad k = 0,1,2,3$$

在 $X = 1$ 时，不同的 p 值对应的概率分别为

$$P_{甲}\{X = 1\} = 3 \times \frac{1}{4} \times \left(\frac{3}{4}\right)^2 = \frac{27}{64}$$

和

$$P_{乙}\{X = 1\} = 3 \times \frac{3}{4} \times \left(\frac{1}{4}\right)^2 = \frac{9}{64}$$

由于 $p_{甲} > p_{乙}$，因此我们判断，3 个球最有可能来自甲袋.

上面例子中，p 是分布的参数，它只取 $p_{甲} = \dfrac{1}{4}$、$p_{乙} = \dfrac{3}{4}$ 两个可能的值，在问题（2）中，通过取球的试验，得到 3 个球中有 1 个黑球的观测结果，由该结果计算的概率 $P\{X = 1\}$ 当 $p = p_{甲}$ 时大，因此估计 $p = p_{甲} = \dfrac{1}{4}$.

极大似然估计的思想是：设参数 θ 可能取很多值，要在 θ 的一切可能值中选出一个使样本观测值出现的概率最大的 θ 值（记为 $\hat{\theta}$）作为 θ 值的估计，$\hat{\theta}$ 称为 θ 的极大似然估计.

对离散型总体，设总体 X 的概率分布为

$$P\{X = x\} = p(x,\theta) \quad （\theta \text{ 为未知参数}）$$

如果 $X_1, X_2, \cdots, X_n$ 是来自总体 X 的样本，样本的观测值为 $x_1, x_2, \cdots, x_n$，则样本的联合分布律

$$P\{X_1 = x_1, X_2 = x_2, \cdots, X_n = x_n\} = \prod_{i=1}^{n} p(x_i, \theta)$$

对确定的样本观测值 $x_1, x_2, \cdots, x_n$，它是未知参数 θ 的函数，记为

$$L(\theta) = L(x_1, x_2, \cdots, x_n; \theta) = \prod_{i=1}^{n} p(x_i, \theta)$$

并称其为似然函数.

对连续型总体，设总体 X 的概率密度函数为 $f(x, \theta)$，其中 θ 为未知参数，此时定义似然函数为

$$L(\theta) = L(x_1, x_2, \cdots, x_n; \theta) = \prod_{i=1}^{n} f(x_i, \theta)$$

似然函数 $L(\theta)$ 的值的大小意味着该样本值出现的可能性大小，当样本值 $x_1, x_2, \cdots, x_n$ 已知时，应该选择使 $L(\theta)$ 达到最大值的那个作为 θ 的估计 $\hat{\theta}$. 这种求点估计的方法称为极大似然估计法. 所获得的估计量（值）称为参数 θ 的极大似然估计.

2. 极大似然估计的求法

按照极大似然估计的思想，求 θ 的极大似然估计的问题，归结为求似然函数 $L(\theta)$ 的最大值点的问题. 按照微分学中求最大值的方法，步骤如下：

① 写出似然函数 $L(\theta) = L(x_1, x_2, \cdots, x_n; \theta)$；

② 由于 $\ln L(\theta)$ 是 $L(\theta)$ 的单调增函数，且 $\ln L(\theta)$ 与 $L(\theta)$ 有相同的极值点，为方便起见，转化为求 $\ln L(\theta)$ 的最大值点. 即令 $\dfrac{\mathrm{d}\ln L(\theta)}{\mathrm{d}\theta} = 0$，求出驻点.

③ 判断并求出最大值点，在最大值点的表达式中，用样本值带入就得参数 θ 的极大似然估计值.

以上方法可推广至多个未知参数的情形.

【例 5-1-4】 设总体 X 的分布律为 $P\{X = x\} = \theta(1-\theta)^x$, $(0 < \theta < 1; x = 0, 1, 2, \cdots)$, $x_1, x_2, \cdots, x_n$ 为其样本观测值. 求参数 θ 的极大似然估计.

解：（1）写出似然函数

$$L(\theta) = \prod_{i=1}^{n} \theta(1-\theta)^{x_i} = \theta^n (1-\theta)^{\sum_{i=1}^{n} x_i}$$

（2）求出对数似然函数

$$\ln L(\theta) = n \ln \theta + \left(\sum_{i=1}^{n} x_i\right) \ln(1-\theta)$$

建立似然方程，并求解

$$\frac{\mathrm{d}\ln L(\theta)}{\mathrm{d}\theta} = \frac{n}{\theta} - \frac{\sum_{i=1}^{n} x_i}{1-\theta} = 0$$

解得

$$\hat{\theta} = \frac{n}{n + \sum_{i=1}^{n} x_i} = \frac{1}{1 + \frac{1}{n}\sum_{i=1}^{n} x_i} = \frac{1}{1 + \bar{x}}$$

（3）结论

因为求得的 $\hat{\theta}$ 是此对数似然函数的唯一驻点，并且可算得 $\dfrac{\mathrm{d}^2 \ln L(\theta)}{\mathrm{d}\theta^2} < 0$，因此 $\hat{\theta}$ 即为所求的最大值点. 于是 θ 的极大似然估计值为

$$\hat{\theta} = \frac{1}{1 + \bar{x}}$$

θ 的极大似然估计量为

$$\hat{\theta} = \frac{1}{1 + \overline{X}}$$

【例 5-1-5】 设总体 X 服从参数为 λ 的指数分布，$x_1, x_2, \cdots, x_n$ 是一个样本观测值，求总体参数 λ 的极大似然估计.

解： 指数分布的概率密度函数为

$$f(x;\lambda) = \begin{cases} \lambda e^{-\lambda x}, & x > 0 \\ 0, & x \leqslant 0 \end{cases}$$

似然函数为

$$L(\lambda) = \prod_{i=1}^{n} \lambda e^{-\lambda x_i} = \lambda^n e^{-\lambda \sum_{i=1}^{n} x_i}$$

取对数得

$$\ln L(\lambda) = n\ln\lambda - \lambda \sum_{i=1}^{n} x_i$$

似然方程为

$$\frac{d\ln L(\lambda)}{d\lambda} = \frac{n}{\lambda} - \sum_{i=1}^{n} x_i = 0$$

解得

$$\hat{\lambda} = \frac{n}{\sum_{i=1}^{n} x_i} = \frac{1}{\bar{x}}$$

【例 5-1-6】 设样本 $X_1, X_2, \cdots, X_n$ 来自正态总体 $X \sim N(\mu, \sigma^2)$，μ, σ^2 未知，求 μ, σ^2 的最大似然估计.

解： 设 $x_1, x_2, \cdots, x_n$ 是对应样本的观测值，则似然函数为

$$L(\mu, \sigma^2) = \prod_{i=1}^{n} \frac{1}{\sqrt{2\pi}\sigma} e^{-\frac{(x_i-\mu)^2}{2\sigma^2}} = (2\pi\sigma^2)^{-\frac{n}{2}} e^{-\frac{1}{2\sigma^2} \sum_{i=1}^{n}(x_i-\mu)^2}$$

取对数得

$$\ln L(\mu, \sigma^2) = -\frac{n}{2}\ln 2\pi - \frac{n}{2}\ln\sigma^2 - \frac{1}{2\sigma^2}\sum_{i=1}^{n}(x_i-\mu)^2$$

建立似然方程

$$\begin{cases} \dfrac{\partial \ln L}{\partial \mu} = \dfrac{1}{\sigma^2}\sum_{i=1}^{n}(x_i-\mu) = 0 \\ \dfrac{\partial \ln L}{\partial \sigma^2} = -\dfrac{n}{2\sigma^2} + \dfrac{1}{2\sigma^4}\sum_{i=1}^{n}(x_i-\mu)^2 = 0 \end{cases}$$

解得 μ, σ^2 的极大似然估计值为

$$\hat{\mu} = \frac{1}{n}\sum_{i=1}^{n} x_i = \bar{x}, \qquad \hat{\sigma}^2 = \frac{1}{n}\sum_{i=1}^{n}(x_i-\bar{x})^2$$

极大似然估计量为

$$\hat{\mu} = \frac{1}{n}\sum_{i=1}^{n} X_i = \overline{X}, \qquad \hat{\sigma}^2 = \frac{1}{n}\sum_{i=1}^{n}(X_i-\overline{X})^2$$

习题 5-1

1. 设 $X_1, X_2, \cdots, X_n$ 是来自服从几何分布的总体的一个样本，其概率分布为

$$P\{X = k\} = (1-p)^{k-1}p, \quad k = 1, 2, \cdots$$

其中 p 未知，$0 < p < 1$，试求 p 的矩估计.

2. 设总体 X 的概率密度为 $f(x;a) = \begin{cases} \dfrac{2}{a^2}(a-x), & 0 < x < a \\ 0, & \text{其他} \end{cases}$，若 $X_1, X_2, \cdots, X_n$ 是取自 X 的一个样本，试求 a 的矩估计.

3. 设总体 X 是用无线测距仪测量距离的误差，它服从 $[a,b]$ 上的均匀分布，在 200 次测量中，误差为 x_i 的次数有 n_i 次：

x_i	3	5	7	9	11	13	15	17	19
n_i	21	16	15	26	22	14	21	22	18

求 a,b 的矩法估计值.［注：这里测量误差为 x_i 是指测量误差在 (x_{i-1},x_{i+1}) 间的代表值］

4.设总体 X 的概率密度为 $f(x;\theta)=\begin{cases}\theta x^{\theta-1}, & 0<x<1 \\ 0, & \text{其他}\end{cases}$，总体 X 的一组观测值为

$$0.63 \quad 0.78 \quad 0.92 \quad 0.57 \quad 0.74 \quad 0.86$$

求 θ 的矩估计值.

5.设总体 X 服从参数为 λ 的泊松分布，$X_1,X_2,\cdots,X_n$ 是来自总体的一个样本，求 λ 的极大似然估计.

6.设总体 X 的概率密度为 $f(x;\beta)=(\beta+1)x^{\beta}$，$0<x<1$，$X_1,X_2,\cdots,X_n$ 是来自总体的一个样本，求 β 极大似然估计.若获得样本观测值为：

$$0.3 \quad 0.8 \quad 0.27 \quad 0.35 \quad 0.62 \quad 0.55$$

求 β 极大似然估计值.

7.设 $X_1,X_2,\cdots,X_n$ 是来自总体 X 的一个样本，试求未知参数 θ 的极大似然估计.设总体 X 的概率密度分别为

(1) $f(x;\theta)=\begin{cases}\dfrac{1}{\theta}e^{-\frac{x}{\theta}}, & x>0 \\ 0, & \text{其他}\end{cases}$

(2) $f(x;\theta)=\begin{cases}\theta\alpha x^{\alpha-1}e^{-\theta x^{\alpha}}, & x>0 \\ 0, & \text{其他}\end{cases}$ （$\alpha>0$ 为已知常数）

第二节　点估计量的评价标准

根据点估计的定义，未知参数的点估计是样本的一个函数，因此对于一个未知参数，我们可以构造很多估计量去估计它.譬如，设 $X_1,X_2,\cdots,X_n$ 是来自某总体的一个样本，对于此总体的均值 θ 可以给出若干个估计量：

$$\hat{\theta}_1=X_1$$

$$\hat{\theta}_2=\overline{X}$$

$$\hat{\theta}_3=\alpha_1X_1+\alpha_2X_2+\cdots+\alpha_nX_n$$

这就涉及评价一个估计量好坏的标准.在经典估计理论中，无偏性、有效性、相合性是评价一个估计量好坏常用的三个标准.

一、无偏性

［定义1］　设 $\hat{\theta}=\hat{\theta}(X_1,X_2,\cdots,X_n)$ 为 θ 的估计量，若 $E\hat{\theta}=\theta$，则称 $\hat{\theta}$ 是 θ 的无偏估计量，否则称 $\hat{\theta}$ 是 θ 的有偏估计量.

【例5-2-1】　设 $X_1,X_2,\cdots,X_n$ 为取自 X 的样本，$EX=\mu$，$DX=\sigma^2$，则

(1) 样本均值 $\overline{X}=\dfrac{1}{n}\sum_{i=1}^{n}X_i$ 为 μ 的无偏估计量；

(2) 样本方差 $S^2=\dfrac{1}{n-1}\sum_{i=1}^{n}(X_i-\overline{X})^2$ 是 σ^2 的无偏估计量；

（3）未修正的样本方差 $S_0^2 = \dfrac{1}{n}\sum\limits_{i=1}^{n}(X_i - \overline{X})^2$ 是 σ^2 的有偏估计量.

解：（1）因为 $EX_i = \mu$，$i = 1,2,\cdots,n$.

$$E\overline{X} = E\left\{\frac{1}{n}\sum_{i=1}^{n}X_i\right\} = \frac{1}{n}\sum_{i=1}^{n}EX_i = \mu$$

因此样本均值 $\hat{\mu} = \overline{X}$ 为 μ 的一个无偏估计量.

（2）因为 $DX_i = \sigma^2$，$i = 1,2,\cdots,n$，$D\overline{X} = \dfrac{1}{n}DX = \dfrac{1}{n}\sigma^2$

$$ES^2 = E\left[\frac{1}{n-1}\sum_{i=1}^{n}(X_i - \overline{X})^2\right]$$
$$= E\left\{\frac{1}{n-1}\left[\sum_{i=1}^{n}X_i^2 - n(\overline{X})^2\right]\right\}$$
$$= \frac{1}{n-1}\left[\sum_{i=1}^{n}EX_i^2 - nE(\overline{X})^2\right]$$
$$= \frac{1}{n-1}\left\{\sum_{i=1}^{n}(\mu^2 + \sigma^2) - n\left[D\overline{X} + (E\overline{X})^2\right]\right\}$$
$$= \frac{1}{n-1}(n\sigma^2 - \sigma^2)$$
$$= \sigma^2$$

因此 $\hat{\sigma}^2 = S^2$ 是 σ^2 的一个无偏估计量.

（3）
$$ES_0^2 = E\left[\frac{1}{n}\sum_{i=1}^{n}(X_i - \overline{X})^2\right]$$
$$= E\left[\frac{n-1}{n}S^2\right]$$
$$= \frac{n-1}{n}ES^2$$
$$= \frac{n-1}{n}\sigma^2$$
$$\neq \sigma^2$$

因此 S_0^2 是 σ^2 的有偏估计量.

二、有效性

在实际中，同一个参数的无偏估计常常不止一个.那么用哪一个无偏估计较好呢？显然应该看它们中哪一个取值更集中，即方差更小.

[定义 2] 设 $\hat{\theta}_1 = \hat{\theta}_1(X_1,X_2,\cdots,X_n)$ 和 $\hat{\theta}_2 = \hat{\theta}_2(X_1,X_2,\cdots,X_n)$ 是未知参数 θ 的两个无偏估计，若 $D\hat{\theta}_1 < D\hat{\theta}_2$，则称 $\hat{\theta}_1$ 比 $\hat{\theta}_2$ 有效.

【例 5-2-2】 比较总体期望值 μ 的两个无偏估计

$$\overline{X} = \frac{1}{n}\sum_{i=1}^{n}X_i$$

$$X' = \frac{\sum\limits_{i=1}^{n}a_iX_i}{\sum\limits_{i=1}^{n}a_i} \qquad \left(\sum_{i=1}^{n}a_i \neq 0\right)$$

的有效性.

解：$E(\overline{X}) = \mu$, $D(\overline{X}) = \dfrac{1}{n}\sigma^2$

$$E(X') = \frac{\sum\limits_{i=1}^{n} a_i E(X_i)}{\sum\limits_{i=1}^{n} a_i} = \mu$$

$$D(X') = \frac{\sum\limits_{i=1}^{n} a_i^2 D(X_i)}{\left(\sum\limits_{i=1}^{n} a_i\right)^2} = \frac{\sum\limits_{i=1}^{n} a_i^2}{\left(\sum\limits_{i=1}^{n} a_i\right)^2}\sigma^2$$

利用不等式 $a_i^2 + a_j^2 \geqslant 2a_i a_j$ ，有

$$\left(\sum_{i=1}^{n} a_i\right)^2 = \sum_{i=1}^{n} a_i^2 + \sum_{i<j} 2a_i a_j$$

$$\leqslant \sum_{i=1}^{n} a_i^2 + \sum_{i<j}(a_i^2 + a_j^2) = n\sum_{i=1}^{n} a_i^2$$

因此

$$D(X') \geqslant \frac{\sum\limits_{i=1}^{n} a_i^2}{n\sum\limits_{i=1}^{n} a_i^2}\sigma^2 = \frac{1}{n}\sigma^2 = D(\overline{X})$$

即 $\overline{X}$ 比 X' 有效.

三、相合性

大量的实践表明，随着样本容量 n 的增加，估计量 $\hat{\theta} = \hat{\theta}(X_1, X_2, \cdots, X_n)$ 与被估计的参数 θ 的偏差应该越来越小，这是一个好的估计量应具有的性质. 否则，我们无论收集多少样本，也无法把 θ 估计的足够精确.

[**定义 3**]　设 $\hat{\theta} = \hat{\theta}(X_1, X_2, \cdots, X_n)$ 是未知参数的一个估计量，若 $\hat{\theta}$ 依概率收敛于 θ，即对任意 $\varepsilon > 0$，有

$$\lim_{n\to\infty} P\{|\hat{\theta} - \theta| < \varepsilon\} = 1$$

或

$$\lim_{n\to\infty} P\{|\hat{\theta} - \theta| \geqslant \varepsilon\} = 0$$

则称 $\hat{\theta}$ 为 θ 的相合估计.

估计量的相合性是对大样本问题提出的一种要求. 只要样本容量 n 充分大，估计量 $\hat{\theta}$ 与参数 θ 将在概率意义下愈来愈靠近. 譬如，样本均值 $\overline{X}$ 是总体期望 EX 的相合估计量. 因为根据大数定律，可知

$$\lim_{n\to\infty} P\{|\overline{X} - EX| < \varepsilon\} = 1$$

习题 5-2

1. 设 X_1，X_2，$\cdots$，X_n 是来自正态总体 $N(\mu, \sigma^2)$ 的一个样本，试适当选择 C，使 $S^2 = C\sum\limits_{i=1}^{n-1}(X_{i+1} - X_i)^2$ 为 σ^2 的无偏估计.

2. 设总体 $X \sim U[\theta-2,\theta]$，证明未知参数 θ 的矩估计量是无偏估计.

3. 设总体 X 的均值 $E(X)=\mu$ 已知，方差 σ^2 未知，$X_1,X_2,\cdots,X_n$ 是来自总体 X 的样本，证明：$\hat{\sigma}^2 = \dfrac{1}{n}\sum\limits_{i=1}^{n}(X_i-\mu)^2$ 是 σ^2 的无偏估计.

第三节　区间估计

一、区间估计的基本概念

对于未知参数 θ，点估计能给人们一个明确的数量，但不能给出精度. 当我们用样本得到 $\hat{\theta}$ 的观测值时，无法判断它与 θ 的真值的误差. 若能给出一个估计区间，即用 $\hat{\theta}_1,\hat{\theta}_2$ 构造区间 $(\hat{\theta}_1,\hat{\theta}_2)$，使 θ 得真值以接近 1 的概率在该区间内，这样的估计更有实际价值. 奈曼（Neyman）于 1934 年提出了这种方法，即为区间估计

[定义]　设 $X_1,X_2,\cdots,X_n$ 是来自总体 X 的样本，θ 为总体的未知参数，$\hat{\theta}_1 = \hat{\theta}_1(X_1,X_2,\cdots,X_n)$，$\hat{\theta}_2 = \hat{\theta}_2(X_1,X_2,\cdots,X_n)$ 为统计量，若对于给定的数 α（$0<\alpha<1$），使

$$P\{\hat{\theta}_1<\theta<\hat{\theta}_2\}=1-\alpha$$

则称随机区间 $(\hat{\theta}_1,\hat{\theta}_2)$ 是 θ 的置信水平为 $1-\alpha$ 的置信区间. $\hat{\theta}_1,\hat{\theta}_2$ 分别成为置信下限和置信上限.

置信水平 $1-\alpha$ 也称为置信度. $1-\alpha$ 应该是一个接近于 1 而小于 1 的数，以保证置信区间有较高的概率包含参数 θ 的真值. 通常置信水平可取 0.9，0.95，0.99.

由于样本观测值的不同，参数 θ 的 $1-\alpha$ 置信区间 $(\hat{\theta}_1,\hat{\theta}_2)$ 所得到的具体区间也会不同. 它们之中有的包含 θ 的真值，有的不包含 θ 的真值. 根据概率与频率的关系，我们知道，只要置信水平 $1-\alpha$ 较接近 1，就能够保证由区间估计所得到的这些区间中，绝大多数是包含 θ 真值的. 例如，取 $\alpha=0.05$，则当我们用 100 组样本观测值得到 100 个估计的区间时，其中大约有 5 个不包含 θ 的真值.

构造未知参数的置信区间的一个常用方法是枢轴量法，它的具体步骤如下。

① 从 θ 的一个点估计出发，构造一个含有样本及待估计参数的函数 U，U 的分布已知且与 θ 无关. 称函数 U 为枢轴量.

即构造枢轴量

$$U=U(X_1,X_2,\cdots,X_n,\theta)$$

② 对给定的置信水平 $1-\alpha$，确定 λ_1 与 λ_2，使

$$P\{\lambda_1<U<\lambda_2\}=1-\alpha$$

通常可选取满足 $P\{U<\lambda_1\}=P\{U>\lambda_2\}=\dfrac{\alpha}{2}$ 的 λ_1 与 λ_2，在常用分布下，这可由分位数表查得.

③ 对不等式 $\lambda_1<U<\lambda_2$ 做恒等变形后化为

$$P\{\hat{\theta}_1<U<\hat{\theta}_2\}=1-\alpha$$

则 $(\hat{\theta}_1, \hat{\theta}_2)$ 即为 θ 的置信水平为 $1-\alpha$ 的置信区间.

【例 5-3-1】 设一个物体的重量 μ 未知，为估计其重量可用天平去称量. 由于称量产生的误差，因而所得的称量结果是一个随机变量，通常服从正态分布. 当称量的误差标准差为 0.1 克时，可认为称量结果服从 $N(\mu, 0.1^2)$. 现对该物体称了五次，结果如下（单位：克）：

$$5.52 \quad 5.48 \quad 5.64 \quad 5.51 \quad 5.45$$

可将其看成来自总体 X 的一个容量为 5 的样本观测值. 试对 μ 作置信水平为 0.95 的区间估计.

解： (1) μ 是总体的均值，$\overline{X}$ 是它的无偏估计，并且有

$$U = \frac{\overline{X} - \mu}{\sigma / \sqrt{n}} \sim N(0,1)$$

(2) 按照标准正态分布上侧分位数的定义，有

$$P\left\{ \left| \frac{\overline{X} - \mu}{\sigma / \sqrt{n}} \right| < u_{\frac{\alpha}{2}} \right\} = 1 - \alpha$$

即

$$P\left\{ \overline{X} - \frac{\sigma}{\sqrt{n}} u_{\frac{\alpha}{2}} < \mu < \overline{X} + \frac{\sigma}{\sqrt{n}} u_{\frac{\alpha}{2}} \right\} = 1 - \alpha$$

从而 μ 的置信水平为 $1-\alpha$ 的置信区间为

$$\left(\overline{X} - \frac{\sigma}{\sqrt{n}} u_{\frac{\alpha}{2}}, \overline{X} + \frac{\sigma}{\sqrt{n}} u_{\frac{\alpha}{2}} \right)$$

(3) 本例中，$n=5$，$\sigma=0.1$，在 $\alpha=0.05$ 时，$u_{\frac{\alpha}{2}}=1.96$，由样本观察值求得的 $\overline{x}=5.52$，因此 μ 的置信水平为 0.95 的一个具体区间为 $(5.432, 5.608)$.

二、正态总体均值的置信区间

设总体 $X \sim N(\mu, \sigma^2)$，$X_1, X_2, \cdots, X_n$ 是来自总体 X 的样本，下面分两种情况来讨论总体均值 μ 的置信区间.

1. 总体方差 σ^2 已知时，即已知 $\sigma^2 = \sigma_0^2$

在例 5-3-1 中我们讨论的就是这种情况. 可得 μ 的置信水平为 $1-\alpha$ 的置信区间为

$$\left(\overline{X} - \frac{\sigma}{\sqrt{n}} u_{\frac{\alpha}{2}}, \overline{X} + \frac{\sigma}{\sqrt{n}} u_{\frac{\alpha}{2}} \right). \tag{5-3-1}$$

【例 5-3-2】 某旅行社为调查当地旅游者的平均消费额，随机访问了 100 名旅游者，得知平均消费额 $\overline{x}=800$ 元. 据经验，旅游消费者消费额服从正态分布，且标准差 $\sigma=50$ 元，求该地旅游者平均消费额 μ 的置信水平为 0.95 的置信区间.

解： 根据已知，置信水平 $1-\alpha=0.95$，$\alpha=0.05$，查标准正态分布表得 $u_{\frac{\alpha}{2}}=1.96$ 代入式(5-3-1) 中，得 μ 的置信水平为 0.95 的置信区间为 $(790.2, 809.8)$.

【例 5-3-3】 在例 5-3-1 中，为使 μ 的置信水平为 0.95 的置信区间长度为 0.1，求样本容量 n.

解： 根据例 5-3-1，在总体方差 σ^2 已知时，总体均值 μ 的置信水平为 $1-\alpha$ 的置信区间为

$$\left(\overline{X} - \frac{\sigma}{\sqrt{n}} u_{\frac{\alpha}{2}}, \overline{X} + \frac{\sigma}{\sqrt{n}} u_{\frac{\alpha}{2}} \right)$$

则置信区间长度为　　$L = 2u_{\frac{\alpha}{2}} \dfrac{\sigma}{\sqrt{n}}$，已知 $\alpha = 0.05$，$u_{\frac{\alpha}{2}} = 1.96$，$\sigma = 0.1$，当要求 $L = 0.1$ 时，求得

$$n = \left(\frac{2 \times 1.96 \times 0.1}{0.1} \right)^2 = 15.3664 \approx 16$$

即如果我们用该天平称这一物体 16 次，求得 μ 的置信水平为 0.95 的置信区间程度不超过 0.1.

在给定的置信水平条件下，置信区间长度越小，区间估计的精度越高. 从 $L = 2u_{\frac{\alpha}{2}} \dfrac{\sigma}{\sqrt{n}}$ 可以看出置信区间长度 L 是样本容量 n 的减函数，因此可以通过增加样本容量来达到提高估计精度的目的.

2. 总体方差 σ^2 未知时

设总体 $X \sim N(\mu, \sigma^2)$，其中 μ, σ^2 未知，选取样本函数

$$T = \frac{\overline{X} - \mu}{S / \sqrt{n}}$$

作为枢轴量，有 $T \sim t(n-1)$.

由于 t 分布是对称的，对于给定的置信水平 $1 - \alpha$，由

$$P\left\{ \left| \frac{\overline{X} - \mu}{S / \sqrt{n}} \right| < t_{\frac{\alpha}{2}} \right\} = 1 - \alpha$$

即

$$P\left\{ \overline{X} - \frac{S}{\sqrt{n}} t_{\frac{\alpha}{2}} < \mu < \overline{X} + \frac{S}{\sqrt{n}} t_{\frac{\alpha}{2}} \right\} = 1 - \alpha$$

可得 μ 的置信水平为 $1 - \alpha$ 的置信区间为

$$\left(\overline{X} - \frac{S}{\sqrt{n}} t_{\frac{\alpha}{2}}, \overline{X} + \frac{S}{\sqrt{n}} t_{\frac{\alpha}{2}} \right) \tag{5-3-2}$$

【例 5-3-4】　某行业职工的月收入 X 服从 $N(\mu, \sigma^2)$，现随机抽取 30 名职工进行调查，求得他们的月收入平均值 $\overline{x} = 3580$ 元，标准差 $s = 236$ 元，试求 μ 的置信水平为 0.95 的置信区间.

解：由于 σ^2 未知，现已知 $n = 30$，$\overline{x} = 3580$，$s = 236$，由 $\alpha = 0.05$ 查表得 $t_{\frac{\alpha}{2}} = 2.0452$，将以上数据代入式 (5-3-2) 得

$$\left(3580 - \frac{236}{\sqrt{30}} \times 2.0452, 3580 + \frac{236}{\sqrt{30}} \times 2.0452 \right) = (3491.88, 3668.12)$$

即该行业职工的月平均收入在 3491.88 元到 3668.12 元之间.

三、正态总体方差的置信区间

设总体 $X \sim N(\mu, \sigma^2)$，其中 μ, σ^2 未知，$X_1, X_2, \cdots, X_n$ 是来自总体 X 的样本，求方差 σ^2 的置信水平 $1 - \alpha$ 的置信区间.

σ^2 的无偏估计为 S^2，我们从 S^2 出发，则有

$$\chi^2 = \frac{(n-1)S^2}{\sigma^2} \sim \chi^2(n-1)$$

可将 χ^2 作为枢轴量，在 χ^2 分布表中查得上 $1 - \dfrac{\alpha}{2}$ 分位数 $\chi^2_{1-\frac{\alpha}{2}}(n-1)$ 和上 $\dfrac{\alpha}{2}$ 分位数 $\chi^2_{\frac{\alpha}{2}}(n-$

1)则有

$$P\{\chi^2_{1-\frac{\alpha}{2}}(n-1)<\chi^2<\chi^2_{\frac{\alpha}{2}}(n-1)\}=1-\alpha$$

即

$$P\left\{\chi^2_{1-\frac{\alpha}{2}}(n-1)<\frac{(n-1)S^2}{\sigma^2}<\chi^2_{\frac{\alpha}{2}}(n-1)\right\}=1-\alpha$$

解得 σ^2 的置信水平 $1-\alpha$ 的置信区间为

$$\left(\frac{(n-1)S^2}{\chi^2_{\frac{\alpha}{2}}(n-1)}\,,\,\frac{(n-1)S^2}{\chi^2_{1-\frac{\alpha}{2}}(n-1)}\right) \tag{5-3-3}$$

由于在 $(0,+\infty)$ 上 σ 是 σ^2 的单调增函数，因此可以给出正态总体标准差 σ 的置信水平 $1-\alpha$ 的置信区间为

$$\left(\frac{\sqrt{(n-1)}\,S}{\sqrt{\chi^2_{\frac{\alpha}{2}}(n-1)}}\,,\,\frac{\sqrt{(n-1)}\,S}{\sqrt{\chi^2_{1-\frac{\alpha}{2}}(n-1)}}\right) \tag{5-3-4}$$

【例 5-3-5】　求例 5-3-4 中 σ 的置信水平 0.90 的置信区间.

解：由于 μ 未知，由式(5-3-4) 来求置信区间. 现已知 $n=30$，$\alpha=0.1$，查表得 $\chi^2_{0.95}(29)=17.708$，$\chi^2_{0.05}(29)=42.557$，又 $s=236$，代入式(5-3-4) 得 σ 的置信水平 0.90 的置信区间为

$$\left(\frac{\sqrt{29}\times236}{\sqrt{42.557}}\,,\,\frac{\sqrt{29}\times236}{\sqrt{17.708}}\right)=(194.7,301.7)$$

因此该行业职工月平均收入的标准差在 194.7 元到 301.7 元之间.

＊四、两个正态总体均值差与方差比的置信区间

设从两个独立的正态总体 $N(\mu_1,\sigma_1^2)$ 和 $N(\mu_2,\sigma_2^2)$ 中分别抽取样本 $X_1,X_2,\cdots,X_m$ 和 $Y_1,Y_2,\cdots,Y_n$，样本均值分别为 $\overline{X}$ 和 $\overline{Y}$，样本方差分别为 S_1^2 和 S_2^2.

1.两个正态总体均值差的置信区间

(1) σ_1^2 和 σ_2^2 已知时

此时可用 $\overline{X}-\overline{Y}$ 去估计 $\mu_1-\mu_2$，由正态分布的性质可知

$$\overline{X}-\overline{Y}\sim N\left(\mu_1-\mu_2,\frac{\sigma_1^2}{m}+\frac{\sigma_2^2}{n}\right)$$

从而

$$U=\frac{\overline{X}-\overline{Y}-(\mu_1-\mu_2)}{\sqrt{\frac{\sigma_1^2}{m}+\frac{\sigma_2^2}{n}}}\sim N(0,1)$$

对于给定的置信水平为 $1-\alpha$，查标准正态分布表可得 $u_{\frac{\alpha}{2}}$，使得

$$P\left\{-u_{\frac{\alpha}{2}}<\frac{\overline{X}-\overline{Y}-(\mu_1-\mu_2)}{\sqrt{\frac{\sigma_1^2}{m}+\frac{\sigma_2^2}{n}}}<u_{\frac{\alpha}{2}}\right\}=1-\alpha$$

由此可得 $\mu_1-\mu_2$ 的置信水平为 $1-\alpha$ 的置信区间为

$$\left(\overline{X}-\overline{Y}-u_{\frac{\alpha}{2}}\sqrt{\frac{\sigma_1^2}{m}+\frac{\sigma_2^2}{n}}\,,\overline{X}-\overline{Y}+u_{\frac{\alpha}{2}}\sqrt{\frac{\sigma_1^2}{m}+\frac{\sigma_2^2}{n}}\right) \tag{5-3-5}$$

【例 5-3-6】　调查某地区分行业职工的平均工资（单位：元）情况，已知体育、卫生、社

会福利事业职工工资 $X \sim N(\mu_1, 218^2)$；文教、艺术、广播事业职工工资 $Y \sim N(\mu_2, 227^2)$，现从总体 X 中调查 25 人，平均工资为 1286 元，从总体 Y 中调查 30 人，平均工资为 1272 元，求这两大类行业职工平均工资之差的 0.99 的置信区间.

解： 由题可知，$\alpha = 0.01$，查表得 $u_{0.005} = 2.576$，已知 $m = 25$，$n = 30$，$\sigma_1^2 = 218^2$，$\sigma_2^2 = 227^2$，$\bar{x} = 1286$，$\bar{y} = 1272$，代入到式(5-3-5) 中，得到 $\mu_1 - \mu_2$ 的置信水平为 99% 的置信区间为

$$(-140.96, 168.96)$$

即两大类行业职工平均工资之差在 -140.96 到 168.96 之间的概率为 99%.

(2) $\sigma_1^2 = \sigma_2^2 = \sigma^2$ 未知时

设两个总体的样本方差分别为 S_1^2 和 S_2^2，记它们的加权平均为

$$S_W^2 = \frac{(m-1)S_1^2 + (n-1)S_2^2}{m+n-2}$$

从而

$$T = \frac{\bar{X} - \bar{Y} - (\mu_1 - \mu_2)}{S_W\sqrt{\dfrac{1}{m} + \dfrac{1}{n}}} \sim t(m+n-2)$$

对于给定的置信水平为 $1-\alpha$，查附表可得 $t_{\frac{\alpha}{2}}(m+n-2)$，使得

$$P\left\{-t_{\frac{\alpha}{2}}(m+n-2) < \frac{\bar{X} - \bar{Y} - (\mu_1 - \mu_2)}{S_W\sqrt{\dfrac{1}{m} + \dfrac{1}{n}}} < t_{\frac{\alpha}{2}}(m+n-2)\right\} = 1-\alpha$$

由此可得 $\mu_1 - \mu_2$ 的置信水平为 $1-\alpha$ 的置信区间为

$$\left(\bar{X} - \bar{Y} - t_{\frac{\alpha}{2}}(m+n-2)S_W\sqrt{\frac{1}{m} + \frac{1}{n}},\ \bar{X} - \bar{Y} + t_{\frac{\alpha}{2}}(m+n-2)S_W\sqrt{\frac{1}{m} + \frac{1}{n}}\right)$$

$$(5-3-6)$$

【例 5-3-7】 某厂用两条流水线生产小包装番茄酱，现从两条流水线上各随机抽取一个样本，容量分别为 $m = 6$，$n = 7$，称重后算得（单位：克）

$$\bar{x} = 10.6, \qquad S_1^2 = 0.0125$$
$$\bar{y} = 10.1, \qquad S_2^2 = 0.01$$

设两条流水线上所装番茄酱的重量都服从正态分布，均值分别为 μ_1，μ_2，方差未知且相等，求 $\mu_1 - \mu_2$ 得置信水平 0.90 的置信区间.

解： 由题可知 $\alpha = 0.1$，$m+n-2 = 11$，由 t 分布表可得 $t_{0.05}(11) = 1.7959$，又可求得

$$\bar{x} - \bar{y} = 0.5$$
$$S_W^2 = 0.01114,\ S_W = 0.1055$$

代入到式(5-3-6) 得 $\mu_1 - \mu_2$ 得置信水平 0.90 的置信区间为

$$(0.3946, 0.6054)$$

2. 两个正态总体方差比的置信区间

根据第四章第三节定理 3，可知

$$F = \frac{S_1^2/\sigma_1^2}{S_2^2/\sigma_2^2} \sim F(m-1, n-1)$$

对于给定的置信水平为 $1-\alpha$，查附表可得 $F_{1-\frac{\alpha}{2}}(m-1, n-1)$ 和 $F_{\frac{\alpha}{2}}(m-1, n-1)$，使得

$$P\left\{F_{1-\frac{\alpha}{2}}(m-1,n-1)<\frac{S_1^2/\sigma_1^2}{S_2^2/\sigma_2^2}<F_{\frac{\alpha}{2}}(m-1,n-1)\right\}=1-\alpha$$

由此可得 $\dfrac{\sigma_1^2}{\sigma_2^2}$ 的置信水平为 $1-\alpha$ 的置信区间为

$$\left(\frac{S_1^2}{S_2^2}\frac{1}{F_{\frac{\alpha}{2}}(m-1,n-1)},\frac{S_1^2}{S_2^2}\frac{1}{F_{1-\frac{\alpha}{2}}(m-1,n-1)}\right)$$

由于

$$\frac{1}{F_{1-\frac{\alpha}{2}}(m-1,n-1)}=F_{\frac{\alpha}{2}}(n-1,m-1)$$

该区间也可表示为

$$\left(\frac{S_1^2}{S_2^2}\frac{1}{F_{\frac{\alpha}{2}}(m-1,n-1)},\frac{S_1^2}{S_2^2}F_{\frac{\alpha}{2}}(n-1,m-1)\right) \tag{5-3-7}$$

【例 5-3-8】 求例 5-3-7 中 $\dfrac{\sigma_1^2}{\sigma_2^2}$ 置信水平 0.90 的置信区间.

解： 由题可知 $\alpha=0.1$，$m=6$，$n=7$，$S_1^2=0.0125$，$S_2^2=0.01$，查表得

$$F_{0.05}(5,6)=4.39，F_{0.05}(6,5)=\frac{1}{F_{0.05}(5,6)}=4.95$$

代入到式(5-3-7)中，得到 $\dfrac{\sigma_1^2}{\sigma_2^2}$ 置信水平 0.90 的置信区间为 $(0.2847,6.1877)$.

习题 5-3

1. 一年级学生的数学成绩近似服从正态分布，现抽样得到该年级 16 名学生某次数学考试的成绩如下：

   75　63　82　91　54　77　68　84　95　49　76　69　72　80　71　88

   (1) 已知数学成绩的标准差 $\sigma=15$，求平均数学成绩 μ 的置信水平为 0.95 的置信区间；

   (2) 若标准差未知，求平均数学成绩 μ 的置信水平为 0.95 的置信区间.

2. 人的身高服从正态分布，从初一女生中随机抽取 6 名，测得身高如下：(单位：厘米)

   149　158.8　152.5　165　157　142

   求初一女生平均身高的置信水平为 0.95 的置信区间.

3. 一个随机样本来自正态总体，总体标准差 $\sigma=1.5$，抽样前希望有 0.95 的置信水平使得 μ 的置信区间长度为 1.7，试问应抽取多大的一个样本？

4. 某厂生产一批金属材料，其抗弯强度（单位：千克）服从正态分布，现从这批金属材料中随机抽取 11 个试件，测得它们的抗弯强度为：

   42.5　42.7　43.0　42.3　43.4　44.5　44.0　43.8　44.1　43.9　43.7

   (1) 求平均抗弯强度 μ 的置信水平为 0.95 的置信区间；

   (2) 求抗弯强度标准差 σ 的置信水平 0.90 的置信区间.

5. 随机抽取某种炮弹 9 发做试验，测得炮口速度的样本标准差 $s=11$（单位：米/秒），设炮口速度服从正态分布，求这种炮弹的炮口速度的标准差置信水平为 0.95 的置信区间.

6. 某厂生产甲、乙两种型号的仪表，为比较其无故障运行时间（单位：小时）的长短，抽取了甲种仪表 25 只，测得其平均无故障运行时间为 $\bar{x}=2000$，样本标准差 $s_1=80$；抽取了乙种仪表 20 只，测得其平均无故障运行时间为 $\bar{y}=1900$，样本标准差 $s_2=100$. 假设两种仪表无故障运行时间均服从正态分布且相互独立，求：

   (1) 两总体均值差 $\mu_1-\mu_2$ 的置信水平为 0.99 的置信区间，假设它们无故障运行时间的方差分别是 3844 和 5625；

(2) 两总体方差之比 $\dfrac{\sigma_1^2}{\sigma_2^2}$ 置信水平 0.90 的置信区间.

综合练习五

一、填空题

1. 设总体 $X \sim B(4,p)$，$X_1, X_2, \cdots, X_n$ 是来自总体 X 的样本，未知参数 p 的矩估计量 $\hat{p} =$ ＿＿＿＿＿＿.

2. 设总体 $X \sim U[0,2\theta]$，$X_1, X_2, \cdots, X_n$ 是来自总体 X 的样本，未知参数 θ 的矩估计量 $\hat{\theta} =$ ＿＿＿＿＿＿.

3. 设总体 $X \sim E(\lambda)$，$x_1, x_2, \cdots, x_n$ 是来自总体 X 的样本观测值，未知参数 λ 的极大似然估计 $\hat{\lambda}$ = ＿＿＿＿＿＿.

4. 若随机区间 $(\hat{\theta}_1, \hat{\theta}_2)$ 是未知参数 θ 的置信水平为 $1-\alpha$ 的置信区间，则表明对于任意给定的 α（$0<\alpha<1$），有
$P\{\hat{\theta}_1 < \theta < \hat{\theta}_2\} =$ ＿＿＿＿＿＿.

二、选择题

1. 设总体 X 有方差 $D(X) = \sigma^2$，$X_1, X_2, \cdots, X_n$ 是来自总体 X 的样本，令 $T = \dfrac{1}{n}\sum\limits_{i=1}^{n}(X_i - \overline{X})^2$，则
$E(T) = ($　　$)$.

(A) σ^2 　　　　　(B) $\dfrac{\sigma^2}{n}$ 　　　　　(C) $\dfrac{n}{n-1}\sigma^2$ 　　　　　(D) $\dfrac{n-1}{n}\sigma^2$

2. 设总体 X 的期望为 $E(X) = \mu$，X_1, X_2 是来自总体 X 的样本，则下列统计量中，（　　）不是参数 μ 的无偏估计.

(A) $\dfrac{1}{3}X_1 + \dfrac{2}{3}X_2$ 　　(B) $\dfrac{3}{4}X_1 + \dfrac{1}{4}X_2$ 　　(C) X_2 　　(D) $X_1 + \dfrac{1}{2}X_2$

3. 已知某总体的未知参数 θ 的置信水平为 $1-\alpha$ 的置信区间为 $(\hat{\theta}_1, \hat{\theta}_2)$，则（　　）.

(A) $\theta \in (\hat{\theta}_1, \hat{\theta}_2)$

(B) θ 落入 $(\hat{\theta}_1, \hat{\theta}_2)$ 的概率为 $1-\alpha$

(C) $(\hat{\theta}_1, \hat{\theta}_2)$ 包含 θ 的概率为 $1-\alpha$

(D) 对于 $\hat{\theta}_1, \hat{\theta}_2$ 的任意一组观测值 $\theta_1{}^0, \theta_2{}^0$ 均成立 $\theta \in (\theta_1{}^0, \theta_2{}^0)$

4. 设总体 $X \sim N(\mu, \sigma^2)$（σ^2 已知），若使未知参数 μ 的置信水平为 $1-\alpha$ 的置信区间的长度不超过 k，则样本容量不小于（　　）.

(A) $\dfrac{2\sigma^2 u_\alpha}{k^2}$ 　　　　(B) $\dfrac{4\sigma^2 u_\alpha}{k^2}$ 　　　　(C) $\dfrac{4\sigma^2 u_{\frac{\alpha}{2}}}{k^2}$ 　　　　(D) $\dfrac{2\sigma u_{\frac{\alpha}{2}}}{k^2}$

三、解答题

1. 设 $X_1, X_2, \cdots, X_n$ 是来自参数为 n，p 二项分布总体的一个样本，试求 p^2 的无偏估计量.

2. 设 $X_1, X_2, \cdots, X_n$ 是来自总体 X 的样本，X 的概率密度为 $f(x;\theta) = \begin{cases} \dfrac{2}{\theta^2}(\theta - x), & 0 < x < \theta \\ 0, & \text{其他} \end{cases}$

其中 $\theta > 0$ 为未知参数，求 θ 的矩估计量.

3. 设总体 X 以等概率 $\dfrac{1}{\theta}$ 取值 $1, 2, \cdots, \theta$，求未知参数 θ 的矩估计量.

4.设 X_1，X_2，$\cdots$，X_n 是来自均值为 θ 的总体的样本，其中 θ 未知，设有估计量

$$T_1 = \frac{1}{6}(X_1 + X_2) + \frac{1}{3}(X_3 + X_4)$$

$$T_2 = \frac{X_1 + 2X_2 + 3X_3 + 4X_4}{5}$$

$$T_3 = \frac{X_1 + X_2 + X_3 + X_4}{4}$$

(1) 指出 T_1，T_2，T_3 中哪几个是 θ 的无偏估计量；

(2) 在上述 θ 的无偏估计中指出一个较为有效的.

5.设从均值为 μ，方差为 $\sigma^2 > 0$ 的总体中，分别抽取容量为 n_1，n_2 的两个独立样本，$\overline{X_1}$ 和 $\overline{X_2}$ 分别是两个样本的均值. 试证：对于任意常数 a，b $(a+b)=1$，$Y = a\overline{X_1} + b\overline{X_2}$ 都是 μ 的无偏估计；并确定常数 a、b，使 $D(Y)$ 达到最小.

6.已知总体 X 的概率分布为 $P\{X = k\} = C_2^k(1-\theta)^k\theta^{2-k}$，$k = 0, 1, 2$，求 θ 的矩估计量.

7.设 X_1，X_2，$\cdots$，X_n 是来自总体 X 的样本，X 的概率密度为

$$f(x;\theta) = \begin{cases} \sqrt{\theta}x^{\sqrt{\theta}-1}, & 0 \leqslant x \leqslant 1 \\ 0, & \text{其他} \end{cases} \quad (\theta > 0)$$

x_1，x_2，$\cdots$，x_n 为一组相应的样本观测值，求 θ 的矩估计量和极大似然估计.

8.设 X_1，X_2，$\cdots$，X_n 是来自总体 X 的样本，X 的概率密度为

$$f(x;\theta) = \begin{cases} \dfrac{\theta^x e^{-\theta}}{x!}, & x = 0,1,2,\cdots \\ 0, & \text{其他} \end{cases} \quad (\theta > 0)$$

求 θ 的极大似然估计.

9.某公司欲估计自己生产的电池的寿命，先从产品中随机抽取 50 只电池做寿命试验. 这些电池的平均寿命 $\bar{x} = 2.266$（单位：100 小时），$s = 1.935$，求该公司生产的电池平均寿命的置信水平为 0.95 的置信区间.

10. 某化纤强力服从正态分布，长期以来标准差稳定在 $\sigma = 1.19$，现抽取了一个容量 $n = 100$ 的样本，求得样本均值 $\bar{x} = 6.35$，试求该化纤强力均值 μ 的置信水平为 0.95 的置信区间.

11.设某公司所属的两个分店的月营业额分别服从 $N(\mu_i, \sigma_i^2)$，$i = 1,2$. 现从第一分店抽取了容量为 40 的样本，求得平均月营业额 $\overline{x_1} = 22653$ 万元，样本标准差 $s_1 = 64.8$ 万元；第一分店抽取了容量为 30 的样本，求得平均月营业额 $\overline{x_2} = 12291$ 万元，样本标准差 $s_2 = 62.2$ 万元. 试求 $\mu_1 - \mu_2$ 的置信水平为 0.95 的置信区间.

第六章　假设检验

统计推断中的另一类重要问题，就是对总体未知参数作出假设，然后根据样本提供的信息，利用统计分析的方法来检验这一假设是否正确，从而作出是接受还是拒绝的决策. 假设检验是作出这一决策的过程. 在统计中，我们称待考察的命题为**假设**，从样本去判断假设是否成立，称为**假设检验**. 假设检验包括两类.

$$假设检验\begin{cases} 参数假设检验 \\ 非参数假设检验 \end{cases}$$

参数假设检验是对针对总体分布函数中的未知参数而提出的假设进行检验，非参数假设检验是对针对总体分布函数形式或类型而提出的假设进行检验.

第一节　假设检验的基本概念

为了说明什么是假设检验问题，我们先来看几个实际的例子.

引例 1　某厂生产合金钢，其抗拉强度 X（单位：千克/毫米^2）可以认为服从正态分布 $N(\mu,\sigma^2)$. 据厂方说，抗拉强度的平均值 $\mu=48$. 现抽查 5 件样品，测得抗拉强度为

$$46.8 \quad 45.0 \quad 48.3 \quad 45.1 \quad 44.7$$

问厂方的说法是否可信？

这相当于先提出了一个假设 $H_0:\mu=48$，然后要求从样本观测值出发，检验它是否成立.

引例 2　为了研究饮酒对工作能力的影响，任选 19 名工人分成两组，一组工人工作前饮一杯酒，一组工人工作前不饮酒，让他们每人做一件同样的工作，测得他们的完工时间（单位：分钟）如下：

$$饮酒者 \quad 30 \quad 46 \quad 51 \quad 34 \quad 48 \quad 45 \quad 39 \quad 61 \quad 58 \quad 67$$
$$未饮酒者 \quad 28 \quad 22 \quad 55 \quad 45 \quad 39 \quad 35 \quad 42 \quad 38 \quad 20$$

问饮酒对工作能力是否有显著的影响？

两组工人完成工作的时间，可以分别看作是两个服从正态分布的总体 $X \sim (\mu_1,\sigma_1^2)$ 和 $Y \sim (\mu_2,\sigma_2^2)$，如果饮酒对工作能力没有影响，两个总体的均值应该相等. 所以问题相当于要求我们根据实际测得的样本数据，检验假设 $H_0:\mu_1=\mu_2$ 是否成立.

以上引例有一个共同的特点，就是先提出一个假设，然后要求从样本出发检验它是否成立. 我们称这样的问题为假设检验问题.

一、假设检验的基本思想

引例 3　设一箱中有红白两种颜色的球 100 个，甲说这里有 98 个白球，乙从箱中任取一个，发现是红球，问甲的说法是否正确.

先假设 H_0：箱中确有 98 个白球.

如果假设 H_0 正确，则从箱中任取一球是红球的概率只有 0.02，是小概率事件. 通常认为在一次随机试验中，小概率事件不容易发生，因此，若乙从箱中任取一球，发现是白球，则没有理由怀疑假设 H_0 的正确性. 今乙从箱中任取一球，发现是红球，即小概率事件竟然

在一次试验中发生了，故有理由拒绝假设 H_0，即认为甲的说法不正确.

假设检验的基本思想实质上是带有某种概率性质的反证法. 为了检验一个假设 H_0 是否正确，首先假定该假设 H_0 正确，然后再根据抽到的样品对假设 H_0 做出接受或拒绝的决策. 如果样本观察值导致了不合理现象的发生，就应拒绝假设 H_0，否则就应接受假设 H_0.

二、假设检验的基本概念

1. 检验统计量

为进行检验，构造一个包含参数的且已知分布的样本的函数，即为检验统计量，如已知 σ^2 时，令统计量为 $U = \dfrac{\overline{X} - \mu_0}{\sigma/\sqrt{n}} \sim N(0,1)$，即为一个检验统计量.

2. 显著性水平 α

假设检验中所谓的"不合理"，并非逻辑中的绝对矛盾，而是基于人们在实践中广泛采用的原则，即小概率事件在一次试验中是几乎不发生的. 但概率小到什么程度才能算作"小概率事件"呢？显然，"小概率事件"的概率越小，否定原假设 H_0 就越有说服力. 常记这个小概率值为 $\alpha(0 < \alpha < 1)$，通常称 α 为**检验的显著性水平**，它是事先给定的. 对不同的问题，检验的显著性水平 α 不一定相同，但一般应取较小的数值，如 0.1，0.05，0.01 等.

3. 假设检验的两类错误

我们知道，要检验假设 H_0 是否正确，是根据一次试验得到的样本做出的判断，因此无论拒绝 H_0 还是接受 H_0，都要承担风险.

当 H_0 为真时，因为一次抽样，仍可能作出拒绝 H_0 的决策（这种可能性是无法消除的），这就犯了所谓的"弃真"错误（又称第一类错误），犯这种错误的概率记作 α，即

$$P\{\text{拒绝 } H_0 \,|\, H_0 \text{ 为真}\} = \alpha$$

我们自然希望把 α 取得比较小，把它控制在一定限度以内，例如，取 $\alpha = 0.05$ 或 0.01 等，使得犯这种错误的概率很小.

同样，当 H_0 为假的，因为一次抽样而接受 H_0，这就犯了所谓的"存伪"错误（或称**第二类错误**），犯这种错误的概率记作 β，即

$$P\{\text{接受 } H_0 \,|\, H_0 \text{ 为伪}\} = \beta$$

我们当然也希望 β 较小. 但实际上，在一定的样本容量条件下，要同时减少 α 和 β 是不可能的，减少其中一个，另一个往往就会增大. 当 H_1 为真时，则可能把本来有显著差异的样本点，由于它没有落入拒绝域，而当成没有显著差异的样本点而接受了. 在实际问题中，通常总是预先固定 α，通过增加样本容量 n 来减小 β.

4. 假设检验问题的一般提法

假设检验中需要检验的内容即为原假设，用 H_0 表示. 否定原假设即为备择假设，用 H_1 表示，记为：$H_0 : \mu = \mu_0$，$H_1 : \mu \neq \mu_0$.

例如，引例 1，某厂生产合金钢，其抗拉强度 X（单位：千克/毫米^2）可以认为服从正态分布 $N(\mu, \sigma^2)$，据厂方说，抗拉强度的平均值 $\mu = 48$，现抽查 5 件样品，测得抗拉强度为

$$46.8 \quad 45.0 \quad 48.3 \quad 45.1 \quad 44.7$$

试问厂方的说法是否可信?

本例的假设检验问题可以简记为：

$$H_0 : \mu = \mu_0 \qquad H_1 : \mu \neq \mu_0 \qquad (\mu_0 = 48) \tag{6-1-1}$$

　　形如式(6-1-1)的备择假设 H_1，表示 μ 可能大于 μ_0，也可能小于 μ_0，称为**双侧备择假设**. 此种类型的假设检验称为**双侧假设检验**.

　　在实际问题中，有时还需要检验下列形式的假设：

$$H_0:\mu\leqslant\mu_0,\ H_1:\mu>\mu_0 \tag{6-1-2}$$

$$H_0:\mu\geqslant\mu_0,\ H_1:\mu<\mu_0 \tag{6-1-3}$$

　　形如式(6-1-2)的假设检验称为右侧检验.

　　形如式(6-1-3)的假设检验称为左侧检验.

　　右侧检验与左侧检验统称为单侧检验.

　　为检验提出的假设，通常需构造检验统计量，并取总体的一组样本值，根据该样本提供的信息来判断假设是否成立. 当检验统计量取某个区域中的值时，我们接受原假设 H_0，则称该区域为**接受域**，当检验统计量取某个区域 W 中的值时，我们拒绝原假设 H_0，则称该区域为**拒绝域**，其边界点称为临界点.

　　【例 6-1-1】 某厂生产的一种绝缘子，它的抗弯性服从正态分布，其均值为 740 千克，标准差 $\sigma=180$ 千克，今采用新工艺生产此绝缘子，实测 10 个，得样本均值 $\overline{X}=869$ 千克，问新绝缘子的均值 μ 与原绝缘子的均值 $\mu_0=740$ 千克是否相同？

　　[分析]：由题可知，我们可以提出 $H_0:\mu=\mu_0$，而 $\overline{X}$ 是 μ 的一个估计值，所以就可以根据 $\overline{X}$ 与 μ 的差异程度来判断. 但是，有时即使新机器是正常工作的，由于各种随机原因，$\overline{X}$ 也未必刚好等于 μ_0，它会在 μ_0 附近来回摆动，可以用 $|\overline{X}-\mu_0|\leqslant\lambda$ 表示，这时我们就可以接受 H_0，认为机器是正常工作的；当 $|\overline{X}-\mu_0|>\lambda$ 时，则拒绝 H_0 接受 H_1，认为机器不正常工作.

　　现在来根据可靠程度 α 的要求来确定 λ. 由参数的区间估计可知，μ 落在区间 $\left[\overline{X}-\dfrac{\sigma}{\sqrt{n}}\mu_{\frac{\alpha}{2}},\ \overline{X}+\dfrac{\sigma}{\sqrt{n}}\mu_{\frac{\alpha}{2}}\right]$ 的概率为 $1-\alpha$，如果原假设 $H_0:\mu=\mu_0$ 成立，则 μ_0 落在此区间的概率也为 $1-\alpha$. 令 $\dfrac{\sigma}{\sqrt{n}}\mu_{\frac{\alpha}{2}}=\lambda$，于是出现 $|\overline{X}-\mu_0|>\lambda$ 的概率为 α，当 α 很小时，$|\overline{X}-\mu_0|>\lambda$ 是一个小概率事件. 根据"小概率事件在一次实验中几乎不可能发生"的原理，如果实际上已经发生了，这说明原假设 H_0 是不正确的，应拒绝原假设 H_0，接受备择假设 H_1. 这就是假设检验的基本原理.

　　解： 采用新工艺生产此绝缘子后，实得样本均值 $\overline{X}=869$ 比原来 $\mu_0=740$ 大些，其差为 $\overline{X}-\mu_0=129$，这个差异是新工艺造成的，还是纯粹由于随机因素引起的，可以用假设检验对此作出判断.

　　于是，设原假设 $H_0:\mu=\mu_0$ 成立，由于标准差 $\sigma=180$ 已知，所以选取统计量

$$U=\frac{\overline{X}-\mu_0}{\sigma/\sqrt{n}}\sim N(0,1)，$$

对于给定的 $\alpha=0.05$，由于 $P\{|U|<\lambda\}=0.95$，查表得 $\lambda=\mu_{0.025}=1.96$，

　　由已知，得

$$|U|=\frac{869-740}{180/\sqrt{10}}=2.266，$$

于是

$$|U| > \lambda = 1.96$$

故应该拒绝原假设 H_0.

三、假设检验的一般步骤

上面叙述的检验法具有普遍意义，可用在各种各样的假设检验问题上，由此我们归结出假设检验的一般步骤.

第一步　根据题意合理地建立原假设 H_0 和备择假设 H_1.

若原假设为 $H_0: \mu = \mu_0$，则备择假设 H_1 根据实际情况可以有下面三种：
$$H_1: ① \mu \neq \mu_0, \quad ② \mu < \mu_0, \quad ③ \mu > \mu_0$$
在一般情况下 H_1 常选择①，这时称为双侧检验；若选择②或③称为单侧检验. 如所考虑总体的均值越大越好时，H_1 可选择③.

第二步　选择适当的检验统计量 U，要求在 H_0 为真时，统计量的分布是确定和已知的.

第三步　规定显著性水平 α，并由 H_0 和 H_1 确定一个合理的拒绝域（含有待定常数）.

第四步　由样本观测值，计算出统计量 U 的值.

第五步　作出判断：若统计量的值 U 落在拒绝域内，则拒绝 H_0，否则接受 H_0.

【例 6-1-2】 设某产品的某项质量指标服从正态分布，已知它的标准差 $\sigma = 150$，现从一批产品中随机地抽取 26 个，测得该项指标的平均值为 1637. 问能否认为这批产品的该项指标值为 1600（$\alpha = 0.05$)?

解：（1）提出原假设：$H_0: \mu = 1600, \ H_1: \mu \neq 1600$

（2）选取统计量 $U = \dfrac{\overline{X} - \mu_0}{\sigma / \sqrt{n}}$

（3）对于给定的显著性水平 $\alpha = 0.05$，查标准正态分布表
$$u_{\frac{\alpha}{2}} = u_{0.025} = 1.96$$

（4）计算统计量观察值
$$u = \frac{\overline{x} - \mu_0}{\sigma / \sqrt{n}} = \frac{1637 - 1600}{150 / \sqrt{26}} \approx 1.258$$

（5）结论
$$|u| = 1.258 < u_{\frac{\alpha}{2}} = 1.96，接受原假设 H_0.$$

即不能否定这批产品该项指标为 1600.

 习题 6-1

1. 如何理解假设检验所做出的"拒绝原假设 H_0."和"接受原假设 H_0."的判断？

2. 犯第一类错误的概率 α 和犯第二类错误的概率 β 之间的关系.

3. 在假设检验中，如何理解指定的显著性水平？

4. 在假设检验中，如何确定原假设 H_0 和备择假设 H_1？

5. 假设检验的基本步骤有哪些？

6. 假设检验与区间估计有何区别？

7. 已知某炼铁厂铁水含碳量服从正态分布 $N(4.55, 0.108^2)$，现在测定了 9 炉铁水，其平均含碳量为 4.484，如果方差没有变化，可否认为现在生产之铁水平均含碳量仍为 4.55（$\alpha = 0.05$)?

8. 有一批枪弹，出厂时测得枪弹射出枪口的初速度 V 服从 $N(950, \sigma^2)$（单位：米/秒）.

在储存较长时间后取出 9 发进行测试,得样本值:914,920,910,934,953,945,912,924,940.假设储存后的枪弹射出枪口的初速度 V 仍服从正态分布,可否认为储存后的枪弹射出枪口的初速度 V 已经显著降低(取 $\alpha = 0.05$)?

9. 从某锌矿的东、西两支矿脉中,各抽取容量分别为 9 与 8 的样本进行测试,且测得含锌量的样本均值与样本方差如下,东支:$\bar{x} = 0.230$,$S_n^2 = 0.1337$;西支:$\bar{y} = 0.269$,$S_m^2 = 0.1736$.假定东、西两支矿脉的含锌量都服从正态分布,那么东、西两支矿脉的含锌量有无显著差异(取 $\alpha = 0.05$)?

10. 某批导线的电阻 $R \sim N(\mu, 0.005^2)$(单位:Ω),从中随机地抽取 9 根,测得其样本标准差 $s = 0.008\Omega$.可否认为这批导线电阻的标准差仍为 0.005Ω(取 $\alpha = 0.05$)?

11. 测得两批电子元件样品的电阻(Ω):

Ⅰ批	0.140	0.138	0.143	0.142	0.144	0.137
Ⅱ批	0.135	0.140	0.142	0.136	0.138	0.140

设这两批元件的电阻总体分别服从 $N(\mu_1, \sigma_1^2)$,$N(\mu_2, \sigma_2^2)$,且两样本相互独立. 试问这两批电子元件电阻的方差是否一样?($\alpha = 0.05$)

第二节　一个正态总体的假设检验

设总体 $X \sim N(\mu, \sigma^2)$,$X_1, X_2, \cdots, X_n$ 是总体 X 的容量为 n 的样本,记 $\overline{X}$ 与 S^2 分别为样本均值与样本方差,我们考虑对于均值 μ 与方差 σ^2 的参数假设检验.

一、总体均值 μ 的检验

在检验关于总体均值 μ 的假设时,该总体中的另一个参数(即方差 σ^2)是否已知,会影响到对于检验统计量的选择,所以,下面分两种情况进行讨论.

1. 总体方差 σ^2 已知时,均值 μ 的假设检验(U 检验法)

设总体 $X \sim N(\mu, \sigma^2)$,其中总体方差 σ^2 已知,$X_1, X_2, \cdots, X_n$ 是取自总体 X 的一个样本,$\overline{X}$ 为样本均值.

由前面的讨论知

$$\overline{X} \sim N\left(\mu, \frac{\sigma^2}{n}\right) ,$$

将它标准化,有

$$U = \frac{\overline{X} - \mu_0}{\sigma / \sqrt{n}} \sim N(0,1)$$

给定显著性水平 α,我们可利用统计量 $U = \dfrac{\overline{X} - \mu_0}{\sigma / \sqrt{n}}$ 来检验正态分布总体当 σ^2 已知、μ 未知时的均值 μ,这种方法叫做 U 检验法.

U 检验法的步骤如下.

(1)双侧检验

第一步　提出假设 $H_0: \mu = \mu_0$,　$H_1: \mu \neq \mu_0$,其中 μ_0 为已知常数.

第二步　在 H_0 成立的条件下(即 $\mu = \mu_0$),选用 U 统计量.

$$U = \frac{\overline{X} - \mu_0}{\sigma / \sqrt{n}} \sim N(0,1)$$

第三步　确定 H_0 的拒绝域. 具体办法是:给定显著性水平 α($0 < \alpha < 1$),令 $P\{|U| >$

$\mu_{\frac{a}{2}}\}=\alpha$. 查正态分布表得 $\mu_{\frac{a}{2}}$，使得 $\Phi(\mu_{\frac{a}{2}})=1-\dfrac{\alpha}{2}$，

由 $$|u|=|\frac{\bar{x}-\mu_0}{\sigma/\sqrt{n}}|>u_{\frac{a}{2}} \tag{6-2-1}$$

得拒绝域为 $(-\infty,-\mu_{\frac{a}{2}})\bigcup(\mu_{\frac{a}{2}},+\infty)$，接受域为 $(-\mu_{\frac{a}{2}},+\mu_{\frac{a}{2}})$（见图 6-2-1）.

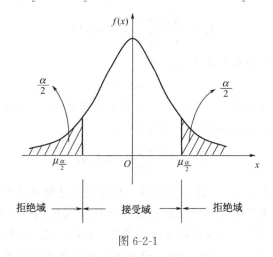

图 6-2-1

第四步　作判断. 根据样本值计算 U 的现实值，比较 $|U|$ 和 $\mu_{\frac{a}{2}}$，若 $|U|>\mu_{\frac{a}{2}}$，则拒绝 H_0；若 $|U|<\mu_{\frac{a}{2}}$，则接受 H_0.

（2）右侧检验

检验假设 $H_0:\mu\leqslant\mu_0$，　$H_1:\mu>\mu_0$，其中 μ_0 为已知常数，可得拒绝域为

$$u=\frac{\bar{x}-\mu_0}{\sigma/\sqrt{n}}>u_\alpha \quad （见图 6\text{-}2\text{-}2） \tag{6-2-2}$$

（3）左侧检验

检验假设 $H_0:\mu\geqslant\mu_0$，　$H_1:\mu<\mu_0$，其中 μ_0 为已知常数，可得拒绝域为

$$u=\frac{\bar{x}-\mu_0}{\sigma/\sqrt{n}}<-u_\alpha \quad （见图 6\text{-}2\text{-}3） \tag{6-2-3}$$

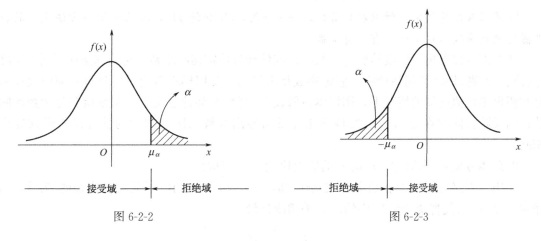

图 6-2-2　　　　　　　　　　　　　　　　　　图 6-2-3

【例 6-2-1】　我国出口的某种鱼罐头，标准规格是每罐净重 250 克，根据以往经验，标

准差 $\sigma = 3$ （克），并且比较稳定. 某食品厂生产一批出口用的这种罐头，从中抽取 25 罐进行检验，其平均净重是 251 克，按规定显著性水平 $\alpha = 0.001$，问这批罐头是否合乎出口标准？（每罐净重 X 服从正态分布）

解： 假设 $H_0 : \mu = \mu_0 = 250$，$H_1 : \mu \neq 250$.

在 H_0 成立的条件下，选用统计量

$$U = \frac{\overline{X} - \mu_0}{\sigma / \sqrt{n}} \sim N(0,1)$$

由 $P\{|U| > \mu_{\frac{\alpha}{2}}\} = 0.001$ 查正态分布表，得

$$\mu_{\frac{\alpha}{2}} = 3.3$$

于是否定域为 $(-\infty, -3.3) \bigcup (3.3, +\infty)$；接受域为 $(-3.3, 3.3)$.

已知 $\overline{X} = 251$，$n = 25$，$\mu_0 = 250$，$\sigma = 3$，从而

$$U = \frac{251 - 250}{3 / \sqrt{25}} \approx 1.67$$

比较可知 $|U| = 1.67 < 3.3$，落入接受域，从而判定这批罐头可以认为合乎出口标准.

【例 6-2-2】 某工厂生产的固体燃料推进器的燃烧率服从正态分布 $X \sim N(\mu, \sigma^2)$，$\mu = 40$ 厘米/秒，$\sigma = 2$ 厘米/秒，现在用新方法生产了一批推进器. 从中随机取 $n = 25$ 只，测得燃烧率的样本均值为 $\overline{x} = 41.25$ 厘米/秒，设在新方法下总体均方差仍为 2 厘米/秒，问用新方法生产的推进器的燃烧率是否较以往生产的推进器的燃烧率有显著的提高？取显著性水平 $\alpha = 0.05$.

解： 假设 $H_0 : \mu \leqslant \mu_0 = 40$（即假设新方法没有提高燃烧率），

$$H_1 : \mu > \mu_0 \text{（即假设新方法提高了燃烧率）}.$$

这是右边检验问题，由式(6-2-2)可知其拒绝域为

$$U = \frac{\overline{X} - \mu_0}{\sigma / \sqrt{n}} > \mu_{0.05} = 1.645$$

而

$$U = \frac{41.25 - 40}{2 / \sqrt{25}} = 3.125 > 1.645$$

U 值落入拒绝域中，所以在显著性水平 $\alpha = 0.05$ 下拒绝 H_0，即认为用新方法生产的推进器的燃烧率较以往生产的有显著提高.

从上面可以看出：假设检验与参数的区间估计有着密切的联系，它们都是从不同的角度考虑同一问题. 即在区间估计中，假定参数是未知的，要用样本对它进行估计；而假设检验是在假设参数值已知的情况下，用样本对假设做检验. 在某种意义上，假设检验是参数区间估计的反映，同时在导出假设检验的统计量与导出参数的区间估计的估计函数形式完全相同.

2. 总体方差 σ^2 未知时，均值 μ 的假设检验（T 检验法）

使用 U 检验法时，总体方差 σ^2 必须已知，而在实际问题中，σ^2 常常是未知的. 为此，用样本方差 S^2 来代替统计量 U 中的 σ^2，采用统计量

$$T = \frac{\overline{X} - \mu_0}{S / \sqrt{n}}$$

设总体 $X \sim N(\mu, \sigma^2)$，其中 μ, σ 未知，设 $X_1, X_2, \cdots, X_n$ 是正态总体 X 的一个样本，此时，给定显著性水平 α，我们可利用统计量 $T = \dfrac{\overline{X} - \mu_0}{S/\sqrt{n}} \sim t(n-1)$ 来检验正态分布总体当 σ^2 未知、μ 未知时的均值 μ，上述利用 T 统计量得出的检验法称为 **T 检验法**.

T 检验法的步骤如下.

（1）双侧检验

第一步　提出假设 $H_0: \mu = \mu_0$，　$H_1: \mu \neq \mu_0$.

第二步　在 H_0 成立的条件下，选用 T 统计量.

$$T = \frac{\overline{X} - \mu_0}{S/\sqrt{n}} \sim t(n-1)$$

第三步　确定 H_0 的拒绝域. 给定显著性水平 α（$0 < \alpha < 1$），由 $P\{|T| > t_{\frac{\alpha}{2}}(n-1)\} = \alpha$，查 t 分布表得 $t_{\frac{\alpha}{2}}(n-1)$，由 $|T| = \left|\dfrac{\overline{X} - \mu_0}{s/\sqrt{n}}\right| > t_{\frac{\alpha}{2}}(n-1)$，得拒绝域为：

$(-\infty, -t_{\frac{\alpha}{2}}(n-1)) \bigcup (t_{\frac{\alpha}{2}}(n-1)), +\infty)$，接受域为 $(-t_{\frac{\alpha}{2}}(n-1), t_{\frac{\alpha}{2}}(n-1))$（见图 6-2-4）.

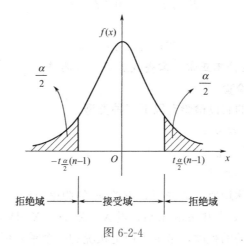

图 6-2-4

第四步　作判断. 根据样本值计算 T 的现实值，比较 $|T|$ 与 $t_{\frac{\alpha}{2}}(n-1)$ 的大小，当观测值 $|T| = \left|\dfrac{\overline{X} - \mu_0}{S/\sqrt{n}}\right| > t_{\frac{\alpha}{2}}(n-1)$ 时，拒绝 H_0；当观测值 $|T| = \left|\dfrac{\overline{X} - \mu_0}{S/\sqrt{n}}\right| < t_{\frac{\alpha}{2}}(n-1)$ 时，接受 H_0.

（2）$H_0: \mu = \mu_0$，$H_1: \mu > \mu_0$ 检验规则

当 $T = \dfrac{\overline{X} - \mu_0}{S/\sqrt{n}} \geqslant t_a(n-1)$ 时，拒绝 H_0

当 $T = \dfrac{\overline{X} - \mu_0}{S/\sqrt{n}} < t_a(n-1)$ 时，接受 H_0

（3）$H_0: \mu = \mu_0$，$H_1: \mu < \mu_0$ 检验规则

当 $T = \dfrac{\overline{X} - \mu_0}{S/\sqrt{n}} \leqslant -t_a(n-1)$ 时，拒绝 H_0

当 $T = \dfrac{\overline{X} - \mu_0}{S/\sqrt{n}} > -t_\alpha(n-1)$ 时，接受 H_0.

【例6-2-3】 某制药厂试制一种抗生素，根据别厂经验知道生产正常时主要指标 $X \sim N(23.0, \sigma^2)$，某日开工后抽测了 5 瓶，其主要指标的值为：

$$22.3 \quad 21.5 \quad 22.0 \quad 21.8 \quad 24.4$$

试问该日生产是否正常？（$\alpha = 0.01$）

解： 提出假设 $H_0: \mu = 23.0$，$H_1: \mu \neq 23.0$.

在 H_0 成立的条件下，选用统计量

$$T = \frac{\overline{X} - 23.0}{S/\sqrt{n}} \sim t(n-1)$$

自由度 $n-1=4$，由 $P(|T| > t_{\frac{\alpha}{2}}(n-1)) = 0.01$，查 t 分布表得

$$t_{\frac{\alpha}{2}}(n-1) = 4.604$$

则拒绝域为 $(-\infty, -4.604) \bigcup (4.604, +\infty)$；接受域为 $(-4.604, 4.604)$.

由已知数据得 $\overline{X} \approx 21.8$，$S \approx 0.37$，于是

$$T = \frac{\overline{X} - 23.0}{S/\sqrt{n}} = \frac{21.8 - 23.0}{0.37/\sqrt{5}} \approx 7.3$$

比较可知

$$|T| = 7.3 > 4.604$$

故拒绝 H_0，即说明该日生产不正常，需查找原因做出调整.

二、总体方差 σ^2 的检验

常见的正态总体方差的假设检验有以下三种类型：

① $H_0: \sigma^2 = \sigma_0^2$，$H_1: \sigma^2 \neq \sigma_0^2$；

② $H_0: \sigma^2 = \sigma_0^2$，$H_1: \sigma^2 > \sigma_0^2$；

③ $H_0: \sigma^2 = \sigma_0^2$，$H_1: \sigma^2 < \sigma_0^2$.

以下介绍单个正态总体均值 μ 未知时，方差 σ^2 的假设检验（χ^2 检验法）

设总体 $X \sim N(\mu, \sigma^2)$，其中 μ, σ 未知，设 $X_1, X_2, \cdots, X_n$ 是正态总体 X 的一个样本. 我们知道方差反映了生产波动的程度，是生产稳定状况的一个重要标志，在许多实际问题中要检验 $H_0: \sigma^2 = \sigma_0^2$，$H_1: \sigma^2 \neq \sigma_0^2$（$\sigma_0^2$ 为已知常数）是否成立. 解决这个问题可将 S^2 与 σ_0^2 进行比较，当 S^2/σ_0^2 的值很大或很小时，则表示 S^2 与 σ_0^2 相差很大，H_0 就不成立. 由此分析自然联想到对正态总体方差进行检验时，选用 χ^2 变量

$$\chi^2 = \frac{(n-1)S^2}{\sigma^2} \sim \chi^2(n-1)$$

这种方法叫做 **χ^2 检验法**.

(1) $H_0: \sigma^2 = \sigma_0^2$，$H_1: \sigma^2 \neq \sigma_0^2$ 检验规则.

第一步　提出假设 $H_0: \sigma^2 = \sigma_0^2$，$H_1: \sigma^2 \neq \sigma_0^2$.

第二步　在 H_0 成立的条件下，选用 χ^2 变量.

$$\chi^2 = \frac{(n-1)S^2}{\sigma_0^2} \sim \chi^2(n-1)$$

第三步 给定显著性水平 α，由 $P\{\chi^2 < \chi^2_{1-\frac{\alpha}{2}}(n-1)\} = \frac{\alpha}{2}$ 及 $P\{\chi^2 > \chi^2_{\frac{\alpha}{2}}(n-1)\} = \frac{\alpha}{2}$
查 χ^2 分布表得 $\chi^2_{1-\frac{\alpha}{2}}(n-1)$、$\chi^2_{\frac{\alpha}{2}}(n-1)$，于是拒绝域为

$$(-\infty, \chi^2_{1-\frac{\alpha}{2}}(n-1)) \bigcup (\chi^2_{\frac{\alpha}{2}}(n-1), +\infty),$$

接受域为

$$(\chi^2_{1-\frac{\alpha}{2}}(n-1), \chi^2_{\frac{\alpha}{2}}(n-1)) \quad （见图6-2-5）;$$

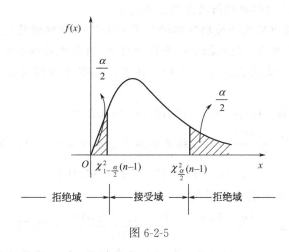

图 6-2-5

第四步 利用样本值计算 χ^2 的现实值，当 χ^2 的值落入拒绝域中时就拒绝 H_0；当 χ^2 的值落入接受域中时就接受 H_0.

(2) $H_0: \sigma^2 = \sigma_0^2, H_1: \sigma^2 > \sigma_0^2$ 检验规则

当 $\chi^2 \geqslant \chi^2_\alpha(n-1)$ 时，拒绝 H_0

当 $\chi^2 < \chi^2_\alpha(n-1)$ 时，接受 H_0

(3) $H_0: \sigma^2 = \sigma_0^2, H_1: \sigma^2 < \sigma_0^2$. 检验规则

当 $\chi^2 \leqslant \chi^2_{1-\alpha}(n-1)$ 时，拒绝 H_0

当 $\chi^2 > \chi^2_{1-\alpha}(n-1)$ 时，接受 H_0

【例6-2-4】 某厂生产的铜丝，质量一向比较稳定，今从中随机地抽出10根检查其折断力，测得数据（单位：千克）如下：

$$575 \quad 576 \quad 570 \quad 569 \quad 582 \quad 577 \quad 580 \quad 571 \quad 585 \quad 572$$

设铜丝的折断力服从正态分布 $N(\mu, \sigma^2)$，显著性水平为 $\alpha = 0.05$. 试问：是否可以相信该厂的铜丝的折断力的方差为64？

解： 提出假设 $H_0: \sigma^2 = 64, H_1: \sigma^2 \neq 64$.

在 H_0 成立的条件下，选用统计量

$$\chi^2 = \frac{(n-1)S^2}{64} \sim \chi^2(n-1)$$

由 $P(\chi^2 < \chi^2_{1-\frac{\alpha}{2}}(n-1)) = 0.025$ 知

$$P(\chi^2 > \chi^2_{1-\frac{\alpha}{2}}(n-1)) = 0.975 \text{ 及 } P(\chi^2 > \chi^2_{\frac{\alpha}{2}}(n-1)) = 0.025$$

自由度为 $n-1 = 9$，查 χ^2 分布表得

$$\chi^2_{1-\frac{\alpha}{2}}(n-1)=2.700，\chi^2_{\frac{\alpha}{2}}(n-1)=19.023$$

于是拒绝域为 $(-\infty,2.700)\bigcup(19.023,+\infty)$，接受域为 $(2.700,19.023)$.

由已知数据得 $\overline{X}=575.7,(n-1)S^2=\sum\limits_{i=1}^{10}(X_i-\overline{X})^2=260.1$，于是

$$\chi^2=\frac{(n-1)S^2}{64}=\frac{260.1}{64}\approx 4.06$$

比较可知 $$2.700<4.06<19.023$$

故可接受 H_0，即认为这批铜丝的折断力的方差为 64.

【例 6-2-5】 一家超市从生产玻璃器皿的厂家订购了一批玻璃花瓶，要求其折射率的标准差不能超过 0.01. 货到后，随机抽出一个容量为 20 的花瓶的样本进行检查，发现样本折射率的标准差为 0.015. 试问在 $\alpha=0.01$ 的条件下，该超市应该是接受还是拒绝这批玻璃花瓶？

解： 由题意建立假设：$H_0:\sigma^2=0.01^2,H_1:\sigma^2>0.01^2$

选取统计量 $\chi^2=\dfrac{(n-1)S^2}{\sigma^2}$，对于给定的显著性水平 $\alpha=0.01$，查 χ^2 分布表得

$$\chi^2_\alpha(n-1)=\chi^2_{0.01}(19)=36.191$$

由题意，$S=0.015$，计算统计量观察值

$$\chi^2=\frac{(n-1)S^2}{\sigma^2}=\frac{(20-1)\times 0.015^2}{0.01^2}=42.75$$

由于，$\chi^2=42.75>\chi^2_\alpha(n-1)=36.191$，所以拒绝原假设 H_0，而接受 H_1，即认为这批玻璃花瓶折射率的标准差显著地超过了标准，该超市应该拒绝接受这批花瓶.

表 6-2-1 列出了常用的单正态总体的几种假设检验所用的统计量及拒绝域.

表 6-2-1 正态总体均值、方差的检验法（显著性水平为 α）

原假设 H_0	备择假设 H_1	已知参数	检验统计量	统计量分布	拒绝域
$\mu=\mu_0$	$\mu\neq\mu_0$	σ^2	$U=\dfrac{\overline{X}-\mu_0}{\sigma/\sqrt{n}}$	$N(0,1)$	$|U|>\mu_{\frac{\alpha}{2}}$
$\mu\leqslant\mu_0$	$\mu>\mu_0$	σ^2	$U=\dfrac{\overline{X}-\mu_0}{\sigma/\sqrt{n}}$	$N(0,1)$	$U>\mu_\alpha$
$\mu\geqslant\mu_0$	$\mu<\mu_0$	σ^2	$U=\dfrac{\overline{X}-\mu_0}{\sigma/\sqrt{n}}$	$N(0,1)$	$U<-\mu_\alpha$
$\mu=\mu_0$	$\mu\neq\mu_0$	—	$T=\dfrac{\overline{X}-\mu_0}{S/\sqrt{n}}$	$t(n-1)$	$|T|>t_{\frac{\alpha}{2}}(n-1)$
$\mu\leqslant\mu_0$	$\mu>\mu_0$	—	$T=\dfrac{\overline{X}-\mu_0}{S/\sqrt{n}}$	$t(n-1)$	$T>t_\alpha(n-1)$
$\mu\geqslant\mu_0$	$\mu<\mu_0$	—	$T=\dfrac{\overline{X}-\mu_0}{S/\sqrt{n}}$	$t(n-1)$	$T<-t_\alpha(n-1)$
$\sigma^2=\sigma_0^2$	$\sigma^2\neq\sigma_0^2$	—	$\chi^2=\dfrac{(n-1)S^2}{\sigma^2}$	$\chi^2(n-1)$	$\{\chi^2<\chi^2_{1-\frac{\alpha}{2}}(n-1)\}$ $\bigcup\{\chi^2>\chi^2_{\frac{\alpha}{2}}(n-1)\}$
$\sigma^2\geqslant\sigma_0^2$	$\sigma^2<\sigma_0^2$	—	$\chi^2=\dfrac{(n-1)S^2}{\sigma^2}$	$\chi^2(n-1)$	$\chi^2<\chi^2_{1-\alpha}(n-1)$
$\sigma^2\leqslant\sigma_0^2$	$\sigma^2>\sigma_0^2$	—	$\chi^2=\dfrac{(n-1)S^2}{\sigma^2}$	$\chi^2(n-1)$	$\chi^2>\chi^2_\alpha(n-1)$

习题6-2

1. 根据长期经验和资料分析，某炼铁厂铁水含碳量服从正态分布 $N(4.48,\sigma^2)$，为了检验铁水的平均含碳量，共测定了 8 炉铁水，其含碳量分别为：

$$4.47 \quad 4.49 \quad 4.50 \quad 4.47 \quad 4.45 \quad 4.42 \quad 4.51 \quad 4.44$$

如果方差没有变化，试检验铁水平均含碳量与原来有无显著差异（$\alpha = 0.05$）.

2. 已知某炼铁厂铁水的含碳量服从正态分布 $N(4.55,0.108^2)$. 现测定了 9 炉铁水，其平均含碳量为 4.484，估计方差没有变化，可否认为现在生产的铁水的平均含碳量为 4.55？（$\alpha = 0.05$）

3. 已知某一试验，其温度服从正态分布 $N(\mu,\sigma^2)$，现测量了温度的 5 个值为：

$$1250 \quad 1265 \quad 1245 \quad 1260 \quad 1275$$

问是否可以认为 $\mu = 1277$？（$\alpha = 0.05$）

4. 某种商品以往平均每天销售约 200 件，为扩大销路，改进了商品包装，经 8 天统计，销售量（件）为：

$$202 \quad 205 \quad 198 \quad 204 \quad 197 \quad 210 \quad 224 \quad 218$$

已知商品销售量服从正态分布，试检验改进包装对扩大销售是否有效？

5. 一批保险丝，从中任取 25 根，测得其熔化时间为（单位：小时）

$$42 \quad 65 \quad 75 \quad 78 \quad 87 \quad 42 \quad 45 \quad 68 \quad 72 \quad 90 \quad 19 \quad 24 \quad 80$$
$$81 \quad 81 \quad 36 \quad 54 \quad 69 \quad 77 \quad 84 \quad 42 \quad 51 \quad 57 \quad 59 \quad 78$$

若熔化时间服从正态分布，方差 $\sigma^2 = 200$，试检验该批保险丝的方差与原来的方差的差异是否显著？（$\alpha = 0.05$）

6. 用切割机切割金属棒，规定每段长度为 10.5 厘米，标准差是 0.15 厘米，今从一批产品中随机地抽取 15 段进行测量，其结果如下（单位：厘米）

$$10.4 \quad 10.6 \quad 10.1 \quad 10.4 \quad 10.5 \quad 10.3 \quad 10.2 \quad 10.3$$
$$10.9 \quad 10.6 \quad 10.8 \quad 10.5 \quad 10.7 \quad 10.2 \quad 10.7$$

试问该机工作是否正常？

7. 某种元件，要求其使用寿命不得低于 1000 小时，现在从一批这种元件中随机抽取 25 件，测得其平均寿命为 950 小时，已知这种元件的寿命服从标准差 $\sigma = 100$ 小时的正态分布，试在显著性水平 $\alpha = 0.05$ 下确定这批元件是否合格？

8. 某种零件尺寸服从正态分布，抽样检查 6 件，得尺寸数据（单位：毫米）为

$$31.56 \quad 29.66 \quad 31.64 \quad 30.00 \quad 31.87 \quad 31.03$$

在显著性水平 $\alpha = 0.05$ 时，能否认为这批零件的长度尺寸是 32.50 毫米？

9. 某糖厂用自动打包机打包，每包标准重量 100 千克，每天开工后，需要检验一次打包机工作是否正常，即检测打包机是否存在系统误差. 某日开工后测得 9 包糖的重量（单位：千克）分别为

$$99.3 \quad 98.7 \quad 100.5 \quad 101.2 \quad 98.3 \quad 99.7 \quad 101.2 \quad 100.5 \quad 99.5$$

问该日打包机工作是否正常？

10. 正常人的脉搏平均为 72 次/分，现某医生测得 10 例慢性四乙基铅中毒患者的脉搏（次/分）如下

$$54 \quad 67 \quad 68 \quad 78 \quad 70 \quad 66 \quad 67 \quad 70 \quad 65 \quad 69$$

问四乙基铅中毒患者和正常人的脉搏有无显著性差异？（四乙基铅中毒患者的脉搏服从正态分布）（$\alpha = 0.01$）.

11. 用热敏电阻测温仪间接测量地热勘探井底温度，重复测量 6 次，测得温度（℃）如下

$$112.0 \quad 113.4 \quad 111.2 \quad 114.5 \quad 112.9 \quad 113.6$$

而某一精确办法测得温度为 112.6（可看作温度真值），试问用热敏电阻测温仪间接测温有无系统偏差（$\alpha = 0.05$）？

第三节　两个正态总体的假设检验

在上节中我们讨论了单正态总体的参数假设检验，基于同样的思想，本节将考虑双正态总体的参数假设检验. 与单正态总体的参数假设检验不同的是，这里所关心的不是逐一对每个参数的值作假设检验，而是着重考虑两个总体之间的差异，即两个总体的均值或方差是否相等.

一、两个正态总体均值的假设检验

1. 两个正态总体的方差 σ_1^2, σ_2^2 已知

设 $X \sim N(\mu_1, \sigma_1^2)$，$Y \sim N(\mu_2, \sigma_2^2)$，$X_1, X_2, \cdots, X_n$ 为取自总体 $N(\mu_1, \sigma_1^2)$ 的一个样本，$Y_1, Y_2, \cdots, Y_n$ 为取自总体 $N(\mu_2, \sigma_2^2)$ 的一个样本，并且两个样本相互独立，记 $\overline{X}$ 与 S_1^2 分别为样本 $X_1, X_2, \cdots, X_n$ 的均值和方差，$\overline{Y}$ 与 S_2^2 分别为样本 $Y_1, Y_2, \cdots, Y_n$ 的均值和方差.

构造检验统计量 $U = \dfrac{\overline{X} - \overline{Y}}{\sqrt{\dfrac{1}{n_1}\sigma_1^2 + \dfrac{1}{n_2}\sigma_2^2}}$ ，当 $\mu_1 = \mu_2$ 时，$U \sim N(0,1)$ ，对于给定的显著性水平 α，有：

(1) $H_0 : \mu_1 = \mu_2$；$H_1 : \mu_1 \neq \mu_2$ 检验规则

当 $|U| \geqslant u_{\frac{\alpha}{2}}$ 时，拒绝 H_0.

当 $|U| < u_{\frac{\alpha}{2}}$ 时，接受 H_0.

(2) $H_0 : \mu_1 = \mu_2$；$H_1 : \mu_1 > \mu_2$ 检验规则

当 $U \geqslant u_\alpha$ 时，拒绝 H_0.

当 $|U| < u_\alpha$ 时，接受 H_0.

(3) $H_0 : \mu_1 = \mu_2$；$H_1 : \mu_1 < \mu_2$ 检验规则

当 $U < -u_\alpha$ 时，拒绝 H_0.

当 $|U| \geqslant -u_\alpha$ 时，接受 H_0.

【例 6-3-1】 已知某运输公司等待甲、乙船运公司货物的时间均服从正态分布，其标准差分别为 4.6 天和 4.9 天. 现作随机抽样，得到了 35 个等待甲船运公司的时间，其平均时间为 14.8 天，得到 47 个乙船运公司货物的时间，其平均时间为 17.8 天. 试问：等待甲、乙船运公司货物的时间有无显著差异？（$\alpha = 0.05$）

解： 设等待甲公司货物的时间均值为 μ_1，等待乙公司货物的时间均值为 μ_2.

由题意建立假设 $H_0 : \mu_1 = \mu_2$；$H_1 : \mu_1 \neq \mu_2$

由于两个总体都服从正态分布，选取统计量 $U = \dfrac{\overline{X} - \overline{Y}}{\sqrt{\sigma_1^2/n_1 + \sigma_2^2/n_2}}$ ，对于给定的显著性水平 $\alpha = 0.05$，查正态分布表得 $u_{\frac{\alpha}{2}} = u_{0.025} = 1.96$.

已知 $\overline{X} = 14.8$，$\overline{Y} = 17.4$，$\sigma_1^2 = 4.6^2$，$\sigma_2^2 = 4.9^2$，$n_1 = 35$，$n_2 = 47$，得

统计量观察值 $u = \dfrac{14.8 - 17.4}{\sqrt{4.6^2/35 + 4.9^2/47}} = -2.46$

由于 $|u| = 2.46 > u_{\frac{\alpha}{2}} = 1.96$，所以拒绝原假设，而接受 H_1，即认为等待甲、乙船运公司货物的时间有显著差异.

2.两个正态总体方差未知，但相等

由于两个正态总体的方差未知但相等，因此构造检验统计量，

$$T=\frac{\overline{X}-\overline{Y}}{\sqrt{\dfrac{(n_1-1)S_1^2+(n_2-1)S_2^2}{n_1+n_2-2}}\sqrt{\dfrac{1}{n_1}+\dfrac{1}{n_2}}}$$

当 $\mu_1=\mu_2$ 时，$T\sim t(n_1+n_2-2)$，则对于给定的显著性水平 α，有：

(1) $H_0:\mu_1=\mu_2$；$H_1:\mu_1\neq\mu_2$ 检验规则

当 $|T|\geqslant t_{\frac{\alpha}{2}}(n_1+n_2-2)$ 时，拒绝 H_0.

当 $|T|< t_{\frac{\alpha}{2}}(n_1+n_2-2)$ 时，接受 H_0.

(2) $H_0:\mu_1=\mu_2$；$H_1:\mu_1>\mu_2$ 检验规则

当 $|T|\geqslant t_{\alpha}(n_1+n_2-2)$ 时，拒绝 H_0.

当 $|T|< t_{\alpha}(n_1+n_2-2)$ 时，接受 H_0.

(3) $H_0:\mu_1=\mu_2$；$H_1:\mu_1\neq\mu_2$ 检验规则

当 $|T|\leqslant -t_{\alpha}(n_1+n_2-2)$ 时，拒绝 H_0.

当 $|T|>-t_{\alpha}(n_1+n_2-2)$ 时，接受 H_0.

【例 6-3-2】 某企业经理认为女性员工每年病假天数多于男性员工，为此作了一个调查.从男女员工中随机抽取了 10 名，得到病假天数分别为

女性：37　19　21　35　16　4　0　12　63　25

男性：24　42　18　15　0　9　10　20　22　13

已知男女员工的病假天数均服从正态分布，且方差相等，试问：女性员工的病假天数是否多于男性员工？（$\alpha=0.05$）

解： 设女性员工的年病假天数的均值为 μ_1，男性员工的年病假天数的均值为 μ_2；由题意建立假设 $H_0:\mu_1=\mu_2$；$H_1:\mu_1>\mu_2$

选取统计量 $T=\dfrac{\overline{X}-\overline{Y}}{\sqrt{\dfrac{(n_1-1)S_1^2+(n_2-1)S_2^2}{n_1+n_2-2}}\sqrt{\dfrac{1}{n_1}+\dfrac{1}{n_2}}}\sim t(n_1+n_2-2)$，对于给定的

显著性水平 $\alpha=0.05$，查 t 分布表得 $t_{\alpha}(18)=t_{0.05}(18)=1.7341$

由题意可计算得 $\overline{X}=23.2$，$S_1=18.3$，$\overline{Y}=17.3$，$S_2=11.2$，统计量观察值为 $t=0.8696$，由于 $t=0.8696< t_{\alpha}(18)=1.7341$，所以接受 H_0，即不能认为女性员工的年病假天数多于男性员工.

二、两个正态总体方差的假设检验

设 $X\sim N(\mu_1,\sigma_1^2)$，$Y\sim N(\mu_2,\sigma_2^2)$，$X_1,X_2,\cdots,X_n$ 为取自总体 $N(\mu_1,\sigma_1^2)$ 的一个样本，$Y_1,Y_2,\cdots,Y_n$ 为取自总体 $N(\mu_2,\sigma_2^2)$ 的一个样本，并且两个样本相互独立，记 $\overline{X}$ 与 S_1^2 分别为样本 $X_1,X_2,\cdots,X_n$ 的均值和方差，$\overline{Y}$ 与 S_2^2 分别为样本 $Y_1,Y_2,\cdots,Y_n$ 的均值和方差.

对于两个正态总体方差的检验，常见的有以下三种类型：

① $H_0:\sigma_1^2=\sigma_2^2$，$H_1:\sigma_1^2\neq\sigma_2^2$；

② $H_0:\sigma_1^2=\sigma_2^2$，$H_1:\sigma_1^2>\sigma_2^2$；

③ $H_0 : \sigma_1^2 = \sigma_2^2$, $H_1 : \sigma_1^2 < \sigma_2^2$.

通常称为两个正态总体方差比的检验.

构造统计量 $F = \dfrac{S_1^2 / \sigma_1^2}{S_2^2 / \sigma_2^2}$，当 H_0 为真时，即 $\sigma_1^2 = \sigma_2^2$ 时，$F = \dfrac{S_1^2}{S_2^2}$ 服从自由度分别为 $n_1 - 1$

和 $n_2 - 1$ 的 F 分布. 于是对于给定的显著性水平 α 有：

① $H_0 : \sigma_1^2 = \sigma_2^2$, $H_1 : \sigma_1^2 \neq \sigma_2^2$ 的检验规则

当 $F \geqslant F_{\frac{\alpha}{2}}(n_1 - 1, n_2 - 1)$ 或 $F \leqslant F_{1-\frac{\alpha}{2}}(n_1 - 1, n_2 - 1)$ 时，拒绝 H_0.

当 $F_{\frac{\alpha}{2}}(n_1 - 1, n_2 - 1) < F < F_{1-\frac{\alpha}{2}}(n_1 - 1, n_2 - 1)$ 时，接受 H_0.

② $H_0 : \sigma_1^2 = \sigma_2^2$, $H_1 : \sigma_1^2 > \sigma_2^2$ 的检验规则

当 $F \geqslant F_{\alpha}(n_1 - 1, n_2 - 1)$ 时，拒绝 H_0.

当 $F < F_{\alpha}(n_1 - 1, n_2 - 1)$ 时，接受 H_0.

③ $H_0 : \sigma_1^2 = \sigma_2^2$, $H_1 : \sigma_1^2 < \sigma_2^2$ 的检验规则

当 $F \leqslant F_{1-\alpha}(n_1 - 1, n_2 - 1)$ 时，拒绝 H_0.

当 $F > F_{1-\alpha}(n_1 - 1, n_2 - 1)$ 时，接受 H_0.

【例 6-3-3】 在例 6-3-2 中，我们假定男女员工年病假的天数服从正态分布，且方差相等. 但从样本测得的数据，计算得 $S_1^2 = 18.3^2$，$S_2^2 = 11.2^2$，即两个样本方差存在着一定的差异，因而需要检验这两个总体的方差是否真的相等.（$\alpha = 0.05$）

解： 由题意建立假设 $H_0 : \sigma_1^2 = \sigma_2^2$，$H_1 : \sigma_1^2 \neq \sigma_2^2$

取统计量 $F = \dfrac{S_1^2}{S_2^2}$，当 H_0 为真，即当 $\sigma_1^2 = \sigma_2^2$ 时，$F \sim F(n_1 - 1, n_2 - 1)$

对于给定的显著性水平 $\alpha = 0.05$，$n_1 = n_2 = 10$，查 F 分布表得：

$$F_{\frac{\alpha}{2}}(n_1 - 1, n_2 - 1) = F_{0.025}(9, 9) = 4.03$$

$$F_{1-\frac{\alpha}{2}}(n_1 - 1, n_2 - 1) = F_{0.975}(9, 9) = \frac{1}{F_{0.025}(9, 9)} = \frac{1}{4.03} = 0.248$$

计算统计量的观察值为：$F = \dfrac{18.3^2}{11.2^2} = 2.670$，

$$F_{1-\frac{\alpha}{2}}(9, 9) = 0.248 < F = 2.670 < F_{\frac{\alpha}{2}}(9, 9) = 4.03$$

所以接受原假设 H_0，即认为这两个总体的方差无显著差异.

【例 6-3-4】 比较甲、乙两种安眠药的疗效. 将 20 名患者分成两组，每组 10 人. 其中 10 人服用甲药后延长睡眠的时数分别为：

1.9　0.8　1.1　0.1　−0.1　4.4　5.5　1.6　4.6　3.4

另 10 人服用乙药后延长睡眠的时数分别为：

0.7　−1.6　−0.2　−1.2　−0.1　3.4　3.7　0.8　0.0　2.0

若服用两种安眠药后增加的睡眠时数服从方差相同的正态分布. 试问两种安眠药的疗效有无显著性差异？（$\alpha = 0.10$）

解： 由题意建立假设：$H_0 : \mu_1 = \mu_2$；　$H_1 : \mu_1 \neq \mu_2$

取统计量 $T=\dfrac{\overline{X}-\overline{Y}}{S_w\sqrt{1/10+1/10}}\sim t(18)$，对于给定的显著性水平 $\alpha=0.10$，查 t 分布表表得 $t\frac{\alpha}{2}=t_{0.05}(18)=1.7341$.

由已知得：$\bar{x}=2.33, S_1=2.002, \bar{y}=0.75, S_2=1.789, S_w=\sqrt{\dfrac{9S_1^2+9S_2^2}{18}}=1.898$

计算统计量的观察值为 $|t|=\dfrac{|\bar{x}-\bar{y}|}{S_w\sqrt{1/10+1/10}}=1.86>1.7341$

所以拒绝 H_0，认为两种安眠药的疗效有显著性差异.

表 6-3-1 列出了常用的双正态总体的几种假设检验所用的统计量及拒绝域.

表 6-3-1　双正态总体均值、方差的检验法（显著性水平为 α）

检验参数	条件	H_0	H_1	H_0 的拒绝域	检验用的统计量	自由度	分位点
均值	σ_1^2,σ_2^2 已知	$\mu_1=\mu_2$	$\mu_1\neq\mu_2$	$\|U\|>u_{\frac{\alpha}{2}}$	$U=\dfrac{\overline{X}-\overline{Y}}{\sqrt{\dfrac{\sigma_1^2}{n_1}+\dfrac{\sigma_2^2}{n_2}}}$		$\pm u_{\frac{\alpha}{2}}$
		$\mu_1\leqslant\mu_2$	$\mu_1>\mu_2$	$U>u_\alpha$			u_α
		$\mu_1\geqslant\mu_2$	$\mu_1<\mu_2$	$U<-u_\alpha$			$-u_\alpha$
	$\sigma_1^2、\sigma_2^2$ 未知 $\sigma_1^2=\sigma_2^2$	$\mu_1=\mu_2$	$\mu_1\neq\mu_2$	$\|t\|>t_{\frac{\alpha}{2}}$	$t=\dfrac{\overline{X}-\overline{Y}}{S_w\sqrt{\dfrac{1}{n_1}+\dfrac{1}{n_2}}}$	n_1+n_2-2	$\pm t_{\frac{\alpha}{2}}$
		$\mu_1\leqslant\mu_2$	$\mu_1>\mu_2$	$t>t_\alpha$			t_α
		$\mu_1\geqslant\mu_2$	$\mu_1<\mu_2$	$t<-t_\alpha$			$-t_\alpha$
方差	$\mu_1、\mu_2$ 未知	$\sigma_1^2=\sigma_2^2$	$\sigma_1^2\neq\sigma_2^2$	$F>F_{\frac{\alpha}{2}}$ 或 $F<F_{1-\frac{\alpha}{2}}$	$F=\dfrac{S_1^2}{S_2^2}$	(n_1-1,n_2-1)	$F_{\frac{\alpha}{2}}$ 或 $F_{1-\frac{\alpha}{2}}$
		$\sigma_1^2\leqslant\sigma_2^2$	$\sigma_1^2>\sigma_2^2$	$F>F_\alpha$			F_α
		$\sigma_1^2\geqslant\sigma_2^2$	$\sigma_1^2<\sigma_2^2$	$F<F_{1-\alpha}$			$F<F_{1-\alpha}$
	$\mu_1、\mu_2$ 已知	$\sigma_1^2=\sigma_2^2$	$\sigma_1^2\neq\sigma_2^2$	$F>F_{\frac{\alpha}{2}}$ 或 $F<F_{1-\frac{\alpha}{2}}$	$F=\dfrac{\dfrac{1}{n_1}\sum\limits_{i=1}^{n_1}(X_i-\mu_1)^2}{\dfrac{1}{n_2}\sum\limits_{i=1}^{n_2}(X_i-\mu_2)^2}$	(n_1,n_2)	$F_{\frac{\alpha}{2}}$ 或 $F_{1-\frac{\alpha}{2}}$
		$\sigma_1^2\leqslant\sigma_2^2$	$\sigma_1^2>\sigma_2^2$	$F>F_\alpha\ F<F_{1-\alpha}$			F_α
		$\sigma_1^2\geqslant\sigma_2^2$	$\sigma_1^2<\sigma_2^2$				$F<F_{1-\alpha}$

习题6-3

1. 设甲、乙两厂生产同样的灯泡，其寿命 X,Y 分别服从正态分布 $N(\mu_1,\sigma_1^2)$，$N(\mu_2,\sigma_2^2)$，已知它们寿命的标准差分别为 84 小时和 96 小时，现从两厂生产的灯泡中各取 60 只，测得平均寿命甲厂为 1295 小时，乙厂为 1230 小时，能否认为两厂生产的灯泡寿命无显著差异？（$\alpha=0.05$）

2. 一药厂生产一种新的止痛片，厂方希望验证服用新药后至开始起作用的时间间隔较原有止痛片至少缩短一半，因此厂方提出需检验假设

$$H_0:\mu_1\geqslant 2\mu_2,\quad H_1:\mu_1<2\mu_2$$

此处 μ_1,μ_2 分别是服用原有止痛片和服用新止痛片后至起作用的时间间隔的总体的均值. 设两总体均为正态且方差分别为已知值 σ_1^2,σ_2^2，现分别在两总体中取一样求 $X_1,X_2,\cdots,X_{n1}$ 和 $Y_1,Y_2,\cdots,Y_{n2}$，设两个样本独立. 试给出上述假设 H_0 的拒绝域，取显著性水平为 α.

3. 某地某年高考后随机抽得 15 名男生、12 名女生的物理考试成绩如下：

男生：49　48　47　53　51　43　39　57　56　46　42　44　55　44　40

女生：46　40　47　51　43　36　43　38　48　54　48　34

从这 27 名学生的成绩能说明这个地区男女生的物理考试成绩不相上下吗？（显著性水平 $\alpha=0.05$）

4. 设有种植玉米的甲、乙两个农业试验区,各分为 10 个小区,各小区的面积相同,除甲区各小区增施磷肥外,其他试验条件均相同,两个试验区的玉米产量(单位:千克)如下(假设玉米产量服从正态分布,且有相同的方差):

   甲区: 65 60 62 57 58 63 60 57 60 58

   乙区: 59 56 56 58 57 57 55 60 57 55

   试统计推断,有否增施磷肥对玉米产量的影响?($\alpha = 0.05$)

5. 甲、乙两机床加工同一种零件,抽样测量其产品的数据(单位:毫米),经计算得

   甲机床: $n_1 = 80, \bar{x} = 33.75, S_1 = 0.1$;

   乙机床: $n_2 = 100, \bar{y} = 34.15, S_2 = 0.15$.

   问:在 $\alpha = 0.01$ 下,两机床加工的产品尺寸有无显著差异?

6. 两台机床加工同种零件,分别从两台车床加工的零件中抽取 6 个和 9 个测量其直径,并计算得:$S_1^2 = 0.345, S_2^2 = 0.375$. 假定零件直径服从正态分布,试比较两台车床加工精度有无显著差异?($\alpha = 0.10$)

7. 甲、乙两厂生产同一种电阻,现从甲乙两厂的产品中分别随机抽取 12 个和 10 个样品,测得它们的电阻值后,计算出样本方差分别为 $S_1^2 = 1.40, S_2^2 = 4.38$. 假设电阻值服从正态分布,在显著性水平 $\alpha = 0.10$ 下,我们是否可以认为两厂生产的电阻值的方差相等?

8. 为比较甲、乙两种安眠药的疗效,将 20 名患者分成两组,每组 10 人,如服药后延长的睡眠时间分别服从正态分布,其数据为(单位:小时):

   甲: 5.5 4.6 4.4 3.4 1.9 1.6 1.1 0.8 0.1 −0.1;

   乙: 3.7 3.4 2.0 2.0 0.8 0.7 0 −0.1 −0.2 −1.6.

   问:在显著性水平 $\alpha = 0.05$ 下两种药的疗效有无显著差别?

9. 设总体 $X \sim N(\mu_1, \sigma^2)$,总体 $Y \sim N(\mu_2, \sigma^2)$. 从两总体中分别取容量为 n 的样本(即两样本容量相等),两样本独立. 试设计一种较简易的检验法,作假设检验:

$$H_0: \mu_1 = \mu_2, \quad H_1: \mu_1 \neq \mu_2$$

10. 在平炉上进行一项试验以确定改变操作方法的建议是否会增加钢的得率,试验是在同一只炉上进行的. 每炼一炉钢时除操作方法外,其他条件都尽可能做到相同. 先用标准方法炼一炉,然后用建议的新方法炼一炉,以后交替进行,各炼了 10 炉,其得率分别为

    (1) 标准方法

    78.1 72.4 76.2 74.3 77.4 78.4 76.0 75.5 76.7 77.3

    (2) 新方法

    79.1 81.0 77.3 79.1 80.0 79.1 79.1 77.3 80.2 82.1

    设这两个样本相互独立,且分别来自正态总体 (μ_1, σ^2) 和 $N(\mu_2, \sigma^2)$,μ_1、μ_2、σ^2 均未知. 问建议的新操作方法能否提高得率?(取 $\alpha = 0.05$).

综合练习六

一、选择题

1. 在假设检验中,检验水平 α 的意义是 (   ).

   (A) 原假设 H_0 成立,经检验被拒绝的概率

   (B) 原假设 H_0 成立,经检验不能被拒绝的概率

   (C) 原假设 H_0 不成立,经检验被拒绝的概率

   (D) 原假设 H_0 不成立,经检验不能被拒绝的概率

2. 关于检验水平 α 的设定,下列叙述错误的是 (   ).

   (A) α 的选取本质上是个实际问题,而非数学问题

(B) 在检验实施之前，α 应是事先给定的，不可擅自改动

(C) α 即为检验结果犯第一类错误的最大概率

(D) 为了得到所希望的结论，可随时对 α 的值进行修正

3. 在假设检验中，设原假设为 H_0，则称（　　）为第一类错误.

(A) H_0 真，接受 H_0　　　　　　　　(B) H_0 不真，拒绝 H_0

(C) H_0 真，拒绝 H_0　　　　　　　　(D) H_0 不真，接受 H_0

4. 关于检验的拒绝域 W，置信水平 α，及所谓的"小概率事件"，下列叙述错误的是（　　）.

(A) α 的值即是对究竟多大概率才算"小"概率的量化描述

(B) 事件 $\{(X_1, X_2, \cdots, X_n) \in W \mid H_0 \text{ 为真}\}$ 即为一个小概率事件

(C) 设 W 是样本空间的某个子集，指事件 $\{(X_1, X_2, \cdots, X_n) \in W \mid H_0 \text{ 为真}\}$

(D) 确定恰当的 W 是任何检验的本质问题

5. 在假设检验中，用 α 和 β 分别表示犯第一类错误和第二类错误的概率，则当样本容量一定时，下列说法正确的是（　　）.

(A) α 减小 β 也减小　　　　　　　　(B) α 增大 β 也增大

(C) α 与 β 不能同时减小，减小其中一个，另一个往往就会增大

(D) A 和 B 同时成立

6. 在假设检验中，一旦检验法选择正确，计算无误（　　）.

(A) 不可能作出错误判断　　　　　　　(B) 增加样本容量就不会作出错误判断

(C) 仍有可能作出错误判断　　　　　　(D) 计算精确些就可避免错误判断

7. 在一个确定的假设检验问题中，与判断结果有关的因素有（　　）.

(A) 样本值及样本容量　　　　　　　　(B) 显著性水平 α

(C) 检验的统计量　　　　　　　　　　(D) A 和 B 同时成立

8. 对于总体分布的假设检验，一般都使用 χ^2 拟合优度检验法，这种检验法要求总体分布的类型为（　　）.

(A) 连续型分布　　　　　　　　　　　(B) 离散型分布

(C) 只能是正态分布　　　　　　　　　(D) 任何类型的分布

9. 机床厂某日从两台机器所加工的同一种零件中，分别抽取 $n = 20, m = 25$ 的两个样本，检验两台机器的台工精度是否相同，则提出假设（　　）.

(A) $H_0 : \mu_1 = \mu_2 ; H_1 : \mu_1 \neq \mu_2$　　　　(B) $H_0 : \sigma_1^2 = \sigma_2^2 ; H_1 : \sigma_1^2 \neq \sigma_2^2$;

(C) $H_0 : \mu_1 = \mu_2 ; H_1 : \mu_1 > \mu_2$　　　　(D) $H_0 : \sigma_1^2 = \sigma_2^2 ; H_1 : \sigma_1^2 > \sigma_2^2$;

10. 设 $X_1, X_2, \cdots, X_n$ 和 $Y_1, Y_2, \cdots, Y_m$ 分别来自正态总体 $X \sim N(\mu_X, \sigma_X^2)$ 和 $Y \sim N(\mu_Y, \sigma_Y^2)$，两总体相互独立. 样本均值 $\overline{X}$ 和 $\overline{Y}$，而 S_X^2 和 S_Y^2 相应为样本方差，则检验假设 $H_0 : \sigma_X^2 = \sigma_Y^2$（　　）.

(A) 要求 $\mu_X = \mu_Y$　　　　　　　　(B) 要求 $S_X^2 = S_Y^2$

(C) 使用 χ^2 — 检验　　　　　　　　(D) 使用 F — 检验

二、填空题

1. 设 $X_1, X_2, \cdots, X_n$ 是来自正态总体的样本，其中参数 μ、σ^2 未知，则检验假设 $H_0 : \mu = \mu_0$ 的 $\underline{t}$ 检验使用统计量 $t = \underline{\qquad}$.

2. 设 $X_1, X_2, \cdots, X_n$ 是来自正态总体的样本，其中参数 μ 未知，σ^2 已知. 要检验假设 $\mu = \mu_0$ 应用 $\underline{\qquad}$ 检验法，检验的统计量 $\underline{\qquad}$；当 H_0 成立时，该统计量服从 $\underline{\qquad}$.

3. 要使犯两类错误的概率同时减小，只有 $\underline{\qquad}$.

4. 设 $X_1, X_2, \cdots, X_n$ 和 $Y_1, Y_2, \cdots, Y_m$ 分别来自正态总体 $X \sim N(\mu_X, \sigma_X^2)$ 和 $Y \sim N(\mu_Y, \sigma_Y^2)$，两总体相互独立.

(1) 当 σ_X 和 σ_Y 已知时，检验假设 $H_0 : \mu_X = \mu_Y$ 所用的统计量为 $\underline{\qquad}$；当 H_0 成立时该统计量服从 $\underline{\qquad}$.

（2）若 σ_X 和 σ_Y 未知，但 $\sigma_X = \sigma_Y$，检验假设 $H_0:\mu_X = \mu_Y$ 所用的统计量为_____；当 H_0 成立时该统计量服从_____.

5. 设 $X_1, X_2, \cdots, X_n$ 是来自正态总体的样本，其中参数 μ 未知，要检验假设 $H_0:\sigma^2 = \sigma_0^2$，应用_____检验法，检验的统计量是_____；当 H_0 成立时，该统计量服从_____.

6. 设总体 $X \sim N(\mu,\sigma^2)$、μ,σ^2 都是未知参数，从 X 中抽取的容量为 $n = 50$ 的样本，已知样本均值 $\overline{X} = 1900$，样本标准差 $S = 490$（修正），检验假设 $H_0:\mu = 2000;H_1:\mu \neq 2000$ 的统计量为_____；在显著性水平 $\alpha = 0.01$ 下，检验结果是_____ H_0.

三、计算题

1. 根据以往资料分析，某种电子元件的使用寿命服从正态分布，$\sigma = 11.25$.
   现从周内生产的一批电子元件中随机抽取 9 只，测得其使用寿命为（单位：小时）：

   2315　2360　2340　2325　2350　2320　2335　2335　2325

   问这批电子元件的平均使用寿命可否认为是 2350 小时（$\alpha = 0.05$）

2. 设有甲、乙两台机床加工同样产品. 分别从甲、乙机床加工的产品中随机的抽取 8 件和 7 件，测得产品直径（单位：毫米）为

   甲：20.5　19.8　19.7　20.4　20.1　20.0　19.6　19.9
   乙：19.7　20.8　20.5　19.8　19.4　20.6　19.2

   已知两台机床加工产品的直径长度分别服从方差为 $\sigma_1^2 = 0.3^2$，$\sigma_2^2 = 1.2^2$ 的正态分布，问两台机床加工产品直径的长度有无显著差异？（$\alpha = 0.01$）

3. 某砖瓦厂有两个砖窑生产同一规格的砖块. 从两窑中分别取砖 7 块和 6 块测定其抗断强度（单位：10 帕）如下：

   甲：2.051　2.556　2.078　3.727　3.628　2.597　2.462
   乙：2.666　2.564　3.256　3.300　3.103　3.487

   设砖的抗断强度服从正态分布且 $\sigma^2 = 0.32$，两窑生产的砖抗折强度有无明显差异？（$\alpha = 0.05$）

4. 某种轴料的椭圆度服从正态分布. 现从一批该种轴料中抽取 15 件测量其椭圆度，计算得到样本标准差 $S = 0.035$. 试问这批轴料椭圆度的总体方差与规定方差 $\sigma_0^2 = 0.0004$ 有无显著差？（$\alpha = 0.05$）

5. 已知某种化学纤维的抗拉度服从正态分布，标准差 $\sigma_0 = 1.2$. 改工艺后提高了抗拉强度，要求标准差仍为 σ_0，现从改进工艺的产品中抽取 25 根纤维测其抗拉强度，计算得到的样本标准差为 $S = 1.28$. 问改进工艺后纤维的抗拉强度是否符合要求？（$\alpha = 0.05$）

6. 某种金属材料的抗压强度服从正态分布，为了提高产品质量，使用两种不同的配方. 从配方 A 中的产品中抽取 9 件，测得样本的标准差 $S_1 = 6.5$ 千克；从配方 B 中的产品中抽取 12 件，测得样本标准差 $S_2 = 12.5$ 千克. 问两种配方生产的产品抗压强度的标准差是否有显著差异？（$\alpha = 0.10$）

7. 已知某种电子器材的电阻服从正态分布. 从这两批电子器材中各抽取 6 个，测得样本方差分别为 $S_1^2 = 0.0000079$ 和 $S_2^2 = 0.0000071$. 问这两批器材的电阻方差是否相同？（$\alpha = 0.10$）

8. 已知某种矿砂的含镍量 X 服从正态分布. 现测定了 5 个样品，含镍量（%）测定值为：

   3.25　3.27　3.24　3.26　3.24

   问在显著水平（$\alpha = 0.01$）下能否认为这批矿砂的含镍量是 3.25%？

9. 在针织品的漂白工艺过程中，要考察温度对针织品断裂程度的影响. 根据经验可以认为在不同温度下断裂强度都服从正态分布，且方差相等. 现在 70℃ 和 80℃ 两种温度下断裂强度都服从正态分布，且方差相等. 现在 70℃ 和 80℃ 两种温度下各作 8 次实验，得到的强力数据（单位：千克）如下：

   70℃　20.5　18.8　19.8　20.9　21.5　19.5　21.0　21.2
   80℃　17.7　20.3　20.0　18.8　19.0　20.1　20.2　19.1

试问在不同温度下强力是否有显著差异?($\alpha = 0.05$)

10. 某种保险丝的熔断时间服从正态分布. 现从这种保险丝中抽取 10 根检测,其熔断时间（单位:毫秒）为

$$42 \quad 65 \quad 75 \quad 78 \quad 71 \quad 57 \quad 59 \quad 54 \quad 55 \quad 68$$

问可否认为这批保险丝熔断时间的方差大于 64?($\alpha = 0.05$)

11. 某纺织厂进行轻浆试验,根据长期正常生产的累积资料,知道该厂单台布机的经纱断头率（每小时平均断经根数）的数学期望为 9.73 根,均方差为 1.60 根. 现在把经纱上浆率降低 20%,抽取 200 台布机进行试验,结果平均每台布机的经纱断头率为 9.89 根,如果认为上浆率降低后均方差不变,问断头率是否受到显著影响?（显著水平 $\alpha = 0.05$）

12. 尼尔森的一项调查估计,每天每个家庭看电视时间的均值为 7.25 小时（New York Daily News, 1997）. 假定尼尔森的调查包括了 200 个家庭,其样本标准差为每天 2.5 小时. 据报道,10 年前每天每个家庭看电视时间的总体均值为 6.70 小时. 令 μ 代表 1997 年每个家庭看电视的时间的总体均值,检验 H_0: $\mu \leqslant 6.70$;H_1:$\mu > 6.70$. 取显著性水平 $\alpha = 0.01$,对收看电视时间多少的变化你能做出什么结论.

第七章 方差分析及回归分析

第一节 单因素试验的方差分析

一、单因素试验

在科学试验和生产实践中，影响事物的因素往往是很多的. 例如，在工业生产中，产品的质量往往受原材料、设备、技术及员工素质等因素的影响；又如，在工作中，影响个人收入的因素也是多方面的，除了学历、专业、工作时间、性别等方面外，还受到个人能力、经历及机遇等偶然因素的影响. 在众多因素中，有些因素对最终结果影响较大，有些对最终结果影响较小，因此在实践中，有必要找出对事件最终结果有显著影响的那些因素. 方差分析就是根据试验的结果进行分析，通过建立数学模型，鉴别各个因素影响效应的一种方法.

在试验中，我们将要考察的指标称为**试验指标**. 影响试验指标的条件称为**因素**. 因素可分为两类，一类是人们可以控制的（可控因素）；一类是人们不能控制的. 例如，反应温度、原料剂量、溶液浓度等是可以控制的，而测量误差、气象条件等一般是难以控制的. 以下我们所说的因素都是可控因素. 因素所处的状态称为水平. 如果在一项试验中只有一个因素在改变称为**单因素试验**，如果多余一个因素在改变称为**多因素试验**.

例如，设有三台机器，用来生产规格相同的铝合金薄板. 取样，测量薄板的厚度（精确至千分之一厘米），结果如表 7-1-1.

表 7-1-1 铝合金板厚度

机器 I	机器 II	机器 III
0.263	0.257	0.258
0.238	0.253	0.264
0.248	0.255	0.259
0.245	0.254	0.267
0.243	0.261	0.262

这里，试验指标是薄板的厚度. 机器为因素，不同的三台机器就是这个因素的三个不同的水平. 我们假定除机器这一因素外，材料的价格、操作人员的水平等其他条件都相同. 这是单因素试验. 试验目的是为了考察各台机器所生产的薄板厚度有无显著差异，及考察机器这一因素对厚度有无显著影响. 如果厚度有显著差异，就表明机器这一因素对厚度的影响是显著的.

再如，表 7-1-2 列出了随机选取的、用于计算器的四种类型的电路的响应时间（以毫秒计）.

这里，试验指标是电路的响应时间. 电路类型为因素，这一因素有 4 个水平. 这是一个

表 7-1-2　电路的响应时间

类型 I	类型 II	类型 III	类型 IV
19	20	16	18
22	21	17	22
20	33	15	19
18	27	18	
15	40	26	

单因素试验. 实验目的是为了考察各种类型的电路的响应时间有无明显差异，即考察电路类型这一因素对响应时间有无显著的影响.

本节限于讨论单因素试验. 我们就以第一个例子来讨论. 在此例中，我们在因素的每一个水平下进行独立试验，其结果是一个样本. 表中数据为来自三个不同总体（每个水平对应一个总体）的样本值. 将各个总体的均值依次记为 μ_1，μ_2，μ_3. 按题意需检验假设

$$H_0：\mu_1=\mu_2=\mu_3$$
$$H_1：\mu_1，\mu_2，\mu_3 \text{ 不全相等}.$$

现在假设各个总体均为正态变量，且各总体的方差相等，但参数均未知. 那么这是一个检验同方差的多个正态总体均值是否相等的问题. 下面所要讨论的方差分析法，就是解决这类问题的一种统计方法.

设因素 A 有 s 个水平 A_1，A_2，$\cdots$，A_s，在水平 A_j（$j=1$，2，$\cdots$，s）下，进行 n_j（$n_j \geqslant 2$）次独立试验，得到如表 7-1-3 的结果.

表 7-1-3　单因素水平试验

观察结果 ＼ 水平	A_1	A_2	$\cdots$	A_s
	X_{11}	X_{12}	$\cdots$	X_{1s}
	X_{21}	X_{22}	$\cdots$	X_{2s}
	$\vdots$	$\vdots$		$\vdots$
	$X_{n_1 1}$	$X_{n_2 2}$	$\cdots$	X_{sn_s}
样本总和	$T_{\cdot 1}$	$T_{\cdot 2}$	$\cdots$	$T_{\cdot s}$
样本均值	$\overline{X}_{\cdot 1}$	$\overline{X}_{\cdot 2}$	$\cdots$	$\overline{X}_{\cdot s}$
总体均值	μ_1	μ_2	$\cdots$	μ_s

假定：各个水平 A_j（$j=1$，2，$\cdots$，s）下的样本 X_{1j}，X_{2j}，$\cdots$，$X_{n_j j}$ 来自具有相同方差 σ^2、均值分别为 μ_j（$j=1$，2，$\cdots$，s）的正态总体 $N(\mu_j，\sigma^2)$，μ_j 与 σ^2 未知. 且设不同水平 A_j 下的样本之间互相独立.

由于 $X_{ij} \sim N(\mu_j，\sigma^2)$，即有 $X_{ij}-\mu_j \sim N(0，\sigma^2)$，故 $X_{ij}-\mu_j$ 可看成是随机误差. 记 $X_{ij}-\mu_j=\varepsilon_{ij}$，则 X_{ij} 可以写成

$$\left. \begin{array}{l} X_{ij}=\mu_j+\varepsilon_{ij} \\ \varepsilon_{ij} \sim N(0,\sigma^2)，各 \varepsilon_{ij} \text{ 独立} \\ i=1,2,\cdots,n，\quad j=1,2,\cdots,s \end{array} \right\} \tag{7-1-1}$$

其中 μ_j 与 σ^2 均为未知参数. 式（7-1-1）称为单因素试验方差分析的数学模型. 这是本节的研究对象.

方差分析的任务是对于模型（7-1-1）：

1. 检验 s 个总体 $N(\mu_1, \sigma^2)$，…，$N(\mu_s, \sigma^2)$ 的均值是否相等，即检验假设

$$H_0: \mu_1 = \mu_2 = \cdots = \mu_s$$

$$H_1: \mu_1, \mu_2, \cdots, \mu_s \text{ 不全相等.} \tag{7-1-2}$$

2. 作出未知参数 $\mu_1, \mu_2, \cdots, \mu_s, \sigma^2$ 的估计.

为了将问题（7-1-2）写成便于讨论的形式，我们将 $\mu_1, \mu_2, \cdots, \mu_s$ 的加权平均值 $\dfrac{1}{n}\sum\limits_{j=1}^{s} n_j\mu_j$ 记为 μ，即

$$\mu = \frac{1}{n}\sum_{j=1}^{s} n_j\mu_j \tag{7-1-3}$$

其中 $n = \sum\limits_{j=1}^{s} n_j$，$\mu$ 称为总平均. 再引入

$$\delta_j = \mu_j - \mu, \quad j = 1, 2, \cdots, s \tag{7-1-4}$$

此时有 $n_1\delta_1 + n_2\delta_2 + \cdots + n_2\delta_2 = 0$，$\delta_j$ 表示水平 A_j 下的总体平均值与总平均的差异，习惯上将 δ_j 称为水平 A_j 的效应.

利用这些记号，模型（7-1-1）可改写成

$$\left. \begin{array}{l} X_{ij} = \mu + \delta_j + \varepsilon_{ij}, \\ \varepsilon_{ij} \sim N(0, \sigma^2), \text{ 各 } \varepsilon_{ij} \text{ 独立}, \\ i = 1, 2, \cdots, n_j, i = 1, 2, \cdots, s, \\ \displaystyle\sum_{j=1}^{s} n_j\delta_j = 0 \end{array} \right\} \tag{7-1-1}'$$

而假设（7-1-2）等于假设

$$H_0: \delta_1 = \delta_2 = \delta_s = 0$$

$$H_1: \delta_1, \delta_2, \cdots, \delta_s \text{ 不全为零.} \tag{7-1-2}'$$

这是因为当且仅当 $\mu_1 = \mu_2 = \cdots = \mu_s$ 时，$\mu_j = \mu$，即 $\delta_j = 0$，$j = 1, 2, \cdots, s$.

二、平方和的分解

下面从平方和的分解着手，导出假设检验问题（7-1-2）′ 的检验统计量.

引入总偏差平方和

$$S_T = \sum_{j=1}^{s} \sum_{i=1}^{n_j} (X_{ij} - \overline{X})^2 \tag{7-1-5}$$

其中

$$\overline{X} = \frac{1}{n}\sum_{j=1}^{s} \sum_{i=1}^{n_j} X_{ij} \tag{7-1-6}$$

是数据的总平均. S_T 能反映全部实验数据之间的差异，因此 S_T 又称为总变差. 又记水平 A_j 下的样本平均值为 $\overline{X}_{\cdot j}$，即

$$\overline{X}_j = \frac{1}{n_j}\sum_{i=1}^{n_j} X_{ij} \tag{7-1-7}$$

将 S_T 写成

$$S_T = \sum_{j=1}^{s} \sum_{i=1}^{n_j} \left[(X_{ij} - \overline{X}_j) + (\overline{X}_j - \overline{X}) \right]^2$$

$$= \sum_{j=1}^{s} \sum_{i=1}^{n_j} (X_{ij} - \overline{X}_j)^2 + \sum_{j=1}^{s} \sum_{i=1}^{n_j} (\overline{X}_j - \overline{X})^2 + 2\sum_{j=1}^{s} \sum_{i=1}^{n_j} (X_{ij} - \overline{X}_j)(\overline{X}_j - \overline{X}).$$

其中

$$2 \sum_{j=1}^{s} \sum_{i=1}^{n_j} (X_{ij} - \overline{X}_j)(\overline{X}_j - \overline{X})$$

$$= 2 \sum_{j=1}^{s} (\overline{X}_j - \overline{X}) \Big[\sum_{i=1}^{n_j} (X_{ij} - \overline{X}_j) \Big] = 2 \sum_{j=1}^{s} (\overline{X}_j - \overline{X})(\sum_{i=1}^{n_j} X_{ij} - n_j \overline{X}_j) = 0.$$

因此可将 S_T 分解成

$$S_T = S_E + S_A \tag{7-1-8}$$

其中

$$S_E = \sum_{j=1}^{s} \sum_{i=1}^{n_j} (X_{ij} - \overline{X}_j)^2 \tag{7-1-9}$$

$$S_A = \sum_{j=1}^{s} \sum_{i=1}^{n_j} (\overline{X}_j - \overline{X})^2 = \sum_{j=1}^{s} n_j (\overline{X}_j - \overline{X})^2 = \sum_{j=1}^{s} n_j \overline{X}_j^2 - n \overline{X}^2 \tag{7-1-10}$$

上述 S_E 的各项 $(X_{ij} - \overline{X}_{\cdot j})^2$ 表示在水平 A_j 下，样本观察值与样本均值的差异，这是由随机误差引起的，S_E 叫做误差平方和，S_A 的各项 $n_j(\overline{X}_{\cdot j} - \overline{X})^2$ 表示水平 A_j 下的样本平均值与数据总平均的差异，这是由水平 A_j 的效应的差异以及随机误差引起的. S_A 叫做因素 A 的效应平方和. 式（7-1-8）就是我们所需要的平方和分解式.

三、 S_E、 S_A 的统计特征

为了引出检验问题（7-1-2）′的检验统计量，我们依次来讨论 S_E、S_A 的一些统计特性. 先将 S_E 写成

$$S_E = \sum_{i=1}^{n_1} (X_{i1} - \overline{X}_{\cdot 1})^2 + \sum_{i=1}^{n_2} (X_{i2} - \overline{X}_{\cdot 2})^2 + \cdots + \sum_{i=1}^{n_s} (X_{is} - \overline{X}_{\cdot s})^2 \tag{7-1-11}$$

注意 $\sum_{i=1}^{n_j} (X_{ij} - \overline{X}_j)^2$ 是总体 $N(\mu_j, \sigma^2)$ 的样本方差的 $n_j - 1$ 倍，于是有

$$\frac{\sum_{i=1}^{n_j} (X_{ij} - \overline{X}_j)^2}{\sigma^2} \sim \chi^2(n_j - 1)$$

因各 X_{ij} 相互独立，故式（7-1-11）中各平方和相互独立. 由 χ^2 分布的可加性知

$$\frac{S_E}{\sigma^2} \sim \chi^2 \Big(\sum_{j=1}^{s} (n_j - 1) \Big)$$

即

$$\frac{S_E}{\sigma^2} \sim \chi^2(n - s) \tag{7-1-12}$$

这里 $n = \sum_{j=1}^{s} n_j$. 由式（7-1-12）还可知，S_E 的自由度为 $n-s$，且有

$$E(S_E) = (n - s)\sigma^2 \tag{7-1-13}$$

下面讨论 S_A 的统计特性. S_A 是 s 个变量 $\sqrt{n_j}(\overline{X}_{\cdot j} - \overline{X})$ $(j=1, 2, \cdots, s)$ 的平方和，它们之间仅有一个线性约束条件

$$\sum_{j=1}^{s} \sqrt{n_j} \big[\sqrt{n_j}(\overline{X}_j - \overline{X}) \big] = \sum_{j=1}^{s} n_j (\overline{X}_j - \overline{X}) = \sum_{j=1}^{s} \sum_{i=1}^{n_j} X_{ij} - n \overline{X} = 0$$

故知 S_A 的自由度是 $s-1$.

再由式（7-1-3）、式（7-1-6）及 X_{ij} 的独立性，知

$$\overline{X} \sim N(\mu, \frac{\sigma^2}{n}) \tag{7-1-14}$$

即得

$$E(S_A) = E\left[\sum_{j=1}^{s} n_j \overline{X}_j^2 - n\overline{X}^2\right] = \sum_{j=1}^{s} n_j E(\overline{X}_j^2) - nE(\overline{X}^2)$$

$$= \sum_{j=1}^{s} n_j\left[\frac{\sigma^2}{n_j} + (\mu + \delta_j)^2\right] - n\left[\frac{\sigma^2}{n} + \mu^2\right]$$

$$= (s-1)\sigma^2 + 2\mu\sum_{j=1}^{s} n_j\delta_j + n\mu^2 + \sum_{j=1}^{s} n_j\delta_j^2 - n\mu^2$$

由式 (7-1-1)′ $\sum_{j=1}^{s} n_j\delta_j = 0$，故有

$$E(S_A) = (s-1)\sigma^2 + \sum_{j=1}^{s} n_j\delta_j^2 \tag{7-1-15}$$

进一步还可以证明 S_A 与 S_E 独立，且当 H_0 为真时

$$\frac{S_A}{\sigma^2} \sim \chi^2(s-1) \tag{7-1-16}$$

四、假设检验问题的拒绝域

接下来确定假设检验问题 (7-1-2)′ 的拒绝域.

由式 (7-1-15) 可知，当 H_0 为真时

$$E\left(\frac{S_A}{s-1}\right) = \sigma^2 \tag{7-1-17}$$

即 $\dfrac{S_A}{s-1}$ 是 σ^2 的无偏估计. 而当 H_1 为真时，$\sum_{j=1}^{s} n_j\delta_j^2 > 0$，此时

$$E\left(\frac{S_A}{s-1}\right) = \sigma^2 + \frac{1}{s-1}\sum_{j=1}^{s} n_j\delta_j^2 > \sigma^2 \tag{7-1-18}$$

又由 (7-1-13) 知

$$E\left(\frac{S_E}{n-s}\right) = \sigma^2 \tag{7-1-19}$$

即不管 H_0 是否为真，$\dfrac{S_E}{n-s}$ 都是 σ^2 的无偏估计.

综上所述，分式 $F = \dfrac{S_A/(s-1)}{S_E/(n-s)}$ 的分子与分母独立，分母 $\dfrac{S_E}{n-s}$ 不管 H_0 是否为真，其数学期望总是 σ^2. 当 H_0 为真时，分子的数学期望为 σ^2，当 H_0 不真时，由式 (7-1-18)，分子的取值有偏大的趋势. 故知检验问题 (7-1-2)′ 的拒绝域有形式

$$F = \frac{S_A/(s-1)}{S_E/(n-s)} \geqslant k$$

其中 k 由预先给定的显著水平 α 确定. 由式 (7-1-12)、式 (7-1-16) 及 S_E 与 S_A 的独立性可知，当 H_0 为真时

$$\frac{S_A/(s-1)}{S_E/(n-s)} = \frac{S_A/\sigma^2}{s-1} \Big/ \frac{S_E/\sigma^2}{n-s} \sim F(s-1, n-s)$$

由此得检验问题 (7-1-2)′ 的拒绝域为

$$F = \frac{S_A/(s-1)}{S_E/(n-s)} \geqslant F_\alpha(s-1, n-s) \tag{7-1-20}$$

上述分析的结果可排成表 7-1-4 的形式，称为**方差分析表**.

表 7-1-4　单因素试验方差分析表

方差来源	平方和	自由度	均方	F 比
因素 A	S_A	$s-1$	$\overline{S}_A = \dfrac{S_A}{s-1}$	$F = \dfrac{\overline{S}_A}{\overline{S}_E}$
误差	S_E	$n-s$	$\overline{S}_E = \dfrac{S_E}{n-s}$	
总和	S_T	$n-1$		

表中 $\overline{S}_A = \dfrac{S_A}{s-1}$，$\overline{S}_E = \dfrac{S_E}{n-s}$ 分别称为 S_A、S_E 的均方. 另外，因在 S_T 中 n 个变量 $X_{ij} - \overline{X}$ 之间仅满足一个约束条件（7-1-6），故 S_T 的自由度为 $n-1$.

在实际中，可以按照以下较简便的公式来计算 S_T、S_A 和 S_E.

记
$$T_j = \sum_{i=1}^{n_j} X_{ij}, j = 1, 2, \cdots, s,\ T. = \sum_{j=1}^{s} \sum_{i=1}^{n_j} X_{ij}$$

即有

$$
\left.
\begin{aligned}
S_T &= \sum_{j=1}^{s} \sum_{i=1}^{n_j} X_{ij}^2 - n\overline{X}^2 = \sum_{j=1}^{s} \sum_{i=1}^{n_j} X_{ij}^2 - \frac{T_{..}^2}{n} \\
S_A &= \sum_{j=1}^{s} n_j \overline{X}_{j}^2 - n\overline{X}^2 = \sum_{j=1}^{s} \frac{T_{j}^2}{n_j} - \frac{T_{..}^2}{n} \\
S_E &= S_T - S_A
\end{aligned}
\right\}
\tag{7-1-21}
$$

【例 7-1-1】　设在表 7-1-1 中符合模型（7-1-1）条件，检验假设（$\alpha = 0.05$）：

$$H_0: \mu_1 = \mu_2 = \mu_3$$
$$H_1: \mu_1, \mu_2, \mu_3 \text{ 不全相等}$$

解：因 $s=3$，$n_1 = n_2 = n_3 = 5$，$n = 15$，则

$$S_T = \sum_{j=1}^{3} \sum_{i=1}^{5} X_{ij}^2 - \frac{T_{..}^2}{15} = 0.963912 - \frac{3.8^2}{15} = 0.00124533$$

$$S_A = \sum_{j=1}^{3} \frac{T_{j}^2}{15} - \frac{T_{..}^2}{15} = \frac{1}{5}(1.21^2 + 1.28^2 + 1.31^2) - \frac{3.8^2}{15} = 0.00105333$$

$$S_E = S_T - S_A = 0.000192$$

S_T、S_A 和 S_E 的自由度依次为 $n-1 = 14$、$s-1 = 2$ 和 $n-s = 12$，得方差分析表（表 7-1-5）如下：

表 7-1-5　方差分析表

方差来源	平方和	自由度	均方	F 比
因素	0.00105333	2	0.00052667	32.92
误差	0.000192	12	0.000016	
总和	0.00124533	14		

因 $F_{0.05}(2, 12) = 3.89 < 32.92$，故在显著水平 $\alpha = 0.05$ 下拒绝 H_0，认为各台机器生产的薄板厚度有显著差异.

五、未知参数的估计

前面讲到，不论 H_0 是否为真

$$\hat{\sigma}^2 = \frac{S_E}{n-s}$$

是 σ^2 的无偏估计.

又由式（7-1-14）、式（7-1-7）可知

$$E(\overline{X}) = \mu, E(\overline{X}_{.j}) = \frac{1}{n_j}\sum_{i=1}^{n_j} E(X_{ij}) = \mu, j = 1, 2, \cdots, s$$

故 $\hat{\mu} = \overline{X}$，$\hat{\mu} = \overline{X}_{.j}$ 分别是 μ，μ_j 的无偏估计.

又若拒绝 H_0，意味着效应 δ_1，δ_2，$\cdots$，δ_s 不全为零. 由于

$$\delta_j = \mu_j - \mu, j = 1, 2, \cdots, s$$

知 $\hat{\delta}_j = \overline{X}_{.j} - \overline{X}$ 是 δ_j 的无偏估计，此时还有关系式

$$\sum_{j=1}^{s} n_j \delta_j = \sum_{j=1}^{s} n_j \overline{X}_{.j} - n\overline{X} = 0$$

当拒绝 H_0 时，常需要作出两个总体 $N(\mu_j, \sigma^2)$ 和 $N(\mu_k, \sigma^2)$，$j \neq k$ 的均值差 $\mu_j - \mu_k = \delta_j - \delta_k$ 的区间估计，做法如下.

由于

$$E(\overline{X}_{.j} - \overline{X}_{.k}) = \mu_j - \mu_k$$

$$D(\overline{X}_{.j} - \overline{X}_{.k}) = \sigma^2\left(\frac{1}{n_j} + \frac{1}{n_k}\right)$$

其中 $\overline{X}_{.j} - \overline{X}_{.k}$ 与 $\hat{\sigma}^2 = \dfrac{S_E}{n-s}$ 独立，于是

$$\frac{(\overline{X}_{.j} - \overline{X}_{.k}) - (\mu_j - \mu_k)}{\sqrt{S_E\left(\dfrac{1}{n_j} + \dfrac{1}{n_k}\right)}}$$

$$= \frac{(\overline{X}_{.j} - \overline{X}_{.k}) - (\mu_j - \mu_k)}{\sigma\sqrt{1/n_j + 1/n_k}} \Big/ \sqrt{\frac{S_E}{\sigma^2}\Big/(n-s)} \sim t(n-s)$$

据此得均值差 $\mu_j - \mu_k = \delta_j - \delta_k$ 的置信水平为 $1-\alpha$ 的置信区间为

$$\left[\overline{X}_{.j} - \overline{X}_{.k} \pm t_{\frac{\alpha}{2}}(n-s)\sqrt{S_E\left(\frac{1}{n_j} + \frac{1}{n_k}\right)}\right] \tag{7-1-22}$$

【例 7-1-2】 求例 7-1-1 中的未知参数 σ^2，μ_j，δ_j（$j=1,2,3$）的点估计及均值差的置信水平为 0.95 的置信区间.

解： $\hat{\sigma}^2 = \dfrac{S_E}{n-s} = 0.000016$

$$\hat{\mu}_1 = \overline{x}_{.1} = 0.242, \hat{\mu}_2 = \overline{x}_{.2} = 0.256, \hat{\mu}_3 = \overline{x}_{.3} = 0.262, \hat{\mu} = \overline{x} = 0.253$$

$$\hat{\delta}_1 = \overline{x}_{.1} - \overline{x} = 0.011, \hat{\delta}_2 = \overline{x}_{.2} - \overline{x} = 0.003, \hat{\delta}_3 = \overline{x}_{.3} - \overline{x} = 0.009$$

均值差的区间估计如下：

由 $t_{\frac{\alpha}{2}}(n-s) = t_{0.025}(12) = 2.1788$ 得

$$t_{0.025}(12)\sqrt{S_E\left(\frac{1}{n_j} + \frac{1}{n_k}\right)} = 2.1788\sqrt{16 \times 10^{-6} \times \frac{2}{5}} = 0.006$$

故 $\mu_1 - \mu_2$，$\mu_1 - \mu_3$，$\mu_2 - \mu_3$ 的置信水平为 0.95 的置信区间分别为

$$(0.242 - 0.256 \pm 0.006) = (-0.020, -0.008)$$

$$(0.242-0.262\pm0.006)=(-0.026,-0.014)$$

$$(0.256-0.262\pm0.006)=(-0.012,0)$$

🔵 习题7-1

1. 今有某种型号的电池三批, 它们分别是 A、B、C 三个工厂生产的. 为评比质量, 各随机抽取 5 只电池为样品, 经试验得其寿命 (h) 如下:

A	B	C
40　42	26　28	39　50
48　45	34　32	40　50
38	30	43

试在显著性水平 0.05 下检验电池的平均寿命有无显著差异. 若差异是显著的, 试求均值差 $\mu_A-\mu_B$, $\mu_A-\mu_C$ 和 $\mu_B-\mu_C$ 的置信水平为 95% 的置信区间.

2. 某防治站对 4 个林场的松毛虫密度进行调查, 每个林场调查 5 块地得资料如下表:

地点	松毛虫密度(头/标准地)				
A_1	192	189	176	185	190
A_2	190	201	187	196	200
A_3	188	179	191	183	194
A_4	187	180	188	175	182

判断 4 个林场松毛虫密度有无显著差异, 取显著性水平 $\alpha=0.05$.

3. 将抗生素注入人体会产生抗生素与血浆蛋白质结合的现象, 以致降低了药效. 下表列出了 5 种常用抗生素注入牛的体内, 抗生素与血浆蛋白质结合的百分比.

青霉素	四环素	链霉素	红霉素	氯霉素
29.6	27.3	5.8	21.6	29.2
24.3	32.6	6.2	17.4	32.8
28.5	30.8	11.0	18.3	25.0
32.0	34.8	8.3	19.0	24.2

判断抗生素与血浆蛋白质结合有无显著差异, 取显著性水平 $\alpha=0.05$.

第二节　双因素试验的方差分析

一、双因素等重复试验的方差分析

设有两个因素 A、B 作用于试验的指标. 因素 A 有 r 个水平 A_1, A_2, $\cdots$, A_r, 因素 B 有个 s 水平 B_1, B_2, $\cdots$, B_s. 现对因素 A、B 的水平的每对组合 (A_i, B_j), $i=1, 2, \cdots, r$, $j=1, 2, \cdots, s$ 都做 t ($t\geqslant2$) 次试验 (称为等重复试验), 得到如表 7-2-1 的结果.

表 7-2-1　双因素等重复试验

因素 A ＼ 因素 B	B_1	B_2	⋯	B_s
A_1	$X_{111},X_{112},\cdots,X_{11t}$	$X_{121},X_{122},\cdots,X_{12t}$	⋯	$X_{1s1},X_{1s2},\cdots,X_{1st}$
A_2	$X_{211},X_{212},\cdots,X_{21t}$	$X_{221},X_{222},\cdots,X_{22t}$	⋯	$X_{2s1},X_{2s2},\cdots,X_{2st}$
⋮	⋮	⋮		⋮
A_r	$X_{r11},X_{r12},\cdots,X_{r1t}$	$X_{r21},X_{r22},\cdots,X_{r2t}$	⋯	$X_{rs1},X_{rs2},\cdots,X_{rst}$

并设

$$X_{ijk} \sim N(\mu_{ij},\sigma^2), i=1,2,\cdots,r, \quad j=1,2,\cdots,s, \quad k=1,2,\cdots,t$$

各 X_{ijk} 独立. 这里 μ_{ij}、σ^2 均为未知参数，或写成

$$\left.\begin{array}{l} X_{ijk}=\mu_{ij}+\varepsilon_{ijk} \\ \varepsilon_{ijk} \sim N(0,\sigma^2),\text{各 } \varepsilon_{ijk} \text{ 独立} \\ i=1,2,\cdots r;j=1,2,\cdots s; \\ k=1,2,\cdots t \end{array}\right\} \tag{7-2-1}$$

引入记号

$$\mu=\frac{1}{rs}\sum_{i=1}^{r}\sum_{j=1}^{s}\mu_{ij}$$

$$\mu_{i\cdot}=\frac{1}{s}\sum_{j=1}^{s}\mu_{ij}, i=1,2,\cdots r$$

$$\mu_{\cdot j}=\frac{1}{r}\sum_{i=1}^{r}\mu_{ij}, j=1,2,\cdots s$$

$$\alpha_i=\mu_{i\cdot}-\mu, i=1,2,\cdots r$$

$$\beta_j=\mu_{\cdot j}-\mu, j=1,2,\cdots s$$

易见

$$\sum_{i=1}^{r}\alpha_i=0, \sum_{j=1}^{s}\beta_j=0$$

称 μ 为总平均，称 α_i 为水平 A_i 的效应，称 β_j 为水平 B_j 的效应. 这样可将 μ_{ij} 表示成

$$\mu_{ij}=\mu+\alpha_i+\beta_j+(\mu_{ij}-\mu_{i\cdot}-\mu_{\cdot j}+\mu)$$
$$i=1,2,\cdots r;j=1,2,\cdots s \tag{7-2-2}$$

记　　　　$\gamma_{ij}=\mu_{ij}-\mu_{i\cdot}-\mu_{\cdot j}+\mu \quad i=1,2,\cdots r; \quad j=1,2,\cdots s \tag{7-2-3}$

此时　　　　　　　　$\mu_{ij}=\mu+\alpha_i+\beta_j+\gamma_{ij} \tag{7-2-4}$

γ_{ij} 称为水平 A_i 和水平 B_j 的**交互效应**，这是由 A_i，B_j 搭配起来联合起作用而引起的，易见

$$\sum_{i=1}^{r}\gamma_{ij}=0, j=1,2,\cdots s$$

$$\sum_{j=1}^{s}\gamma_{ij}=0, i=1,2,\cdots r$$

这样，式（7-2-1）可写成

$$\left.\begin{array}{l} X_{ijk}=\mu+\alpha_i+\beta_j+\gamma_{ij}+\varepsilon_{ijk} \\ \varepsilon_{ijk} \sim N(0,\sigma^2),\text{各 } \varepsilon_{ijk} \text{ 独立} \\ i=1,2,\cdots r;j=1,2,\cdots s;k=1,2,\cdots t \\ \sum_{i=1}^{r}\alpha_i=0, \sum_{j=1}^{s}\beta_j=0, \sum_{i=1}^{r}\gamma_{ij}=0, \sum_{j=1}^{s}\gamma_{ij}=0 \end{array}\right\} \tag{7-2-5}$$

其中 μ，α_i，β_j，γ_{ij} 及 σ^2 都是未知参数.

式（7-2-5）就是我们要研究的双因素试验方差分析的数学模型. 对于这一模型我们要检验以下三个假设：

$$\begin{cases} H_{01}:\alpha_1 = \alpha_2 = \cdots = \alpha_r = 0 \\ H_{11}:\alpha_1, \alpha_2, \cdots, \alpha_r \text{ 不全为零} \end{cases} \tag{7-2-6}$$

$$\begin{cases} H_{02}:\beta_1 = \beta_2 = \cdots = \beta_s = 0 \\ H_{12}:\beta_1, \beta_2, \cdots, \beta_s \text{ 不全为零} \end{cases} \tag{7-2-7}$$

$$\begin{cases} H_{03}:\gamma_{11} = \gamma_{12} = \cdots = \gamma_{rs} = 0 \\ H_{13}:\gamma_{11}, \gamma_{12}, \cdots, \gamma_{rs} \text{ 不全为零} \end{cases} \tag{7-2-8}$$

与单因素情况类似，对这些问题的检验方法也是建立在平方和的分解上的. 先引进如下记号：

$$\overline{X} = \frac{1}{rst} \sum_{i=1}^{r} \sum_{j=1}^{s} \sum_{k=1}^{t} X_{ijk}$$

$$\overline{X}_{ij\cdot} = \frac{1}{t} \sum_{k=1}^{t} X_{ijk}, i=1,2,\cdots r; j=1,2,\cdots s$$

$$\overline{X}_{i\cdot\cdot} = \frac{1}{st} \sum_{j=1}^{s} \sum_{k=1}^{t} X_{ijk}, i=1,2,\cdots r$$

$$\overline{X}_{\cdot j\cdot} = \frac{1}{rt} \sum_{i=1}^{r} \sum_{k=1}^{t} X_{ijk}, j=1,2,\cdots s$$

再引入总偏差平方和（称为总变差）

$$S_T = \sum_{i=1}^{r} \sum_{j=1}^{s} \sum_{k=1}^{t} (X_{ijk} - \overline{X})^2$$

可以将 S_T 写成

$$S_T = \sum_{i=1}^{r} \sum_{j=1}^{s} \sum_{k=1}^{t} (X_{ijk} - \overline{X})^2$$
$$= \sum_{i=1}^{r} \sum_{j=1}^{s} \sum_{k=1}^{t} [(X_{ijk} - \overline{X}_{ij\cdot}) + (\overline{X}_{i\cdot\cdot} - \overline{X}) + (\overline{X}_{\cdot j\cdot} - \overline{X}) + (\overline{X}_{ij\cdot} - \overline{X}_{i\cdot\cdot} - \overline{X}_{\cdot j\cdot} + \overline{X})]^2$$
$$= \sum_{i=1}^{r} \sum_{j=1}^{s} \sum_{k=1}^{t} (X_{ijk} - \overline{X}_{ij\cdot})^2 + st \sum_{i=1}^{r} (\overline{X}_{i\cdot\cdot} - \overline{X})^2 + rt \sum_{i=1}^{r} (\overline{X}_{\cdot j\cdot} - \overline{X})^2$$
$$+ t \sum_{i=1}^{r} \sum_{j=1}^{s} (\overline{X}_{ij\cdot} - \overline{X}_{i\cdot\cdot} - \overline{X}_{ij\cdot} + \overline{X})^2$$

即得平方和分解式

$$S_T = S_E + S_A + S_B + S_{A \times B} \tag{7-2-9}$$

$$S_E = \sum_{i=1}^{r} \sum_{j=1}^{s} \sum_{k=1}^{t} (X_{ijk} - \overline{X}_{ij\cdot})^2 \tag{7-2-10}$$

$$S_A = st \sum_{i=1}^{r} (\overline{X}_{i\cdot\cdot} - \overline{X})^2 \tag{7-2-11}$$

$$S_B = rt \sum_{i=1}^{r} (\overline{X}_{\cdot j\cdot} - \overline{X})^2 \tag{7-2-12}$$

$$S_{A \times B} = t \sum_{i=1}^{r} \sum_{j=1}^{s} (\overline{X}_{ij\cdot} - \overline{X}_{i\cdot\cdot} - \overline{X}_{ij\cdot} + \overline{X})^2 \tag{7-2-13}$$

S_E 称为**误差平方和**，S_A、S_B 分别称为因素 A、因素 B 的**效应平方和**，$S_{A\times B}$ 称为 A、B **交互效应平方和**.

可以证明 S_T、S_E、S_A、S_B、$S_{A\times B}$ 的自由度依次为 $rst-1$、$rs(t-1)$、$r-1$、$s-1$、$(r-1)(s-1)$，且有

$$E\left(\frac{S_E}{rst-1}\right)=\sigma^2 \tag{7-2-14}$$

$$E\left(\frac{S_A}{r-1}\right)=\sigma^2+\frac{st\sum_{i=1}^{r}\alpha_i^2}{r-1} \tag{7-2-15}$$

$$E\left(\frac{S_B}{r-1}\right)=\sigma^2+\frac{rt\sum_{j=1}^{s}\beta_j^2}{r-1} \tag{7-2-16}$$

$$E\left(\frac{S_{A\times B}}{(r-1)(s-1)}\right)=\sigma^2+\frac{t\sum_{i=1}^{r}\sum_{j=1}^{s}\gamma_{ij}^2}{r-1} \tag{7-2-17}$$

当 H_{01}：$\alpha_1=\alpha_2=\cdots=\alpha_r=0$ 为真时，可以证明

$$F_A=\frac{S_A/(r-1)}{S_E/rs(t-1)}\sim F(r-1,\ rs(t-1)) \tag{7-2-18}$$

取显著性水平为 α，得假设 H_{01} 的拒绝域为

$$F_A=\frac{S_A/(r-1)}{S_E/rs(t-1)}\geqslant F_\alpha(r-1,\ rs(t-1)) \tag{7-2-19}$$

类似地，在显著性水平为 α 时，假设 H_{02} 的拒绝域为

$$F_B=\frac{S_B/(s-1)}{S_E/rs(t-1)}\geqslant F_\alpha(s-1,\ rs(t-1)) \tag{7-2-20}$$

在显著性水平为 α 时，假设 H_{03} 的拒绝域为

$$F_{A\times B}=\frac{S_{A\times B}/((r-1)(s-1))}{S_E/rs(t-1)}\geqslant F_\alpha((r-1)(s-1),\ rs(t-1)) \tag{7-2-21}$$

上述结果可以汇总成下列的方差分析表（表 7-2-2）.

表 7-2-2　双因素试验的方差分析表

方差来源	平方和	自由度	均方	F 比
因素 A	S_A	$r-1$	$\overline{S}_A=\dfrac{S_A}{r-1}$	$F_A=\dfrac{\overline{S}_A}{\overline{S}_E}$
因素 B	S_B	$s-1$	$\overline{S}_B=\dfrac{S_B}{s-1}$	$F_B=\dfrac{\overline{S}_B}{\overline{S}_E}$
交互作用	$S_{A\times B}$	$(r-1)(s-1)$	$\overline{S}_{A\times B}=\dfrac{S_{A\times B}}{(r-1)(s-1)}$	$F_{A\times B}=\dfrac{\overline{S}_{A\times B}}{\overline{S}_E}$
误差	S_E	$rs(t-1)$	$\overline{S}_E=\dfrac{S_E}{rs(t-1)}$	
总和	S_T	$rst-1$		

记

$$T = \sum_{i=1}^{r} \sum_{j=1}^{s} \sum_{k=1}^{t} X_{ijk}$$

$$T_{ij} = \sum_{k=1}^{t} X_{ijk}, \quad i=1,2,\cdots r; j=1,2,\cdots s$$

$$T_{i\cdot\cdot} = \sum_{j=1}^{s} \sum_{k=1}^{t} X_{ijk}, \quad i=1,2,\cdots r$$

$$T_{\cdot j\cdot} = \sum_{i=1}^{r} \sum_{k=1}^{t} X_{ijk}, \quad j=1,2,\cdots s$$

可以按照式（7-2-22）来计算上表中的各个平方和.

$$
\left.
\begin{aligned}
S_T &= \sum_{i=1}^{r} \sum_{j=1}^{s} \sum_{k=1}^{t} X_{ijk}^2 - \frac{T_{\cdots}^2}{rst} \\
S_A &= \frac{1}{st} \sum_{i=1}^{r} T_{i\cdot\cdot}^2 - \frac{T_{\cdots}^2}{rst} \\
S_B &= \frac{1}{rt} \sum_{j=1}^{s} T_{\cdot j\cdot}^2 - \frac{T_{\cdots}^2}{rst} \\
S_{A\times B} &= \left(\frac{1}{t} \sum_{i=1}^{r} \sum_{j=1}^{s} T_{ij\cdot}^2 - \frac{T_{\cdots}^2}{rst} \right) - S_A - S_B \\
S_E &= S_T - S_A - S_B - S_{A\times B}
\end{aligned}
\right\}
\quad (7\text{-}2\text{-}22)
$$

【例7-2-1】 一火箭使用四种燃料，三种推进器作射程试验.每种燃料与每种推进器的组合各发射火箭两次，得射程如表7-2-3（以海里计）.

表7-2-3 火箭的射程

推进器(B)		B_1	B_2	B_3
燃料(A)	A_1	58.2 52.6	56.2 41.2	65.3 60.8
	A_2	49.1 42.8	54.1 50.5	51.6 48.4
	A_3	60.1 58.3	70.9 73.2	39.2 40.7
	A_4	75.8 71.5	58.2 51.0	48.7 41.4

试在显著水平 $\alpha=0.05$ 下，检验不同燃料（因素A）、不同推进器（因素B）下的射程是否有显著差异？交互作用是否显著？

解： 需检验假设 H_{01}，H_{02}，H_{03}[见式(7-2-6)~式(7-2-8)].$T_{\cdots}$，$T_{ij\cdot}$，$T_{i\cdot\cdot}$，$T_{\cdot j\cdot}$的计算如表7-2-4.

表 7-2-4　T 的计算

A ＼ B	B_1		B_2		B_3		$T..$
A_1	58.2 52.6	(110.8)	56.2 41.2	(97.4)	65.3 60.8	(126.1)	334.3
A_2	49.1 42.8	(91.9)	54.1 50.5	(104.6)	51.6 48.4	(100)	296.5
A_3	60.1 58.3	(118.4)	70.9 73.2	(144.1)	39.2 40.7	(79.9)	342.4
A_4	75.8 71.5	(147.3)	58.2 51.0	(109.2)	48.7 41.4	(90.1)	346.6
$T.j.$	468.4		455.3		396.1		1319.8

表中括号内的数是 $T_{ij}..$ 并有 $r=4$，$s=3$，$t=2$，因此

$$S_T = (58.2^2 + 52.6^2 + \cdots + 41.4^2) - \frac{1319.8^2}{24} = 2638.29833$$

$$S_A = \frac{1}{6}(334.3^2 + 296.5^2 + 342.4^2 + 346.6^2) - \frac{1319.8^2}{24} = 261.67500$$

$$S_B = \frac{1}{8}(468.4^2 + 455.3^2 + 396.1^2) - \frac{1319.8^2}{24} = 370.98083$$

$$S_{A\times B} = \frac{1}{2}(110.8^2 + 91.9^2 + \cdots + 90.1^2) - \frac{1319.8^2}{24} = 1768.69250$$

$$S_E = S_T - S_A - S_B - S_{A\times B} = 236.95000$$

得方差分析表如下（表 7-2-5）：

表 7-2-5　方差分析表

方差来源	平方和	自由度	均方	F 比
因素 A（燃料）	261.67500	3	87.2250	$F_A = 4.42$
因素 B（推进器）	370.98083	2	185.4904	$F_B = 9.39$
交互作用	1768.69250	6	294.7821	$F_{A\times B} = 14.9$
误差	236.95000	12	19.7458	
总和	263.29833	23		

由于 $F_{0.05}(3,12) = 3.49 < F_A$，$F_{0.05}(2,12) = 3.89 < F_B$，所以显著性水平 0.05 下我们拒绝假设 H_{01}，H_{02}，即认为不同燃料或不同推进器下的射程有显著差异. 也就是说，燃料和推进器两个因素对射程的影响都是显著的. 又，$F_{0.05}(6,12) = 3.00 < F_{A\times B}$，故拒绝 H_{03}. 值得注意的是，$F_{0.001}(6,12) = 8.38$ 也远小于 $F_{A\times B}$，故交互作用效应是高度显著的. 从表 7-2-4 可以看出，A_4 与 B_1 或 A_3 与 B_2 的搭配都使火箭射程较之其他水平的搭配要远得多. 在实际中我们就选择最优的搭配来实施.

二、双因素无重复试验的方差分析

在以上讨论中，我们考虑了双因素试验中两个因素的交互作用. 为检验交互作用的效应是否显著，对于两个因素的每一个组合至少要做 2 次试验. 这是因为模型（7-2-5）中，若 $k=1$，$\gamma_{ij} + \varepsilon_{ijk}$ 总以结合在一起的形式出现，这样就不能将交互作用与误差分离开来. 如果在

处理实际问题时，我们已经知道不存在交互作用，或已知交互作用对试验的指标影响很小，则可以不考虑交互作用. 此时，即使 $k=1$，也能对因素 A、因素 B 的效应进行分析. 现设对两个因素的每一组合只做一次试验，所得结果如下：

表 7-2-6

因素 A ＼ 因素 B	B_1	B_2	$\cdots$	B_s
A_1	X_{11}	X_{12}	$\cdots$	X_{1s}
A_2	X_{21}	X_{22}	$\cdots$	X_{2s}
$\vdots$	$\vdots$	$\vdots$		$\vdots$
A_r	X_{r1}	X_{r2}	$\cdots$	X_{rs}

并设

$$X_{ij} \sim N(\mu_{ij}, \sigma^2)$$
$$\text{各 } X_{ij} \text{ 独立}, i=1,2,\cdots r; j=1,2,\cdots s$$

其中各参数 μ_{ij}，σ^2 均为未知参数，或写成

$$\left.\begin{array}{l} X_{ij}=\mu_{ij}+\varepsilon_{ij}, \ i=1,2,\cdots r \\ \qquad\qquad\qquad j=1,2,\cdots s \\ \varepsilon_{ij} \sim N(0,\sigma^2), \text{各 } \varepsilon_{ij} \text{ 独立} \end{array}\right\} \qquad (7\text{-}2\text{-}23)$$

沿用双因素等重复试验中的记号，因假设不存在交互作用，此时 $\gamma_{ij}=0$，$i=1, 2, \cdots r$；$j=1, 2, \cdots s$. 故由（7-2-4）可知 $\mu_{ij}=\mu+\alpha_i+\beta_j$. 于是（7-2-23）可写成

$$\left.\begin{array}{l} X_{ij}=\mu+\alpha_i+\beta_j+\varepsilon_{ij} \\ \varepsilon_{ij} \sim N(0,\sigma^2), \text{各 } \varepsilon_{ij} \text{ 独立} \\ i=1,2,\cdots r; j=1,2,\cdots s \\ \sum\limits_{i=1}^{r}\alpha_i=0, \ \sum\limits_{i=1}^{s}\beta_i=0 \end{array}\right\} \qquad (7\text{-}2\text{-}24)$$

这就是要研究的方差分析模型. 对这个模型我们要检验的假设有以下两个：

$$\begin{cases} H_{01}:\alpha_1=\alpha_2=\cdots=\alpha_r=0 \\ H_{11}:\alpha_1,\alpha_2,\cdots,\alpha_r \text{ 不全为零} \end{cases} \qquad (7\text{-}2\text{-}25)$$

$$\begin{cases} H_{02}:\beta_1=\beta_2=\cdots=\beta_s=0 \\ H_{12}:\beta_1,\beta_2,\cdots,\beta_s \text{ 不全为零} \end{cases} \qquad (7\text{-}2\text{-}26)$$

与在双因素等重复试验中同样的讨论可得方差分析表如下（表 7-2-7）：

表 7-2-7　方差分析表

方差来源	平方和	自由度	均方	F 比
因素 A	S_A	$r-1$	$\overline{S}_A=\dfrac{S_A}{r-1}$	$F_A=\dfrac{\overline{S}_A}{\overline{S}_E}$
因素 B	S_B	$s-1$	$\overline{S}_B=\dfrac{S_B}{s-1}$	$F_B=\dfrac{\overline{S}_B}{\overline{S}_E}$
误差	S_E	$(r-1)(s-1)$	$\overline{S}_E=\dfrac{S_E}{(r-1)(s-1)}$	
总和	S_T	$rs-1$		

取显著性水平为 α，得假设 H_{01}: $\alpha_1 = \alpha_2 = \cdots = \alpha_r = 0$ 的拒绝域为

$$F_A = \frac{\overline{S_A}}{\overline{S_E}} \geqslant F_\alpha(r-1, (r-1)(s-1))$$

假设 H_{02}: $\beta_1 = \beta_2 = \cdots = \beta_s = 0$ 的拒绝域为

$$F_B = \frac{\overline{S_B}}{\overline{S_E}} \geqslant F_\alpha(s-1, (r-1)(s-1))$$

表 7-2-7 中的平方和可以按下述式子计算:

$$\left.\begin{aligned} S_T &= \sum_{i=1}^{r}\sum_{j=1}^{s} X_{ij}^2 - \frac{T_{..}^2}{rs} \\ S_A &= \frac{1}{s}\sum_{i=1}^{r} T_{i\cdot}^2 - \frac{T_{..}^2}{rs} \\ S_B &= \frac{1}{t}\sum_{j=1}^{s} T_{\cdot j}^2 - \frac{T_{..}^2}{rs} \\ S_E &= S_T - S_A - S_B \end{aligned}\right\} \qquad (7\text{-}2\text{-}27)$$

其中
$$T_{..} = \sum_{i=1}^{r}\sum_{j=1}^{s} X_{ij}, \quad T_{i\cdot} = \sum_{j=1}^{s} X_{ij}, \quad i=1,2,\cdots r$$
$$T_{\cdot j} = \sum_{i=1}^{r} X_{ij}, \quad j=1,2,\cdots s$$

【例 7-2-2】 下面给出了在某 5 个不同地点、不同时间空气中的颗粒状物（以 mg/m³ 计）的含量的数据:

因素 B（地点） 因素 A（时间）	1	2	3	4	5	$T_{i\cdot}$
1975 年 10 月	76	67	81	56	51	331
1976 年 1 月	82	69	96	59	70	376
1976 年 5 月	68	59	67	54	42	290
1996 年 8 月	63	56	64	58	37	278
$T_{\cdot j}$	289	251	308	227	200	1275

设本题符合模型（7-2-24）中的条件，试在显著性水平 $\alpha = 0.05$ 下检验: 在不同时间下颗粒状物含量的均值有无显著差异，在不同地点下颗粒状物含量的均值有无显著差异.

解: 按题意需检验假设式（7-2-25）、式（7-2-26）. $T_{i\cdot}$、$T_{\cdot j}$ 的值见表中，且有 $r=4$、$s=5$. 由（7-2-27）得到:

$$S_T = 76^2 + 67^2 + \cdots + 37^2 - \frac{1275^2}{20} = 3571.75$$

$$S_A = \frac{1}{5}(331^2 + 376^2 + 290^2 + 278^2) - \frac{1275^2}{20} = 1182.95$$

$$S_B = \frac{1}{4}(289^2 + 251^2 + \cdots + 200^2) - \frac{1275^2}{20} = 1947.50$$

$$S_E = 3571.75 - (1182.95 + 1947.50) = 441.30$$

得方差分析表如下（表 7-2-8）:

表 7-2-8　方差分析表

方差来源	平方和	自由度	均方	F 比
因素 A	$S_A = 1182.95$	3	394.32	$F_A = 10.72$
因素 B	$S_B = 1947.50$	4	486.88	$F_B = 13.24$
误差	$S_E = 441.30$	12	36.78	
总和	$S_T = 3571.75$	19		

由于 $F_\alpha(3, 12) = 3.49 < 10.72$，$F_\alpha(4, 12) = 3.26 < 13.24$，故拒绝 H_{01} 和 H_{02}，即认为不同时间下颗粒状物含量的均值有显著差异，也认为不同地点下颗粒状物含量的均值有显著差异. 即认为在本题中，时间和地点对颗粒状物的含量影响均显著.

习题7-2

1. 下表给出某种化工过程在三种浓度、四种温度水平下得率的数据：

		温度（因素 B）			
		10℃	24℃	38℃	52℃
浓度（因素 A）	2%	14　10	11　11	13　9	10　12
	4%	9　7	10　8	7　11	6　10
	6%	5　11	13　14	12　13	14　10

试在显著性水平 $\alpha = 0.05$ 下检验：在不同浓度下得率的均值是否有显著差异，在不同温度下得率的均值是否有显著差异，交互作用的效应是否显著.

2. 为了研究某种金属管的防腐蚀功能，考虑了 4 种不同的涂料涂层. 将金属管埋设在 3 种不同性质的土壤中，经历了一定时间，测得金属管腐蚀的最大深度如下所示（以 mm 计）：

	土壤类型（因素 B）		
	1	2	3
涂层（因素 A）	1.63	1.35	1.27
	1.34	1.30	1.22
	1.19	1.14	1.27
	1.30	1.09	1.32

试取显著性水平 $\alpha = 0.05$ 检验在不同涂层下腐蚀的最大深度的平均值有无显著差异，在不同土壤下腐蚀的最大深度的平均值有无显著差异. 设两因素间没有交互作用效应.

第三节　一元线性回归模型

"回归"名称的由来归功于英国统计学家弗·葛尔登（F·Galton）和他的学生 K·Pearson. 他们在研究父母身高与其子女身高的遗传问题时，观测了 1078 对夫妇，以每对夫妇的平均身高作为 x，而取他们的一个成年儿女的身高作为 y，将结果绘制成散点图，发现趋于一条直线，计算出的直线方程为

$$y = 33.73 + 0.516x \text{（单位：英寸）}$$

方程表明：父母平均身高每增加一个单位时，其成年儿女的身高也平均增加 0.516 个单位. 这个结果表明，虽然有这样的趋势——父母高，儿女也高；父母矮，儿女也矮，但父母辈身高增加一个单位，儿女身高仅增加半个单位左右. 平均来说，一群高个子父辈的儿女的

平均高度要低于他们父辈的平均高度，他们儿女的身高没有比他们更高，同样，矮个子父辈所生子女身高也比他们高，即子代的平均高度向中心（人类的平均身高）回归了. 正是因为子代的身高有这种回归的趋势，才使人类的身高长期相对稳定，没有出现更高或更矮的两极分化现象，F·Galton 引入了回归，生动地说明了生物学中"种"的概念的稳定性. 目前，回归的现代含义已经更加广泛. 很多实际问题中，我们需要研究变量与变量之间的关系. 而变量之间的关系，一般可分为确定的和非确定的两类. 确定性关系可用函数关系表示，而非确定性关系则不然. 例如，人的身高和体重的关系、人的血压和年龄的关系、某产品的广告投入与销售额间的关系等，它们之间是有关联的，但是它们之间的关系又不能用普通函数来表示. 我们称这类非确定性关系为**相关关系**. 具有相关关系的变量虽然不具有确定的函数关系，但是可以借助函数关系来表示它们之间的统计规律，这种近似地表示它们之间的相关关系的函数被称为**回归函数**. 回归分析是研究两个或两个以上变量相关关系的一种重要的统计方法.

在实际中最简单的情形是由两个变量组成的关系. 考虑用下列模型表示 $Y = f(x)$. 但是，由于两个变量之间不存在确定的函数关系，因此，必须把随机波动考虑进去，故引入模型如下：

$$Y = f(x) + \varepsilon$$

式中，Y 为随机变量；x 为普通变量；ε 为随机变量（称为随机误差）.

回归分析就是根据已得的试验结果以及以往的经验来建立统计模型，并研究变量间的相关关系，建立起变量之间关系的近似表达式，即经验公式，并由此对相应的变量进行预测和控制等.

一、一元线性回归模型概述

（1）确定回归函数的思想

一元回归是研究两个变量之间相关关系的方法. 粗略地讲，可以理解为用一种确定的函数关系去近似代替比较复杂的相关关系，这个函数称为回归函数，在实际问题中称为经验公式. 两个变量之间的关系是线性的，这就是一元线性回归问题.

（2）确定回归函数的方法

一元线性回归问题中，最常见的是利用散点图或最小二乘法来确定回归函数.

（3）一元线性回归的模型

一般地，当随机变量 Y 与普通变量 x 之间有线性关系时，可设

$$Y = \beta_0 + \beta_1 x + \varepsilon \tag{7-3-1}$$

$\varepsilon \sim N(0, \sigma^2)$，其中 β_0, β_1 为待定系数.

设 $(x_1, Y_1), (x_2, Y_2), \cdots, (x_n, Y_n)$ 是取自总体 (x, Y) 的一组样本，而 $(x_1, y_1), (x_2, y_2), \cdots, (x_n, y_n)$ 是该样本的观察值，在样本和它的观察值中的 $x_1, x_2, \cdots, x_n$ 是取定的不完全相同的数值，而样本中的 $Y_1, Y_2, \cdots, Y_n$ 在试验前为随机变量，在试验或观测后是具体的数值，一次抽样的结果可以取得 n 对数据 $(x_1, y_1), (x_2, y_2), \cdots, (x_n, y_n)$，则有

$$y_i = \beta_0 + \beta_1 x_i + \varepsilon_i, \quad i = 1, 2, \cdots, n \tag{7-3-2}$$

其中 $\varepsilon_1, \varepsilon_2, \cdots, \varepsilon_n$ 相互独立. 在线性模型中，由假设知

$$Y \sim N(\beta_0 + \beta_1 x, \sigma^2), \quad E(Y) = \beta_0 + \beta_1 x \tag{7-3-3}$$

回归分析就是根据样本观察值寻求 β_0, β_1 的估计 $\hat{\beta}_0, \hat{\beta}_1$.

对于给定 x 值，取

$$\hat{Y} = \hat{\beta}_0 + \hat{\beta}_1 x \qquad (7\text{-}3\text{-}4)$$

作为 $E(Y) = \beta_0 + \beta_1 x$ 的估计，式(7-3-4) 称为 Y 关于 x 的**线性回归方程**或**经验公式**，其图像称为**回归直线**，$\hat{\beta}_1$ 称为**回归系数**.

【例 7-3-1】 在硝酸钠（$NaNO_3$）的溶解度试验中，测得在不同温度 x（℃）下，溶解于 100 份水中的硝酸钠份数 y 的数据如下：

x_i	0	4	10	15	21	29	36	61	68
y_i	66.7	71.0	76.3	80.6	85.7	92.9	99.4	113.6	125.1

绘出散点图并试建 y 与 x 的经验公式.

解：将每对观察值 (x_i, y_i) 在直角坐标系中描出，得散点图（见图 7-3-1）. 从图可以看出，这是平面上的 9 个点，这 9 个点虽不在一条直线上，但都在一条直线附近. 因此可以用一条直线来近似地表示 y 与 x 之间的关系，设这条直线的方程为

$$\hat{Y} = \hat{\beta}_0 + \hat{\beta}_1 x$$

其中 $\hat{\beta}_1$ 为回归系数（$\hat{y}$ 表示直线上 y 的值与实际值 y_i 不同）.

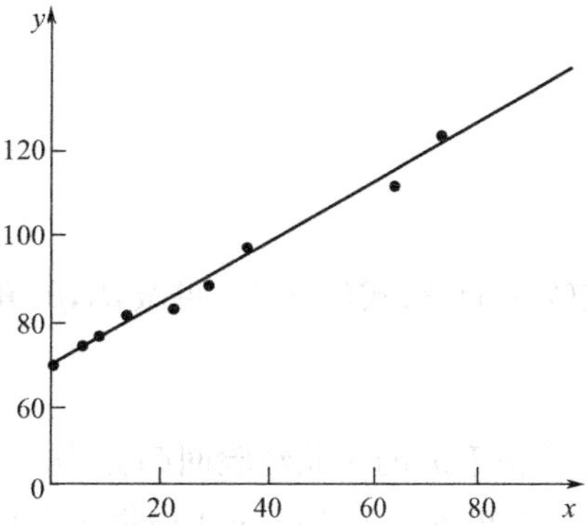

下面是怎样确定 $\hat{\beta}_0$ 和 $\hat{\beta}_1$，使直线总的看来最靠近这几个点.

二、最小二乘估计

对样本的一组观察值 (x_1, y_1)，(x_2, y_2)，$\cdots$，(x_n, y_n)，对每个 x_i，由线性回归方程式(7-3-4) 可以确定一回归值

$$\hat{y}_i = \hat{\beta}_0 + \hat{\beta}_1 x_i$$

图 7-3-1

这个回归值 $\hat{y}_i$ 与实际观察值 y_i 之差

$$y_i - \hat{y}_i = y_i - \hat{\beta}_0 - \hat{\beta}_1 x_i$$

刻画了 y_i 与回归直线 $\hat{y}_i = \hat{\beta}_0 + \hat{\beta}_1 x_i$ 的偏离度. 一个自然的想法就是：对所有 x_i，若 y_i 与 $\hat{y}_i$ 的偏离越小，则认为直线与所有试验点拟和得越好.

令

$$Q(\beta_0, \beta_1) = \sum_{i=1}^{n} (y_i - \beta_0 - \beta_1 x_i)^2$$

上式表示所有观察值 y_i 与回归直线 $\hat{y}_i$ 的偏离平方和，它刻画了所有观察值与回归直线的偏离度. 所谓**最小二乘法**就是寻求 β_0 与 β_1 的估计 $\hat{\beta}_0$，$\hat{\beta}_1$，使

$$Q(\hat{\beta}_0, \hat{\beta}_1) = \min Q(\beta_0, \beta_1).$$

利用微分的方法，求 Q 关于 β_0，β_1 的偏导数，并令其为零，得

$$\begin{cases} \dfrac{\partial Q}{\partial \beta_0} = -2 \sum_{i=1}^{n} (y_i - \beta_0 - \beta_1 x_i) = 0 \\ \dfrac{\partial Q}{\partial \beta_1} = -2 \sum_{i=1}^{n} (y_i - \beta_0 - \beta_1 x_i) x_i = 0 \end{cases}$$

整理得
$$\begin{cases} n\beta_0 + (\sum_{i=1}^{n} x_i)\beta_1 = \sum_{i=1}^{n} y_i \\ (\sum_{i=1}^{n} x_i)\beta_0 + (\sum_{i=1}^{n} x_i^2)\beta_1 = \sum_{i=1}^{n} x_i y_i \end{cases}$$

称此为**正规方程组**，解正规方程组得

$$\begin{cases} \hat{\beta}_0 = \bar{y} - \bar{x}\hat{\beta}_1 \\ \hat{\beta}_1 = (\sum_{i=1}^{n} x_i y_i - n\overline{xy}) / (\sum_{i=1}^{n} x_i^2 - n\bar{x}^2) \end{cases} \tag{7-3-5}$$

其中 $\bar{x} = \dfrac{1}{n}\sum_{i=1}^{n} x_i$，$\bar{y} = \dfrac{1}{n}\sum_{i=1}^{n} y_i$，若记

$$L_{xy} \overset{\text{def}}{=} \sum_{i=1}^{n}(x_i - \bar{x})(y_i - \bar{y}) = \sum_{i=1}^{n} x_i y_i - n\bar{x}\bar{y}$$

$$L_{xx} \overset{\text{def}}{=} \sum_{i=1}^{n}(x_i - \bar{x})^2 = \sum_{i=1}^{n} x_i^2 - n\bar{x}^2$$

则

$$\begin{cases} \hat{\beta}_0 = \hat{\bar{y}} - \bar{x}\hat{\beta}_1 \\ \hat{\beta}_1 = L_{xy}/L_{xx} \end{cases} \tag{7-3-6}$$

式（7-3-5）或式（7-3-6）叫做 β_0, β_1 的**最小二乘估计**. 而

$$\hat{Y} = \hat{\beta}_0 + \hat{\beta}_1 x$$

为 Y 关于 x 的一元经验回归方程.

这里 $n = 9$，(x_i, y_i) 由例 7-3-1 给出，列出计算表格：

i	x_i	y_i	x_i^2	y_i^2	$x_i y_i$
1	0	66.7	0	4448.89	0
2	4	71.0	16	5041	284
3	10	76.3	100	5821.69	763
4	15	80.6	225	6496.36	1209
5	21	85.7	441	7344.49	1799.7
6	29	92.9	841	8630.41	2694.1
7	36	99.4	1296	9880.36	3578.4
8	61	113.6	3721	12904.96	6929.6
9	68	125.1	4624	15650.01	8506.8
$\sum$	234	811.3	10144	76218.17	24628.6

$$\bar{x} = \frac{1}{n}\sum_{i=1}^{n} x_i = \frac{234}{9} = 26$$

$$\bar{y} = \frac{1}{n}\sum_{i=1}^{n} y_i = \frac{811.3}{9} = 90.1444$$

$$L_{xx} = \sum_{i=1}^{9}(x_i - \bar{x})^2 = \sum_{i=1}^{9} x_i^2 - n(\bar{x})^2 = 10144 - \frac{234^2}{9} = 4060$$

$$L_{yy} = \sum_{i=1}^{9}(y_i - \bar{y})^2 = \sum_{i=1}^{9}y_i^2 - n(\bar{y})^2 = 76218.17 - \frac{811.3^2}{9} = 3083.9822$$

$$L_{xy} = \sum_{i=1}^{9}(x_i - \bar{x})(y_i - \bar{y}) = \sum_{i=1}^{9}x_iy_i - 9\bar{x}\bar{y}$$

$$= 24628.6 - 9 \times \frac{234}{9} \times \frac{811.3}{9} = 3534.8$$

$$\hat{\beta}_1 = \frac{L_{xy}}{L_{xx}} = \frac{3534.8}{4060} = 0.8706$$

$$\hat{\beta}_0 = \bar{y} - b\bar{x} = 90.1444 - \frac{3534.8}{4060} \times 26 = 67.5078$$

故所求的回归方程为 $\hat{y} = 67.5078 + 0.8706x$.

三、最小二乘估计的性质

定理　若 $\hat{\beta}_0$、$\hat{\beta}_1$ 为 β_0、β_1 的最小二乘估计，则 $\hat{\beta}_0$、$\hat{\beta}_1$ 分别是 β_0、β_1 的无偏估计，且

$$\hat{\beta}_0 \sim N\left[\beta_0, \sigma^2\left(\frac{1}{n} + \frac{\bar{x}^2}{L_{xx}}\right)\right] , \quad \hat{\beta}_1 \sim N\left[\beta_1, \frac{\sigma^2}{L_{xx}}\right]$$

本定理的证明较为复杂，这里不做详细叙述.

习题 7-3

1. 某种合金钢的抗拉强度 y 与钢中含碳量 x（质量分数）有关，测得数据如下：

x_i	y_i/（千克 / 毫米^2）	x_i	y_i/（千克 / 毫米^2）
0.05	40.8	0.13	45.6
0.07	41.7	0.14	45.1
0.08	41.9	0.16	48.9
0.09	42.8	0.18	50.0
0.10	42.0	0.20	55.0
0.11	43.6	0.21	54.8
0.12	44.8	0.23	60.0

绘出散点图并求 y 关于 x 的线性回归方程.

2. 据统计在一段时期内某种商品的价格 p 与供给量 s 之间有如下一组观测数据：

价格 p_i/元	7	12	6	9	10	8	12	6	11	9	12	10
供给量 s_i/吨	57	72	51	57	60	55	70	55	70	53	76	56

绘出散点图并试求出其线性回归方程.

3. 试证明：

(1) $\sum_{i=1}^{n}(y_i - \hat{y}) = 0$　　　(2) $\sum_{i=1}^{n}(y_i - \hat{y})x_i = 0$　　　(3) $\sum_{i=1}^{n}(y_i - \hat{y})\hat{y}_i = 0$

第四节　一元线性回归的显著性检验

由前面的介绍知道，线性回归方程 $\hat{y} = \hat{\beta}_0 + \hat{\beta}_1x$ 的讨论是在线性假设 $Y = \beta_0 + \beta_1x + \varepsilon$，$\varepsilon \sim N(0, \sigma^2)$ 下进行的. 对于任一组观察值 (x_i, y_i) $(i = 1, 2, \cdots, n)$，不论 y 与 x 是否存

在线性相关关系，都可利用最小二乘法求出回归直线 $\hat{Y}=\hat{\beta}_0+\hat{\beta}_1x$. 显然当 y 与 x 之间并不存在线性相关关系时，所求的回归直线方程就毫无意义. 因此，我们还必须检验 y 与 x 之间是否存在线性相关关系. 即进行相关关系的检验，首先要根据有关专业知识和实践来判断，其次要根据观察值运用假设检验的方法来判断.

由线性回归模型 $Y=\beta_0+\beta_1x+\varepsilon$，$\varepsilon\sim N(0,\sigma^2)$ 可知，当 $\beta_1=0$ 时，就认为 Y 与 x 之间不存在线性回归关系，故需检验如下假设：

$$H_0:\beta_1=0,\qquad H_1:\beta_1\neq 0$$

为了检验假设 H_0，先分析样本观察值 y_i　（$i=1,2,\cdots,n$）与样本均值的偏差，它可以用总的离差平方和来度量，记为

$$S_{总}=\sum_{i=1}^{n}(y_i-\bar{y})^2$$

首先将总的离差平方和进行分解，从而确定各因素对 Y 的各个样本之间的差异的作用.

一、离差平方和的分解

总的离差平方和 $S_{总}=\sum_{i=1}^{n}(y_i-\hat{y}_i+\hat{y}_i-\bar{y})^2$

$$=\sum_{i=1}^{n}(y_i-\hat{y})^2+2\sum_{i=1}^{n}(y_i-\hat{y}_i)(\hat{y}_i-\bar{y})+\sum_{i=1}^{n}(\hat{y}_i-\bar{y})^2$$

$$=\sum_{i=1}^{n}(y_i-\hat{y}_i)^2+\sum_{i=1}^{n}(\hat{y}_i-\bar{y})^2$$

令 $S_{回}=\sum_{i=1}^{n}(\hat{y}_i-\bar{y})^2$, $S_{剩}=\sum_{i=1}^{n}(y_i-\hat{y}_i)^2$，则有

$$S_{总}=S_{剩}+S_{回}$$

上式称为**总离差平方和分解公式**. $S_{回}$ 称为回归平方和，它是由普通变量 x 的变化引起的，它的大小（在与误差相比下）反映了普遍变量 x 的重要程度；$S_{剩}$ 称为剩余平方和，它是由试验误差以及其他未加控制因素引起的，它的大小反映了试验误差及其他因素对试验结果的影响. 下面先给出 $S_{总}$、$S_{回}$、$S_{剩}$ 的计算方法.

$$S_{总}=\sum_{i=1}^{n}(y_i-\bar{y})^2=\sum_{i=1}^{n}y_i^2-n\bar{y}^2=L_{yy}$$

$$S_{回}=\hat{\beta}_1^2L_{xx}=\hat{\beta}_1L_{xy}$$

$$S_{剩}=L_{yy}-\hat{\beta}_1L_{xy}$$

关于 $S_{回}$ 和 $S_{剩}$，有下面的性质.

定理　在线性模型假设下，当 H_0 成立时，$\hat{\beta}_1$ 与 $S_{剩}$ 相互独立，且

$$S_{剩}/\sigma^2\sim\chi^2(n-2),\quad S_{回}/\sigma^2\sim\chi^2(1).$$

二、一元线性回归的显著性检验——F 检验

对 H_0 的检验有三种本质相同的检验方法：T-检验法；F-检验法；相关系数检验法. 这里仅对 F-检验法加以叙述.

由定理知，当 H_0 为真时，取统计量

$$F=\frac{S_{回}}{S_{剩}/(n-2)}\sim F(1,n-2)$$

由给定显著性水平 α，查表得 $F_\alpha(1,n-2)$，根据试验数据 $(x_1,y_1),(x_2,y_2),\cdots,(x_n,y_n)$ 计算 F_0 的值，若 $F_0>F_\alpha(1,n-2)$ 时，拒绝 H_0，表明回归效果显著；若 $F_0\leqslant F_\alpha(1,n-2)$ 时，接受 H_0，此时回归效果不显著.

其步骤如下：

第一步　假设 H_0：y 与 x 存在显著的线性相关关系；

第二步　计算 F_0 的值：$F_0=\dfrac{S_{回}}{S_{剩}/(n-2)}$；

第三步　给定显著性水平 α，查相关系数表，求出临界值 $F_\alpha(1,n-2)$；

第四步　作出判断：若 $F_0>F_\alpha(1,n-2)$ 时，拒绝 H_0，表明回归效果显著；若 $F_0\leqslant F_\alpha(1,n-2)$ 时，接受 H_0，此时回归效果不显著.

需要说明的是，有些问题不需要作出回归直线，而只需要了解是否线性相关，这时，只要作出假设检验即可.

【例 7-4-1】 在某大学一年级新生体检表中，随机抽取 10 张，得到 10 名大学生的身高（x）和体重（y）的数据如下，试求体重关于身高的线性回归方程，并检验回归方程的显著性（$\alpha=0.05$）？

身高 x_i/厘米	体重 y_i/千克	身高 x_i/厘米	体重 y_i/千克
162	51	166	59
170	54	167	55
166	52	170	60
158	47	173	57
174	63	168	54

解： 首先在 $\alpha=0.05$ 下检验假设

$$H_0:\beta_1=0，H_1:\beta_1\neq 0.$$

$$选取统计量 F=\frac{S_{回}}{S_{剩}/(n-2)}\sim F(1,n-2)$$

$$\bar{x}=\frac{1}{10}\sum_{i=1}^{10}x_i=\frac{1674}{10}=167.4$$

$$\bar{y}=\frac{1}{10}\sum_{i=1}^{10}y_i=\frac{552}{10}=55.2$$

$$L_{xx}=\sum_{i=1}^{10}(x_i-\bar{x})^2=\sum_{i=1}^{10}x_i^2-10(\bar{x})^2=280438-10\times(167.4)^2=210.4$$

$$L_{yy}=\sum_{i=1}^{10}(y_i-\bar{y})^2=\sum_{i=1}^{10}y_i^2-10(\bar{y})^2=30670-55.2^2\times 10=199.6$$

$$L_{xy}=\sum_{i=1}^{10}(x_i-\bar{x})(y_i-\bar{y})=\sum_{i=1}^{10}x_iy_i-10\bar{x}\bar{y}=92574-10\times\frac{1674}{10}\times\frac{552}{10}=169.2$$

则

$$\hat{\beta}_1=L_{xy}/L_{xx}=\frac{169.2}{210.4}=0.804$$

$$S_{回}=\hat{\beta}_1L_{xy}=0.804\times 169.2=136.037$$

$$S_{剩}=L_{yy}-\hat{\beta}_1L_{xy}=199.6-136.037=63.563$$

则
$$F_0 = \frac{S_{回}}{S_{剩}/(n-2)} = \frac{136.037}{63.563/8} = 17.12. 查表得 F_{0.05}(1,8) = 5.32$$

显然，$F_0 > F_{0.05}(1,8)$，故拒绝 H_0，由 F 检验法可知，身高 x 与体重 y 之间的线性关系是显著的，设它们之间的关系为：$\hat{Y} = \hat{\beta}_0 + \hat{\beta}_1 x$，则

$$\hat{\beta}_0 = \bar{y} - \bar{x}\hat{\beta}_1 = 55.2 - 167.4 \times 0.804 = -79.39$$

因此线性回归方程为：$\hat{y} = -79.39 + 0.804x$.

习题7-4

1. 有人认为，企业的利润水平和它的研究费用之间存在近似的线性关系，下表所列资料能否证实这种论断？（$\alpha = 0.05$）

年份	1955	1956	1957	1958	1959	1960	1961	1962	1963	1964
研究费用/万元	10	10	8	8	8	12	12	12	11	11
利润/万元	100	150	200	180	250	300	280	310	320	300

2. 随机抽取 12 个城市居民家庭关于收入与食品支出的样本，测得数据如下：

家庭收入 x_i /元	82	93	105	130	144	150	160	180	200	270	300	400
每月食品支出 y_i /元	75	85	92	105	120	120	130	145	156	200	200	240

检验收入与食品支出之间是否存在显著的线性相关关系. 如果存在，求线性回归方程（$\alpha = 0.05$）.

3. 某企业对其生产的一种电子仪器进行维修业务，测得维修的数量与维修的时间数据如下：

数量 x_i /个	7	6	5	1	5	4	7	3	4	2	8	5	2	5	7
时间 y_i /小时	97	86	78	10	75	62	101	39	53	33	118	65	25	71	105

检验维修的数量与维修的时间之间是否存在显著的线性相关关系. 如果存在，求线性回归方程（$\alpha = 0.05$）.

第五节　一元线性回归的预测

在回归问题中，若检验的结果拒绝了 $H_0: \beta_1 = 0$，则表明 y 与 x 的线性相关性显著，也就是回归方程与实际预测数据拟合效果显著，因而可以利用回归方程对因变量 Y 的新观察值进行点预测或区间预测.

根据回归方程的意义，我们自然用 y_0 的回归值 $\hat{y} = \hat{\beta}_0 + \hat{\beta}_1 x_0$，作为 y_0 的预测值，y 的观察值 y_0 与预测值 $\hat{y}_0$ 之差称预测误差. 因 $E\hat{y}_0 = E(\hat{\beta}_0 + \hat{\beta}_1 x_0) = \hat{\beta}_0 + \hat{\beta}_1 x_0 = Ey_0$，故 $\hat{y}_0$ 是 Ey_0 的无偏估计.

下面讨论 y_0 的区间预测问题.

预测的真正意义就是在一定的显著性水平 α 下，寻找一个正数 $\delta(x_0)$，使得实际观察值 y_0 以 $1 - \alpha$ 的概率落入区间 $(\hat{y}_0 - \delta(x_0), \hat{y}_0 + \delta(x_0))$ 内，即

$$P\{|Y_0 - \hat{y}_0| < \delta(x_0)\} = 1 - \alpha$$

由前面的定理知

$$Y_0 - \hat{y}_0 \sim N\left[0, \left[1 + \frac{1}{n} + \frac{(x_0 - \bar{x})^2}{L_{xx}}\right]\sigma^2\right]$$

又因 $Y_0 - \hat{y}_0$ 与 $\hat{\sigma}^2$ 相互独立，且

$$\frac{(n-2)\hat{\sigma}^2}{\sigma^2} \sim \chi^2(n-2)$$

所以

$$T = (Y_0 - \hat{y}_0)/\left[\hat{\sigma}\sqrt{1 + \frac{1}{n} + \frac{(x_0 - \bar{x})^2}{L_{xx}}}\right] \sim t(n-2)$$

故对给定的显著性水平 α ，求得

$$\delta(x_0) = t_{a/2}(n-1)\hat{\sigma}\sqrt{1 + \frac{1}{n} + \frac{(x_0 - \bar{x})^2}{L_{xx}}}$$

故得 y_0 的置信度为 $1-\alpha$ 的预测区间为 $(\hat{y}_0 - \delta(x_0), \hat{y}_0 + \delta(x_0))$.

由上可知，剩余标准差 $\hat{\sigma}$ 越小，预测区间越窄，即预测越精确，另外，对于给定的样本观测值和置信水平而言，x_0 越靠近 $\bar{x}$ 时，预测精度就越高.

特别当 n 很大，并且 x_0 较接近 $\bar{x}$ 时，有

$$\sqrt{1 + \frac{1}{n} + \frac{(x_0 - \bar{x})^2}{L_{xx}}} \approx 1 , \qquad t_{a/2}(n-2) \approx u_{a/2}$$

此时

$$\delta(x) \approx \hat{\sigma}u_{1-a/2}$$

于是 y 的置信水平 $1-\alpha$ 的预测区间近似为

$$(\hat{y}_0 - u_{a/2}\hat{\sigma}, \hat{y}_0 + u_{a/2}\hat{\sigma})$$

作这种近似使得预测工作得到很大简化，特别在应用中，有时更简单地取

$$\alpha = 0.05, u_{1-a/2} = u_{0.975} = 1.96$$
$$\alpha = 0.01, u_{1-a/2} = u_{0.995} = 2.58$$

这就是说，置信水平为 95% 与 99% 的 y 的预测区间分别近似为

$$(\hat{y}_0 - 1.96\hat{\sigma}, \hat{y}_0 + 1.96\hat{\sigma})$$

和

$$(\hat{y}_0 - 2.58\hat{\sigma}, \hat{y}_0 + 2.58\hat{\sigma}) .$$

【例 7-5-1】 为研究温度对某个化学过程的生产量的影响，收集到如下数据：

x	-5	-4	-3	-2	-1	0	1	2	3	4	5
y	1	5	4	7	10	8	9	13	14	13	18

（1）求经验回归方程 $\hat{y} = \hat{\beta}_0 + \hat{\beta}_1 x$ ；

（2）设 $x_0 = 3$ ，求 y_0 的预测值与置信及置信度为 0.95 的预测区间.

解：（1）$n = 11$，$\bar{x} = 0$，$L_{xx} = 110$；$\bar{y} = 9.273$，$L_{xy} = 158$

$$\hat{\beta}_1 = \frac{L_{xy}}{L_{xx}} = \frac{158}{110} = 1.436, \hat{\beta}_0 = \bar{y} - \hat{\beta}_1\bar{x} = 9.273$$

从而经验方程为

$$\hat{y} = 9.273 + 1.436x$$

(2) 当 $x_0 = 3$ 时，有

$$\hat{y} = 9.273 + 1.436 \times 3 = 13.581$$

当 $x_0 = 3$ 时，有

$$\delta(3) = \hat{\sigma} t_{1-\alpha/2}(n-1) \sqrt{1 + \frac{1}{n} + \frac{(x_0 - \bar{x})^2}{L_{xx}}}$$

$$= 1.536 \times 2.26 \times \sqrt{1 + \frac{1}{11} + \frac{3^2}{110}} = 1.536 \times 2.2622 \times 1.083$$

$$= 3.7631$$

故 y_0 的置信水平为 95% 的预测区间为 $[9.818, 17.344]$.

【例 7-5-2】 某职工医院用光电比色计检验尿汞时，得尿汞含量（单位：毫克/升）与消光系数读数的结果如下：

尿汞含量 x	2	4	6	8	10
消光系数 y	64	138	205	285	360

试求：

(1) y 关于 x 的经验回归方程 $\hat{y} = \hat{\beta}_0 + \hat{\beta}_1 x$；

(2) 用 F 检验法检验线性回归方程是否显著（$\alpha = 0.05$）；

(3) 求出 $x_0 = 12$ 时，y_0 的置信水平为 95% 的预测区间.

解：(1) $n = 5$，$L_{xx} = 40$，$L_{xy} = 1478$，有

$$\hat{\beta}_1 = \frac{L_{xy}}{L_{xx}} = 36.95 \text{，} \hat{\beta}_0 = \bar{y} - \bar{x}\hat{\beta}_1 = 1052/5 - 30/5 \times 36.95 = -11.3$$

即 y 关于 x 的回归方程为 $y = -11.3 + 36.95x$.

(2) $S_{回} = \hat{\beta}_1 L_{xy} = 36.95 \times 1478 = 54612.1$，$S_{剩} = L_{yy} - \hat{\beta}_1 L_{xy} = 54649.2 - 36.95 \times 1478 = 37.1$，则

$$F_0 = \frac{S_{回}}{S_{剩}/(n-2)} = \frac{54612.1}{37.1/3} \approx 4416.073$$

对于给定显著水平 $\alpha = 0.05$，查 F 分布表得 $F_{0.05}(1, 5-2) = 10.13$，由于 $F_0 \approx 4416.073 > F_{0.05}(1, 5-2) = 10.13$，故回归方程显著.

(3) 当 $x_0 = 12$ 时，$y_0 = -11.3 + 36.95 \times 12 = 432.1$，则

$$\delta(x_0) = t_{\alpha/2}(n-2) \hat{\sigma} \sqrt{1 + \frac{1}{n} + \frac{(x_0 - \bar{x})^2}{L_{xx}}}$$

$$= 3.1824 \times \sqrt{12.3667} \times \sqrt{1 + \frac{1}{5} + \frac{(12 - 30/5)^2}{40}} \approx 16.218$$

则 y_0 的置信水平为 95% 的预测区间为

$$(\hat{y}_0 - \delta(x_0), \hat{y}_0 + \delta(x_0)) \text{，即} (415.882, 448.318)$$

习题7-5

1. 本章中例 1-1-1，若回归性显著，求 y_0 在 $x = 25℃$ 时的预测区间（$\alpha = 0.05$）.

2. 炼铝厂铝的硬度 x 与抗张硬度 y 的数据如下：

x	68	53	70	84	60	72	51	83	70	64
y	288	298	349	343	290	354	283	324	340	286

（1）求 y 对 x 的回归方程；

（2）检验回归效果是否显著（$\alpha = 0.05$）；

（3）求 y 在 $x = 65$ 处的预测区间（$\alpha = 0.05$）.

综合练习七

1. 为研究某一化学反应过程中，温度 x 对产品得率的影响，测得数据如下：

温度 $x/℃$	100	110	120	130	140	150	160	170	180	190
得率 $y/\%$	45	51	54	61	66	70	74	78	85	89

求：（1）y 关于 x 的线性回归方程；（2）检验回归效果是否显著（$\alpha = 0.05$）？

2. 溶液的溶解度 y 与温度 x 有关，测得数据如下：

$x_i/℃$	0	5	10	15	20
$y_i/\%$	29.0	34.2	40.8	42.4	46.2

检验溶液的溶解度 y 与温度 x 之间是否存在显著的线性相关关系. 如果存在，求 y 关于 x 的线性回归方程（$\alpha = 0.05$）.

3. 对某矿体的 8 个采样进行测定，得到矿体含铜量 x 与含银量 y 的数据如下：

$x_i/\%$	37	34	41	43	41	34	40	45
$y_i/\%$	1.9	2.4	10	12	10	3.6	10	13

试求（1）建立回归直线方程；

（2）作线性相关性检验（$\alpha = 0.01$）.

习题参考答案

习题 1-1

1. 略.

2. A 为随机事件，B 为不可能事件，C 为必然事件.

3. 语文数学至少一科不及格，语文数学均不及格，语文数学均及格，$\overline{A} \cap \overline{B} \subset \overline{A} \cup \overline{B}$.

4. 对立一定互斥，但互斥不一定对立. 5. (1) $A \subset B$；(2) $B \subset A$. 6. (1) $AB\overline{C}$；(2) $\overline{A}BC, A\overline{B}C, AB\overline{C}$；

(3) $A+B+C$. 7. (1) $A_1\overline{A_2A_3} + \overline{A_1}A_2\overline{A_3} + \overline{A_1}\ \overline{A_2}A_3$；(2) $A_1A_2\overline{A_3}$

8. (1) $A_1\overline{A_2A_3} + \overline{A_1}A_2\overline{A_3} + \overline{A_1}\ \overline{A_2}A_3$；(2) $\overline{A_1A_2A_3}$；(3) $A_1+A_2+A_3$；(4) $\overline{A_1A_2A_3}$.

习题 1-2

1. 是. 2. 不是. 3. (1) 82%；(2) 85%；(3) 95%；(4) 13%. 4. (1) 0.76；(2) 0.24. 5. 0.5

6. $\dfrac{3}{8}$. 7. (1) 在 $A \subset B$ 时，$P(AB)$ 取最大值 0.6；(2) $A+B=\Omega$ 时，$P(AB)$ 取最小值 0.3.

习题 1-3

1. $\dfrac{5}{21}$. 2. (1) $\dfrac{15}{28}$；(2) $\dfrac{9}{14}$；(3) $\dfrac{13}{28}$. 3. (1) $\dfrac{1}{10^7}$；(2) $\dfrac{1}{A_{10}^7}$. 4. $\dfrac{780}{1711}$.

5. $P\{$没有废品$\}=0.6516, P\{$没有合格品$\}=0.0000536$. 6. $\dfrac{3}{10}$. 7. 0.7785. 8. 0.05. 9. 0.53. 10.

0.25, 0.375. 11. 0.105. 12. $P(A_1)=\dfrac{7}{15}$；$P(A_2)=\dfrac{14}{15}$；$P(A_3)=\dfrac{7}{30}$. 13. 0.121.

习题 1-4

1. 独立. 2. 0.8, 0.6, 0.5, 0.625, 0.83. 3. (1) 0.26；(2) 0.6；(3) 0.6667.

4. 0.01. 5. (1) $\dfrac{1}{10}$；(2) $\dfrac{1}{10}$；(3) $\dfrac{1}{9}$. 6. 0.92. 7. 0.0199.

8. (1) 0.27；(2) 0.15. 9. 0.32. 10. $\dfrac{2}{3}$ 11. $\dfrac{1}{3}$. 12. $\dfrac{2}{5}, \dfrac{1}{10}, \dfrac{2}{3}$.13. 略.

习题 1-5

1. 不一定. 2. 独立. 3. $\dfrac{4}{5}$. 4. 0.328. 5. (1) 0.56；(2) 0.24；(3) 0.14.

6. (1) 0.0015；(2) 0.0485；(3) 0.0785. 7. 0.63. 8. $C_9^3 p^4(1-p)^6$. 9. 11. 10. (1) 0.0512；

(2) 0.9933. 11. $\dfrac{1}{3}$. 12. (1) 0.402；(2) 0.201；(3) 0.6651. 13. (1) 0.0729；(2) 0.00856.

综合练习一

一、1. B，样本空间 Ω，空集 Φ，A. 2. 0.8. 3. $\dfrac{7}{15}$. 4. 0.7. 5. 0.28 6. 0.3456.

7.甲畅销或乙滞销. 8. $\dfrac{1}{2}$. 9. $(1-p)(1-q)$.

二、1. A 2. C 3. B 4. A 5. B.

三、1. $\dfrac{9}{20}$. 2. (1) (a) $\dfrac{16}{25}$,(b) $\dfrac{8}{25}$; (2) (a) $\dfrac{28}{45}$, (b) $\dfrac{16}{45}$. 3. (1) 0.288; (2) 0.216. 4. 0.4.

5. 0.75. 6. $\dfrac{7}{40}$. 7. 0.62. 8. 0.788. 9. (1) 0.01814; (2) 0.9999. 10. $\dfrac{1}{2}+\dfrac{1}{\pi}$.

11. (1) $\dfrac{1}{30}$; (2) 均为 $\dfrac{2}{5}$. 12. 0.9993. 13. 0.696. 14. 0.458.

15.第二次取到一号球的概率最大. 16. (1) 0.1402；(2) 一个部件不是优质品的概率最大.

习题 2-1

1. 略. 2. 4，0.75. 3. 0.632，0.189.

习题 2-2

1.

X	0	1	2	3
P	7/10	7/30	7/120	1/120

2. (1) $F(x)=\begin{cases}0, & x<0 \\ 0.2, & 0\leqslant x<1 \\ 0.5, & 1\leqslant x<2 \\ 0.6, & 2\leqslant x<3 \\ 1, & x\geqslant 3\end{cases}$; (2) 0.5，0.5，0.6. 3. 0.968， 4.17. 5. 2 6. 0.206

7. (1) $P\{X=k\}=C_5^k\left(\dfrac{1}{4}\right)^k\left(\dfrac{3}{4}\right)^{5-k}$; (2) 0.1035. 8. $\dfrac{37}{16}$, 0.32. 9. 0.76189.

习题 2-3

1. (1) $F(x)=\begin{cases}0, & x\leqslant 100 \\ 1-\dfrac{100}{x}, & x>100\end{cases}$; (2) $\dfrac{1}{2}$; (3) $\dfrac{1}{3}$

2. (1) 1，-1; (2) $1-\mathrm{e}^{-2}$; (3) $f(x)=\begin{cases}2\mathrm{e}^{-2x}, & x>0 \\ 0, & x\leqslant 0\end{cases}$

3. (1) 0.3438; (2) 0.3750; (3) 0.5. 4. $\dfrac{20}{27}$. 5. (1) 0.0392; (2) 0.8187; (3) 0.8187.

6. 0.0013，0.5764，0.0228; 7. (1) 0.383，0.6247，0.5987; (2) $a=-2$.

8. (1) 0.8185; (2) 0.0062; (3) 0.0668. 9. 4099.

习题 2-4

1. (1) $a=\dfrac{1}{10}$; (2)

Y	-1	0	3	8
P	3/10	1/5	3/10	1/5

2.

Y	−1	0	1
P	2/15	1/3	8/15

3. $f_Y(y) = \begin{cases} \dfrac{1}{y}, & 1 < y < e \\ 0 & \text{其他} \end{cases}$　　4. $f_Y(y) = \begin{cases} \dfrac{\lambda}{y^2} e^{\frac{\lambda}{y}}, & y > 0 \\ 0, & y \leqslant 0 \end{cases}$

5. $f_Y(y) = \begin{cases} \dfrac{1}{2\sqrt{y}}, & 0 < y \leqslant 1 \\ 0 & \text{其他} \end{cases}$

习题 2-5

1. $\dfrac{3}{8}$.　2. 0.5.　3. (1)

X	0	1	2	3	4	5
P	1/32	5/32	10/32	10/32	5/32	1/32

　(2)　2.5,　1.25.　4.　−1.6, 1.5.

5. 全部可能值 0, 1, ⋯, 9, 概率为 $1 - \left(\dfrac{1}{3}\right)^9$.　6. $a = 3, b = 2$.　7. (1) 3, 4;　(2) $\dfrac{1}{3}$, $\dfrac{5}{45}$.

综合练习二

一、1. 6.　2. $B(3, 0.01)$.　3. $\dfrac{19}{27}$.　4. $\dfrac{4}{3} e^{-2}$.　5. 100.　6. e^{-1}.

7. $\dfrac{1}{2}$.　8. $f(\ln y) \dfrac{1}{y}, (y > 0)$.　9. 1.　10. 4.　11. 2.　12. $\dfrac{1}{18}$.

二、1. A　2. B　3. B　4. B　5. C　6. B　7. C

三、

1.

X	−3	1	2
P	1/3	1/2	1/6

$F(x) = \begin{cases} 0, & x < -3 \\ \dfrac{1}{3}, & -3 \leqslant x < 1 \\ \dfrac{5}{6}, & 1 \leqslant x < 2 \\ 1, & x \geqslant 2 \end{cases}$

2. (1) 0.018; (2) 0.013.　3. 1, $\dfrac{1}{2}$.　4.　0.9265.　5. $e^{\lambda a}$, $1 - e^{-\lambda}$.

6. (1) 21; (2) $F(x) = \begin{cases} 0, & x < 0 \\ 7x^3 + \dfrac{1}{2}x^2, & 0 \leqslant x < 0.5 \\ 1, & x \geqslant 0.5 \end{cases}$, (3) $\dfrac{17}{54}$, (4) $\dfrac{103}{108}$.

7. $\mu = 5, \sigma = 2$; 0.3228.　8. 78.75.　9. $\dfrac{\pi}{12}(a^2 + ab + b^2)$.　10. 0.6, 0.46.

11. 0, 0.5.

习题 3-1

1. (1) $F(b, c) - F(a, c)$;　(2) $F(+\infty, b) - F(+\infty, 0)$;　(3) $F(+\infty, b) - F(a, b)$.　2. 不能. (注: 非负性)

习题 3-2

1.

x	1	3
p	0.43	0.57

y	-1	0	4
p	0.21	0.33	0.46

2. $\dfrac{1}{4}$; $\dfrac{5}{16}$; $\dfrac{9}{16}$.

3.

X \ Y	1	3	$P\{X=x_i\}$
0	0	1/8	1/8
1	3/8	0	3/8
2	3/8	0	3/8
3	0	1/8	1/8
$P\{Y=y_j\}$	3/4	1/4	1

4.

X	1	2	3	4
p_i	1/4	1/4	1/4	1/4

Y	1	2	3	4
p_i	25/48	13/48	7/48	1/16

5.

Y \ X	0	1	2	3
0	0	0	3/35	2/35
1	0	6/35	12/35	2/35
2	1/35	6/35	3/35	0

习题 3-3

1. $\dfrac{1}{4}$ 2. (1) $\dfrac{1}{8}$; (2) $\dfrac{3}{8}$; (3) $\dfrac{27}{32}$; (4) $\dfrac{2}{3}$.

3. (1) $f(x,y) = \begin{cases} 6, & 0 \leqslant x \leqslant 1, x^2 \leqslant y \leqslant x \\ 0, & \text{其他} \end{cases}$;

(2) $f_X(x) = \begin{cases} 6(x-x^2), & 0 \leqslant x \leqslant 1 \\ 0, & \text{其他} \end{cases}$, $f_Y(y) = \begin{cases} 6(\sqrt{y}-y), & 0 \leqslant y \leqslant 1 \\ 0, & \text{其他} \end{cases}$; (3) $\dfrac{1}{2}$

4. (1) $f(x,y) = \begin{cases} x\mathrm{e}^{-xy}, & 1 \leqslant x \leqslant 2, y \geqslant 0 \\ 0, & \text{其他} \end{cases}$; (2) $f_Y(y) = \begin{cases} y(\mathrm{e}^{-y}-2\mathrm{e}^{-2y})+\mathrm{e}^{-y}-\mathrm{e}^{-2y}, & y \geqslant 0 \\ 0, & \text{其他} \end{cases}$.

5. $f_X(x) = \begin{cases} \mathrm{e}^{-x}, & x > 0 \\ 0, & x \leqslant 0 \end{cases}$,　　　　$f_Y(y) = \begin{cases} \mathrm{e}^{-y}, & y > 0 \\ 0, & y \leqslant 0 \end{cases}$.　6. $\dfrac{1}{16}$

习题 3-4

1. (1) $p_{11} = \dfrac{1}{4}$, $p_{12} = 0$, $p_{22} = \dfrac{1}{2}$; (2) 不独立.

2. (1) $f_X(x) = \begin{cases} \mathrm{e}^{-x}, & x > 0 \\ 0, & x \leqslant 0 \end{cases}$,　　$f_Y(y) = \begin{cases} \mathrm{e}^{-y}, & y > 0 \\ 0, & y \leqslant 0 \end{cases}$; (2) 不独立.

3. (1)

X＼Y	−1/2	1	3
−2	1/8	1/16	1/16
−1	1/6	1/12	1/12
0	1/24	1/48	1/48
1/2	1/6	1/12	1/12

; (2) $\dfrac{1}{12}$; (3) $\dfrac{3}{4}$.

4. $1 - \mathrm{e}/2$　5. (1) $f(x, y) = \begin{cases} \dfrac{1}{2} \mathrm{e}^{-\frac{y}{2}}, & 0 < x < 1, y > 0 \\ 0, & \text{其他} \end{cases}$; (2) 0.1445.

习题 3-5

1.

(1)

X＋Y	−2	0	1	3	4
p_i	1/10	1/5	1/2	1/10	1/10

(2)

XY	−2	−1	1	2	4
p_i	1/2	1/5	1/10	1/10	1/10

(3)

X／Y	−2	−1	−1/2	1	2
p_i	1/5	1/5	3/10	1/5	1/10

(4)

max{X,Y}	−1	1	2
p_i	1/10	1/5	7/10

2.

(1)

X＋Y	3	5	7
p_i	0.18	0.54	0.28

(2)

XY	2	4	6	12
p_i	0.18	0.12	0.42	0.28

3. $f_Z(z) = \begin{cases} 3z^2, & 0 \leqslant z \leqslant 1 \\ 0, & \text{其他} \end{cases}$.　4. $f_Z(z) = \begin{cases} \dfrac{z^3}{6} \mathrm{e}^{-z}, & z > 0 \\ 0, & \text{其他} \end{cases}$.　5. (1) $b = \dfrac{1}{1 - \mathrm{e}^{-1}}$;

(2) $f_X(x) = \begin{cases} \dfrac{\mathrm{e}^{-x}}{1 - \mathrm{e}^{-1}}, & x > 0 \\ 0, & x \leqslant 0 \end{cases}$, $f_Y(y) = \begin{cases} \mathrm{e}^{-y}, & y > 0 \\ 0, & y \leqslant 0 \end{cases}$; (3) $F_U(u) = \begin{cases} 0, & u < 0 \\ \dfrac{(1 - \mathrm{e}^{-u})^2}{1 - \mathrm{e}^{-1}}, & 0 \leqslant u < 1 \\ 1 - \mathrm{e}^{-u}, & u \geqslant 1 \end{cases}$

$$6. f_Z(z) = \begin{cases} 1 - e^{-z}, & 0 < z < 1 \\ (e-1)e^{-z}, & z \geqslant 1 \\ 0, & \text{其他} \end{cases}$$

习题 3-6

1.

(1)

$X \mid Y = 1$	0	1	2
p_k	3/11	8/11	0

(2)

$Y \mid X = 2$	0	1	2
p_k	4/7	0	3/7

2.

(1)

X	51	52	53	54	55
p_k	0.18	0.15	0.35	0.12	0.20

Y	51	52	53	54	55
p_k	0.28	0.28	0.22	0.09	0.13

(2)

K	51	52	53	54	55
$P\{X = K \mid Y = 51\}$	6/28	7/28	5/28	5/28	5/28

3. 当 $0 < y < 1$ 时，$f_{X \mid Y}(x \mid y) = \dfrac{f(x,y)}{f_Y(y)} = \begin{cases} \dfrac{2x}{y^2}, & 0 \leqslant x \leqslant y \\ 0, & \text{其他} \end{cases}$

当 $0 < x < 1$ 时，$f_{Y \mid X}(y \mid x) = \begin{cases} \dfrac{2y}{1 - x^2}, & x \leqslant y \leqslant 1 \\ 0, & \text{其他} \end{cases}$

4.(1) $k = 4$；(2) $f_X(x) = \begin{cases} 2xe^{-x^2}, & x \geqslant 0 \\ 0, & x < 0 \end{cases}$，$f_Y(y) = \begin{cases} 2ye^{-y^2}, & y \leqslant 0 \\ 0, & y > 0 \end{cases}$；(3) 相互独立；

(4) $y \geqslant 0$ 时，$f_{X \mid Y}(x \mid y) = f_X(x) = \begin{cases} 2xe^{-x^2}, & x \geqslant 0 \\ 0, & x < 0 \end{cases}$．

5.(1) $f_X(x) = \begin{cases} e^{-x}, & x > 0 \\ 0, & \text{其他} \end{cases}$；$f_Y(y) = \begin{cases} ye^{-y}, & y > 0 \\ 0, & \text{其他} \end{cases}$．

(2) $f_{Y \mid X}(y \mid x) = \begin{cases} e^{x-y}, & y > x > 0 \\ 0, & \text{其他} \end{cases}$；$f_{X \mid Y}(x \mid y) = \begin{cases} \dfrac{1}{y}, & y > x > 0 \\ 0, & \text{其他} \end{cases}$；(3) $\dfrac{e^{-2} - 3e^{-4}}{1 - 5e^{-4}}$．

6. $f(x,y) = \begin{cases} \dfrac{1}{\sqrt{2}\,\pi} e^{-\frac{y^2}{2}}, & 0 \leqslant x \leqslant 1, -\infty < y < +\infty \\ 0, & \text{其他} \end{cases}$

习题 3-7

1. 0 2. 略. 3. $\rho_{XY} = -\dfrac{1}{2}$，相关. 4. $D(X) = D(Y)$. 5. $-\dfrac{1}{36}$，$-\dfrac{1}{11}$，$\dfrac{5}{9}$. 6. $-\dfrac{1}{2}$.

7. 14166.67.　8. 3，108.

习题 3-8

1. $\dfrac{3}{4}$.　2. $\dfrac{1}{12}$.　3. 0.5222.

4. 0.99999（中），0.9475（切），中心极限定理比切比雪夫不等式更精确.

5. 0.5；0.　6. 62.　7.（1）0.2843；（2）0.5.　8. 0.96.

综合练习三

1.（1）

放回抽样

X\Y	0	1
0	25/36	5/36
1	5/36	1/36

不放回抽样

X\Y	0	1
0	45/66	10/66
1	10/66	1/66

（2）放回抽样和不放回抽样的情况都是

X	0	1
p_i	$\dfrac{5}{6}$	$\dfrac{1}{6}$

Y	0	1
p_i	$\dfrac{5}{6}$	$\dfrac{1}{6}$

（3）放回抽样时，相互独立；不放回抽样时，不独立.

2.（1）$f(x,y)=\begin{cases}1,&(x,y)\in D\\0,&\text{其他}\end{cases}$；（2）$\dfrac{1}{4}$；（3）$\dfrac{1}{4}$.

3.（1）$A=\dfrac{1}{\pi^2}$；（2）$f(x,y)=\dfrac{6}{\pi^2(4+x^2)(9+y^2)}$；（3）$f_X(x)=\dfrac{2}{\pi(4+x^2)}$，$f_Y(y)=\dfrac{3}{\pi(9+y^2)}$；

（4）$\dfrac{3}{16}$.　4.（1）不独立；（2）$f_Z(z)=\begin{cases}\dfrac{1}{2}z^2 e^{-z},&z>0\\0,&\text{其他}\end{cases}$.

5. $\dfrac{1}{2}$；　6.（1）$f_Z(z)=\begin{cases}0,&z<0\\12e^{-3z}-12e^{-4z},&z\geqslant0\end{cases}$；（2）$f_N(z)=\begin{cases}0,&z<0\\7e^{-7z},&z>0\end{cases}$.

7. 36，27.　8. 1/6，1/18.　9. 不独立，不相关.　10. 证明略.　11.（1）$e^{-\frac{1}{8}}-e^{-\frac{1}{2}}$；（2）$\sqrt{2\pi}$；　12.

（1）$\dfrac{1}{3}$，3；（2）0.　13. $\sqrt{\dfrac{1}{e+1}}$.　14. 切比雪夫 $n\geqslant250$，中心极限 $n\geqslant68$，中心极限比切比雪夫精确.

15. 0.1802.　16. 0.1814.

习题 4-1

1. 略.　2.（1）67.4，31.64；（2）112.8，1.29.　3.（1）是；（2）不是；（3）不是；（4）不是；

（5）是；（6）是.　4. B.　5. 15.32，50.

6. $f(x_1,x_2,\cdots,x_n)=\begin{cases}\lambda^n e^{-\lambda\sum\limits_{i=1}^{n}x_i},&x_i>0(i=1,2,\cdots,n),\\0,&\text{其他}.\end{cases}$

7. σ^2.　8.（1）0.000747，（2）0.93517.　9. 100　$F_n(x)=\begin{cases}0, & x<2 \\ 0.2, & 2\leqslant x<3 \\ 0.5, & 3\leqslant x<4 \\ 0.6, & 4\leqslant x<5 \\ 0.85, & 5\leqslant x<6 \\ 1, & x\geqslant 6\end{cases}$

习题 4-2

1. t，　9.　2. $\dfrac{1}{3}$.　3. 0.025.　4.（1）0.253，1.28，1.65；（2）0.711，9.488，2.558，23.209；（3）

0.1623，6.1614，0.0912；（4）1.812，2.353，1.415.　5. 1.64　6. 3.355.

习题 4-3

1. $N(0,1)$，　$t(n-1)$，　$\chi^2(n-1)$，　$\chi^2(n)$.　2. 0.8293.　3. 0.94.

4.（1）0.909，（2）0.95.　5.（1）$\chi^2(2(n-1))$，（2）$F(1,2n-2)$.　6. 　$0.025\leqslant p(s_1^2\geqslant 2s_2^2)\leqslant 0.05$

综合练习四

一、1. 0.3085，0.1335.　2. 随机，独立，同分布.　3. μ，$\dfrac{\sigma}{n}$.

4. $\left(\mu,\dfrac{\sigma^2}{n}\right)$，$\chi^2(n-1)$.　5. 　$\dfrac{1}{2\sqrt{2\pi}}e^{-\frac{(x-4)^2}{8}}$.　6. 　$N(0,1)$，$t(n-1)$.　7. 　$\dfrac{\alpha}{2}$.

二、1. D　2. C　3. B　4. B　5. D

三、1. 　0.2061.　2. 　2.602，2.457，2.326.　3. 　3.37，0.324.

习题 5-1

1. $\hat{p}=\dfrac{1}{\overline{X}}$.　2. $\hat{a}=3\overline{X}$.　3. $\hat{a}=2.22$，$\hat{b}=22.40$.　4. $\hat{\theta}=3$.　5. $\hat{\lambda}=\overline{X}$.

6. $\hat{\beta}=\dfrac{-n}{\sum\limits_{i=1}^{n}\ln(X_i)}-1$，0.2340.　7.（1）$\hat{\theta}=\overline{X}$；（2）$\hat{\theta}=\dfrac{n}{\sum\limits_{i=1}^{n}X_i^{\alpha}}$.

习题 5-2

1. $C=\dfrac{1}{2(n-1)}$.　2~3 略.

习题 5-3

1.（1）(67.28,81.98)；（2）(67.96,81.30).　2.（145.58,162.42）.　3. 12.

4.（1）(42.97,43.93)；（2）(0.53,1.15).　5.（7.4,21.1).

6.（1）(46.39,153.61)；（2）(0.330,1.299).

综合练习五

一、1. $\dfrac{\overline{X}}{4}$；2. $\overline{X}$；3. $\dfrac{1}{\overline{x}}$；4. $1-\alpha$.

二、1. D 2. D 3. C 4. C

三、1. $\dfrac{\sum\limits_{i=1}^{n} X_i}{n^2} - \dfrac{\sum\limits_{i=1}^{n}(X_i - \overline{X})^2}{n(n-1)}$.   2. $3\overline{X}$.   3. $\hat{\theta} = 2\overline{X} - 1$.

4. (1) T_1 , T_3 ; (2) T_3 .   5. $a = \dfrac{n_1}{n_1 + n_2}$, $b = \dfrac{n_2}{n_1 + n_2}$.   6. $\hat{\theta} = 1 - \dfrac{\overline{X}}{2}$.

7. $\left(\dfrac{\overline{X}}{1 - \overline{X}}\right)^2$, $\left(n / \sum\limits_{i=1}^{n} \ln X_i\right)^2$.   8. $\overline{X}$.   9. (1.730, 2.802) .

10. (6.117, 6.583) .   11. (10332, 10392) .

习题 6-1

1~6 略

7. 可以这样认为.   8. 可以这样认为.   9. 可认为是一样的.   10. 不应该这样认为.   11. 一样的.

习题 6-2

1. 提出假设检验问题：$H_0 : u = 4.48 \leftrightarrow H_1 : u \ne 4.48$，接受原假设 H_0，即认为铁水平均含碳量与原来没有明显的区别.

2. 可以这样认为.

3. 检验假设 $H_0 : \mu_0 = 1277 \leftrightarrow H_1 : \mu_1 \ne 1277$，接受原假设 H_0，即可以认为 $\mu_0 = 1277$.

4. 检验假设 $H_0 : \mu_0 = 200 \leftrightarrow H_1 : \mu_0 \ne 200$，接收原假设 H_0，认为改进包装对扩大销售没有明显的效果.

5. 检验假设 $H_0 : \sigma^2 = 200 \leftrightarrow H_1 : \sigma^2 \ne 200$
   接受原假设 H_0，认为保险丝方差与原来的方差的差异不显著.

6. 检验假设：$H_0 : \mu_0 = 10.5, H_1 : \mu_1 \ne 10.5$，接受 H_0 即该机工作正常.

7. 建立假设 $H_0 : \mu_0 \geqslant 1000, H_1 : \mu_0 . < 1000$，接受 H_0，即这批元件是合格的.

8. 假设检验问题：$H_0 : \mu = 32.50, H_1 : \mu \ne 32.50$，拒绝原假设 H_0，即这批零件的长度与 32.50 有偏差.

9. 进行假设检验：$H_0 : \mu = 100, H_1 : \mu \ne 100$，
   接受假设 H_0，即今天的打包机工作正常.

10. 假设检验问题：$H_0 : \mu = 72, H_1 : \mu \ne 72$，接受 H_0，即铅中毒患者与正常人的脉搏没有显著差异.

11. 假设检验问题：$H_0 : \mu = 112.6, H_1 : \mu \ne 112.6$，接受原假设，即用测温仪间接测温无明显的系统偏差.

习题 6-3

1. 拒绝 H_0，即认为两厂生产的灯泡寿命有显著差异.

2. 该检验法的拒绝域为 $W = \left\{ \dfrac{\overline{x} - 2\overline{y}}{\sqrt{\dfrac{\sigma_1^2}{n_1} + \dfrac{4\sigma_2^2}{n_2}}} < -u_\alpha \right\}$.

3. 接受 H_0，即认为这一地区男女生的物理考试成绩不相上下

4. 拒绝原假设 H_0，即可认为有否增施磷肥对玉米产量的改变有统计意义

5. 拒绝 H_0，认为两机床加工的产品尺寸有显著差异

6. 接受 H_0，即认为两车床加工精度无差异.

7. 拒绝原假设，认为两厂生产的电阻值的方差不同.

8. 接受原假设，两种安睡眠药疗效无显著差异.

9. 略

10. 拒绝 H_0，即认为建议的新操作方法较原来的方法为优.

综合练习六

一、1. C 2. D 3. C 4. C 5. C 6. C 7. D 8. D 9. B 10. D

二、1. $t = \dfrac{\overline{X}}{s/\sqrt{n}}$.   2. $U, U = \dfrac{\overline{X} - \mu_0}{\sigma_0/\sqrt{n}}$ ， N $(0, 1)$.   3. 增加样本容量.

4. (1) $U = \dfrac{\overline{X} - \overline{Y}}{\sqrt{\dfrac{\sigma_X^2}{m} + \dfrac{\sigma_Y^2}{n}}}$ ，   N $(0, 1)$；(2) $T = \dfrac{\overline{X} - \overline{Y}}{\sqrt{\dfrac{(m-1)S_1^2 - (n-1)S_2^2}{m+n-2}}\sqrt{\dfrac{1}{m} + \dfrac{1}{n}}}$ ；$t(m+n-2)$.

5. χ^2，$\chi^2 = \dfrac{(n-1)S^2}{\sigma_0^2}$，$\chi^2(n-1)$.   6. $T = -1.443$，接受 .

三、

1. 假设检验：$H_0: \mu = 2350$ VS $H_1: \mu \neq 2350$，拒绝原假设，即这批电子元件的平均使用寿命不可认为是 2350 时.

2. 检验的原假设和备择假设为：$H_0: \mu_1 = \mu_2$ VS $H_0: \mu_1 \neq \mu_2$，接受原假设，则可以认为两台机床加工产品直径的长度无显著差异.

3. 检验的原假设和备择假设为：$H_0: \mu_1 = \mu_2$ VS $H_0: \mu_1 \neq \mu_2$，接受原假设，即可以认为两窑生产的砖抗折强度无明显差异.

4. 检验的原假设和备择假设为：$H_0: \sigma^2 = 0.02^2$ VS $H_1: \sigma^2 \neq 0.02^2$，拒绝原假设，因而这批轴料椭圆度的总体方差与规定方差 $\sigma_0^2 = 0.0004$ 有显著差.

5. 待检验的原假设和备择假设为：$H_0: \sigma^2 = 1.2^2$ VS $H_1: \sigma^2 \neq 1.2^2$，接受原假设，即改进工艺后纤维的抗拉强度是符合要求.

6. 待检验的原假设和备择假设为：$H_0: \sigma_1^2 = \sigma_2^2$ VS $H_1: \sigma_1^2 \neq \sigma_2^2$，拒绝原假设，两种配方生产的产品抗压强度的标准差是有显著差异.

7. 接受原假设，这两批器材的电阻方差是相同的.

8. 待检验的原假设和备择假设为：$H_0: \sigma_1^2 = \sigma_2^2$ VS $H_1: \sigma_1^2 \neq \sigma_2^2$，接受原假设，可以认为这批矿砂的含镍量是 3.25%.

9. 待检验的原假设和备择假设为：$H_0: \mu_1 = \mu_2$ VS $H_0: \mu_1 \neq \mu_2$，拒绝原假设，可以认为在不同温度下强力是有显著差异.

10. 待检验的原假设和备择假设为：$H_0: \sigma^2 \geqslant 8^2$ VS $H_1: \sigma^2 < 8^2$，接受原假设，可认为这批保险丝熔断时间的方差大于 64.

11. 待检验的原假设和备择假设为：$H_0: \mu = 9.73$ VS $H_1: \mu \neq 9.73$，接受原假设，可认为断头率没有受到显著影响.

12. 待检验的原假设和备择假设为：$H_0: \mu \leqslant 6.7$ VS $H_0: \mu > 6.7$，拒绝原假设，可以认为收看电视时间显著提高.

习题 7-1

1. 各总体均值有显著差异；$(6.75, 18.45)$，$(-7.65, 4.05)$ $(-20.25, -8.55)$；

2. 差异显著；

3. 差异显著.

习题 7-2

1. 只有浓度的影响是显著的；

2.因素 A、因素 B 的影响均不显著.

习题 7-3

1. $\hat{y} = 90.91 - 328.18x$, 　　$\hat{S} = 30.48 + 3.27p$.

习题 7-4

1. 不能.

2. 显著, $\hat{y} = 41.04 + 0.54x$.

3. 存在, $\hat{y} = -2.322 + 14.738x$

习题 7-5

1. 显著, $[86.8113, 91.8450]$.

2. (1) $\hat{y} = 19395 + 1.80x$; 　　(2) 显著; 　　(3) 　$[255.988, 366.004]$.

综合练习七

1. (1) $\hat{y} = -2.735 + 0.483x$ 　　(2) 显著　2. 显著　$\hat{y} = 30 + 0.852x$ 　　3. $\hat{y} = -33.09 + 1.04x$

附　　表

附表 1　泊松分布概率值表

$$P\{X = k\} = \frac{\lambda^k}{k!}e^{-\lambda}$$

k \ λ	0.1	0.2	0.3	0.4	0.5	0.6	0.7	0.8
0	0.904537	0.818731	0.740818	0.670320	0.606531	0.548812	0.496585	0.449329
1	0.090484	0.163746	0.222245	0.268128	0.303265	0.329287	0.347610	0.359463
2	0.004524	0.016375	0.033337	0.053626	0.075816	0.098786	0.121663	0.143785
3	0.000151	0.001092	0.003334	0.007150	0.012636	0.019757	0.028388	0.038343
4	0.000004	0.000055	0.000250	0.000715	0.001580	0.002964	0.004968	0.007669
5		0.000002	0.000015	0.000057	0.000158	0.000356	0.000696	0.001227
6			0.000001	0.000004	0.000013	0.000036	0.000081	0.000164
7					0.000001	0.000003	0.000008	0.000019
8							0.000001	0.000020
9								
10								
11								
12								
13								
14								
15								
16								
17								

k \ λ	0.9	1.0	1.5	2.0	2.5	3.0	3.5	4.0
0	0.406570	0.367879	0.223130	0.135335	0.082085	0.049787	0.030197	0.018316
1	0.365913	0.367879	0.334695	0.270671	0.205212	0.149361	0.105691	0.073263
2	0.164661	0.183940	0.251021	0.270671	0.256516	0.224042	0.184959	0.146525
3	0.049398	0.061313	0.125511	0.180447	0.213763	0.224042	0.215785	0.195367
4	0.011115	0.015328	0.047067	0.090224	0.133602	0.168031	0.188812	0.195367
5	0.002001	0.003066	0.014120	0.036089	0.066801	0.100819	0.132169	0.156293
6	0.000300	0.000511	0.003530	0.012030	0.027834	0.050409	0.077098	0.104196
7	0.000039	0.000073	0.000756	0.003437	0.009941	0.021604	0.038549	0.059540
8	0.000004	0.000009	0.000142	0.000859	0.003106	0.008102	0.016865	0.029770
9		0.000001	0.000024	0.000191	0.000963	0.002701	0.006559	0.013231
10			0.000004	0.000038	0.000216	0.000810	0.002296	0.005292
11				0.000007	0.000049	0.000221	0.000730	0.001925
12				0.000001	0.000010	0.000055	0.000213	0.000642
13					0.000002	0.000013	0.000057	0.000197
14						0.000003	0.000014	0.000056
15						0.000001	0.000003	0.000015
16							0.000001	0.000004
17								0.000001

k \ λ	4.5	5.0	5.5	6.0	6.5	7.0	7.5	8.0
0	0.011109	0.006738	0.004087	0.002479	0.001503	0.000912	0.000553	0.000335
1	0.049990	0.033690	0.022477	0.014873	0.009772	0.006383	0.004148	0.002684
2	0.011248	0.087224	0.061812	0.044618	0.031760	0.022341	0.015555	0.010735
3	0.168718	0.142374	0.113323	0.089235	0.068814	0.052129	0.038889	0.028626
4	0.189808	0.175467	0.155819	0.133853	0.111822	0.091226	0.072916	0.057252
5	0.170827	0.175467	0.171401	0.160623	0.145369	0.127717	0.109375	0.091604
6	0.128120	0.146223	0.157117	0.160623	0.157483	0.149003	0.136718	0.122138
7	0.082363	0.104445	0.123449	0.137677	0.146234	0.149003	0.146484	0.139587
8	0.046329	0.065278	0.084871	0.103258	0.118815	0.130377	0.137329	0.139587
9	0.023165	0.036266	0.051866	0.068838	0.085811	0.101405	0.114440	0.124077
10	0.010424	0.018133	0.028536	0.041303	0.055777	0.070983	0.085830	0.099262
11	0.004264	0.008242	0.014263	0.022529	0.032959	0.045171	0.058521	0.072190
12	0.001599	0.003434	0.006537	0.011264	0.017853	0.026350	0.036575	0.048127
13	0.000554	0.001321	0.002766	0.005199	0.008926	0.014188	0.021101	0.029616
14	0.000178	0.000472	0.001087	0.002228	0.004144	0.007094	0.011304	0.016924
15	0.000053	0.000157	0.000398	0.000891	0.001796	0.003311	0.005652	0.009026
16	0.000015	0.000049	0.000137	0.000334	0.000730	0.001448	0.002649	0.004513
17	0.000004	0.000014	0.000044	0.000118	0.000279	0.000596	0.001169	0.002212
18	0.000001	0.000004	0.000014	0.000039	0.000101	0.000232	0.000487	0.000944
19		0.000001	0.000004	0.000012	0.000034	0.000085	0.000192	0.000397
20			0.000001	0.000004	0.000011	0.000030	0.000072	0.000159
21				0.000001	0.000003	0.000010	0.000026	0.000061
22					0.000001	0.000003	0.000009	0.000022
23						0.000001	0.000003	0.000008
24							0.000001	0.000003
25								0.000001
26								
27								
28								
29								

k \ λ	8.5	9.0	9.5	10.0	k \ λ	20	k \ λ	30
0	0.000203	0.000123	0.000075	0.000450	5	0.0001	12	0.0001
1	0.001729	0.001111	0.000711	0.000454	6	0.0002	13	0.0002
2	0.007350	0.004998	0.003378	0.002270	7	0.0005	14	0.0005
3	0.020826	0.014994	0.010696	0.007567	8	0.0013	15	0.0010
4	0.044255	0.033737	0.025403	0.018917	9	0.0029	16	0.0019
5	0.075233	0.060727	0.048266	0.037833	10	0.0058	17	0.0034
6	0.106581	0.091090	0.076421	0.063055	11	0.0106	18	0.0057
7	0.129419	0.117116	0.103714	0.090079	12	0.0176	19	0.0089
8	0.137508	0.131756	0.123160	0.112599	13	0.0271	20	0.0134
9	0.129869	0.131756	0.130003	0.125110	14	0.0387	21	0.0192
10	0.110388	0.118580	0.123502	0.125110	15	0.0516	22	0.0261
11	0.085300	0.097020	0.106661	0.113736	16	0.0646	23	0.0341
12	0.060421	0.072765	0.084440	0.094780	17	0.0760	24	0.0426
13	0.039506	0.050376	0.061706	0.072908	18	0.0844	25	0.0511
14	0.023986	0.032384	0.041872	0.052077	19	0.0888	26	0.0590
15	0.013592	0.019431	0.026519	0.034718	20	0.0888	27	0.0655
16	0.007221	0.010930	0.015746	0.021699	21	0.0846	28	0.0702
17	0.003610	0.005786	0.008799	0.012764	22	0.0769	29	0.0726
18	0.001705	0.002893	0.004644	0.007091	23	0.0669	30	0.0726
19	0.000763	0.001370	0.002322	0.003732	24	0.0557	31	0.0703
20	0.000324	0.000617	0.001103	0.001866	25	0.0446	32	0.0659
21	0.000131	0.000264	0.000499	0.000889	26	0.0343	33	0.0599
22	0.000051	0.000108	0.000215	0.000404	27	0.0254	34	0.0529
23	0.000019	0.000042	0.000089	0.000176	28	0.0181	35	0.0453
24	0.000007	0.000016	0.000035	0.000073	29	0.0125	36	0.0378
25	0.000002	0.000006	0.000013	0.000029	30	0.0083	37	0.0306
26	0.000001	0.000002	0.000005	0.000011	31	0.0054	38	0.0242
27		0.000001	0.000002	0.000004	32	0.0034	39	0.0186
28			0.000001	0.000001	33	0.0020	40	0.0139
29				0.000001	34	0.0012	41	0.0102
					35	0.0007	42	0.0073
					36	0.0004	43	0.0051
					37	0.0002	44	0.0035
					38	0.0001	45	0.0023
					39	0.0001	46	0.0015
							47	0.0010
							48	0.0006

附表 2 标准正态分布表

$$\Phi(x) = \int_{-\infty}^{x} \frac{1}{\sqrt{2\pi}} e^{-t^2/2} dt = P\{X \leqslant x\}$$

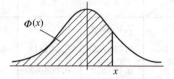

x	0	1	2	3	4	5	6	7	8	9
0.0	0.5000	0.5040	0.5080	0.5120	0.5160	0.5199	0.5239	0.5279	0.5319	0.5359
0.1	0.5398	0.5438	0.5478	0.5517	0.5557	0.5596	0.5636	0.5675	0.5714	0.5753
0.2	0.5793	0.5832	0.5871	0.5910	0.5948	0.5987	0.6026	0.6064	0.6103	0.6141
0.3	0.6179	0.6217	0.6255	0.6293	0.6331	0.6368	0.6406	0.6443	0.6480	0.6517
0.4	0.6554	0.6591	0.6628	0.6664	0.6700	0.6736	0.6772	0.6808	0.6844	0.6879
0.5	0.6915	0.6950	0.6985	0.7019	0.7054	0.7088	0.7123	0.7157	0.7190	0.7224
0.6	0.7257	0.7291	0.7324	0.7357	0.7389	0.7422	0.7454	0.7486	0.7517	0.7549
0.7	0.7580	0.7611	0.7642	0.7673	0.7704	0.7734	0.7764	0.7794	0.7823	0.7852
0.8	0.7881	0.7910	0.7939	0.7967	0.7995	0.8023	0.8051	0.8078	0.8106	0.8133
0.9	0.8159	0.8186	0.8212	0.8238	0.8264	0.8289	0.8315	0.8340	0.8365	0.8389
1.0	0.8413	0.8438	0.8461	0.8485	0.8508	0.8531	0.8554	0.8577	0.8599	0.8621
1.1	0.8643	0.8665	0.8686	0.8708	0.8729	0.8749	0.8770	0.8790	0.8810	0.8830
1.2	0.8849	0.8869	0.8888	0.8907	0.8925	0.8944	0.8962	0.8980	0.8997	0.9015
1.3	0.9032	0.9049	0.9066	0.9082	0.9099	0.9115	0.9131	0.9147	0.9162	0.9177
1.4	0.9192	0.9207	0.9222	0.9236	0.9251	0.9265	0.9279	0.9292	0.9306	0.9319
1.5	0.9332	0.9345	0.9357	0.9370	0.9382	0.9394	0.9406	0.9418	0.9429	0.9441
1.6	0.9452	0.9463	0.9474	0.9484	0.9495	0.9505	0.9515	0.9525	0.9535	0.9545
1.7	0.9554	0.9564	0.9573	0.9582	0.9591	0.9599	0.9608	0.9616	0.9625	0.9633
1.8	0.9641	0.9649	0.9656	0.9664	0.9671	0.9678	0.9686	0.9693	0.9699	0.9706
1.9	0.9713	0.9719	0.9726	0.9732	0.9738	0.9744	0.9750	0.9756	0.9761	0.9767
2.0	0.9772	0.9778	0.9783	0.9788	0.9793	0.9798	0.9803	0.9808	0.9812	0.9817
2.1	0.9821	0.9826	0.9830	0.9834	0.9838	0.9842	0.9846	0.9850	0.9854	0.9857
2.2	0.9861	0.9864	0.9868	0.9871	0.9875	0.9878	0.9881	0.9884	0.9887	0.9890
2.3	0.9893	0.9896	0.9898	0.9901	0.9904	0.9906	0.9909	0.9911	0.9913	0.9916
2.4	0.9918	0.9920	0.9922	0.9925	0.9927	0.9929	0.9931	0.9932	0.9934	0.9936
2.5	0.9938	0.9940	0.9941	0.9943	0.9945	0.9946	0.9948	0.9949	0.9951	0.9952
2.6	0.9953	0.9955	0.9956	0.9957	0.9959	0.9960	0.9961	0.9962	0.9963	0.9964
2.7	0.9965	0.9966	0.9967	0.9968	0.9969	0.9970	0.9971	0.9972	0.9973	0.9974
2.8	0.9974	0.9975	0.9976	0.9977	0.9977	0.9978	0.9979	0.9979	0.9980	0.9981
2.9	0.9981	0.9982	0.9982	0.9983	0.9984	0.9984	0.9985	0.9985	0.9986	0.9986
3.0	0.9987	0.9990	0.9993	0.9995	0.9997	0.9998	0.9998	0.9999	0.9999	1.0000

注：表中末行为函数值 $\Phi(3.0)$，$\Phi(3.1)$，$\cdots$，$\Phi(3.9)$．

附表 3　　t 分布表

$$P\{t(n) > t_\alpha(n)\} = \alpha$$

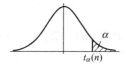

n	$\alpha = 0.25$	0.1	0.05	0.025	0.01	0.005
1	1.0000	3.0777	6.3138	12.7062	31.8205	63.6567
2	0.8165	1.8856	2.9200	4.3027	6.9646	9.9248
3	0.7649	1.6377	2.3534	3.1824	4.5407	5.8409
4	0.7407	1.5332	2.1318	2.7764	3.7469	4.6041
5	0.7267	1.4759	2.0150	2.5706	3.3649	4.0321
6	0.7176	1.4398	1.9432	2.4469	3.1427	3.7074
7	0.7111	1.4149	1.8946	2.3646	2.9980	3.4995
8	0.7064	1.3968	1.8595	2.3060	2.8965	3.3554
9	0.7027	1.3830	1.8331	2.2622	2.8214	3.2498
10	0.6998	1.3722	1.8125	2.2281	2.7638	3.1693
11	0.6974	1.3634	1.7959	2.2010	2.7181	3.1058
12	0.6955	1.3562	1.7823	2.1788	2.6810	3.0545
13	0.6938	1.3502	1.7709	2.1604	2.6503	3.0123
14	0.6924	1.3450	1.7613	2.1448	2.6245	2.9768
15	0.6912	1.3406	1.7531	2.1314	2.6025	2.9467
16	0.6901	1.3368	1.7459	2.1199	2.5835	2.9208
17	0.6892	1.3334	1.7396	2.1098	2.5669	2.8982
18	0.6884	1.3304	1.7341	2.1009	2.5524	2.8784
19	0.6876	1.3277	1.7291	2.0930	2.4395	2.8609
20	0.6870	1.3253	1.7247	2.0860	2.5280	2.8453
21	0.6864	1.3232	1.7207	2.0796	2.5176	2.8314
22	0.6858	1.3212	1.7171	2.0739	2.5083	2.8188
23	0.6853	1.3195	1.7139	2.0687	2.4999	2.8073
24	0.6848	1.3178	1.7109	2.0639	2.4922	2.7969
25	0.6844	1.3163	1.7081	2.0595	2.4851	2.7874
26	0.6840	1.3150	1.7056	2.0555	2.4786	2.7787
27	0.6837	1.3137	1.7033	2.0518	2.4727	2.7707
28	0.6834	1.3125	1.7011	2.0484	2.4671	2.7633
29	0.6830	1.3114	1.6991	2.0452	2.4620	2.7564
30	0.6828	1.3104	1.6973	2.0423	2.4573	2.7500
31	0.6825	1.3095	1.6955	2.0395	2.4528	2.7440
32	0.6822	1.3086	1.6939	2.0369	2.4487	2.7385
33	0.6820	1.3077	1.6924	2.0345	2.4448	2.7333
34	0.6818	1.3070	1.6909	2.0322	2.4411	2.7284
35	0.6816	1.3062	1.6896	2.0301	2.4377	2.7238
36	0.6814	1.3055	1.6883	2.0281	2.4345	2.7195
37	0.6812	1.3049	1.6871	2.0262	2.4314	2.7154
38	0.6810	1.3042	1.6860	2.0244	2.4286	2.7116
39	0.6808	1.3036	1.6849	2.0227	2.4258	2.7079
40	0.6807	1.3031	1.6839	2.0211	2.4233	2.7045
41	0.6805	1.3025	1.6829	2.0195	2.4208	2.7012
42	0.6804	1.3020	1.6820	2.0181	2.4185	2.6981
43	0.6802	1.3016	1.6811	2.0167	2.4163	2.6951
44	0.6801	1.3011	1.6802	2.0154	2.4141	2.6923
45	0.6800	1.3006	1.6794	2.0141	2.4121	2.6896

附表 4　χ² 分布上侧分位数表

$$P\{\chi^2(n) > \chi_\alpha^2(n)\} = \alpha$$

n \ α	0.995	0.99	0.975	0.95	0.90	0.75
1	——	——	0.001	0.004	0.016	0.102
2	0.010	0.020	0.051	0.103	0.211	0.575
3	0.072	0.115	0.216	0.352	0.584	1.213
4	0.207	0.297	0.484	0.711	1.064	1.923
5	0.412	0.554	0.831	1.145	1.610	2.675
6	0.676	0.872	1.237	1.635	2.204	3.455
7	0.989	1.239	1.690	2.167	2.833	4.255
8	1.344	1.646	2.180	2.733	3.490	5.071
9	1.735	2.088	2.700	3.325	4.168	5.899
10	2.156	2.558	3.247	3.940	4.865	6.737
11	2.603	3.053	3.816	4.575	5.578	7.584
12	3.074	3.571	4.404	5.226	6.304	8.438
13	3.565	4.107	5.009	5.892	7.042	9.299
14	4.075	4.660	5.629	6.571	7.790	10.165
15	4.601	5.229	6.262	7.261	8.547	11.037
16	5.142	5.812	6.908	7.962	9.312	11.912
17	5.697	6.408	7.564	8.672	10.085	12.792
18	6.265	7.015	8.231	9.390	10.865	13.675
19	6.844	7.633	8.907	10.117	11.651	14.562
20	7.434	8.260	9.591	10.851	12.443	15.452
21	8.034	8.897	10.283	11.591	13.240	16.344
22	8.643	9.542	10.982	12.338	14.041	17.240
23	9.260	10.196	11.689	13.091	14.848	18.137
24	9.886	10.856	12.401	13.848	15.659	19.037
25	10.520	11.524	13.120	14.611	16.473	19.939
26	11.160	12.198	13.844	15.379	17.292	20.843
27	11.808	12.879	14.573	16.151	18.114	21.749
28	12.461	13.565	15.308	16.928	18.939	22.657
29	13.121	14.256	16.047	17.708	19.768	23.567
30	13.787	14.953	16.791	18.493	20.599	24.478
31	14.458	15.655	17.539	19.281	21.434	25.390
32	15.134	16.362	18.291	20.072	22.271	26.304
33	15.815	17.074	19.047	20.867	23.110	27.219
34	16.501	17.789	19.806	21.664	23.952	28.136
35	17.192	18.509	20.569	22.465	24.797	29.054
36	17.887	19.233	21.336	23.269	25.643	29.973
37	18.586	19.960	22.106	24.075	26.492	30.893
38	19.289	20.691	22.878	24.884	27.343	31.815
39	19.996	21.426	23.654	25.695	28.196	32.737
40	20.707	22.164	24.433	26.509	29.051	33.660
41	21.421	22.906	25.215	27.326	29.907	34.585
42	22.138	23.650	25.999	28.144	30.765	35.510
43	22.859	24.398	26.785	28.965	31.625	36.436
44	23.584	25.148	27.575	29.787	32.487	37.363
45	24.311	25.901	28.366	30.612	33.350	38.291

α n	0.25	0.10	0.05	0.025	0.01	0.005
1	1.323	2.706	3.841	5.024	6.635	7.879
2	2.773	4.605	5.991	7.378	9.210	10.597
3	4.108	6.251	7.815	9.348	11.345	12.838
4	5.385	7.779	9.488	11.143	13.277	14.860
5	6.626	9.236	11.070	12.833	15.086	16.750
6	7.841	10.645	12.592	14.449	16.812	18.548
7	9.037	12.017	14.067	16.013	18.475	20.278
8	10.219	13.362	15.507	17.535	20.090	21.955
9	11.389	14.684	16.919	19.023	21.666	23.589
10	12.549	15.987	18.307	20.483	23.209	25.188
11	13.701	17.275	19.675	21.920	24.725	26.757
12	14.845	18.549	21.026	23.337	26.217	28.300
13	15.984	19.812	22.362	24.736	27.688	29.819
14	17.117	21.064	23.685	26.119	29.141	31.319
15	18.245	22.307	24.996	27.488	30.578	32.801
16	19.369	23.542	26.296	28.845	32.000	34.267
17	20.489	24.769	27.587	30.191	33.409	35.718
18	21.605	25.989	28.869	31.526	34.805	37.156
19	22.718	27.204	30.144	32.852	36.191	38.582
20	23.828	28.412	31.410	34.170	37.566	39.997
21	24.935	29.615	32.671	35.479	38.932	41.401
22	26.039	30.813	33.924	36.781	40.289	42.796
23	27.141	32.007	35.172	38.076	41.638	44.181
24	28.241	33.196	36.415	39.364	42.980	45.559
25	29.339	34.382	37.652	40.646	44.314	46.928
26	30.435	35.563	38.885	41.923	45.642	48.290
27	31.528	36.741	40.113	43.195	46.963	49.645
28	32.620	37.916	41.337	44.461	48.278	50.993
29	33.711	39.087	42.557	45.722	49.588	52.336
30	34.800	40.256	43.773	46.979	50.892	53.672
31	35.887	41.422	44.985	48.232	52.191	55.003
32	36.973	42.585	46.194	49.480	53.486	56.328
33	38.058	43.745	47.400	50.725	54.776	57.648
34	39.141	44.903	48.602	51.966	56.061	58.964
35	40.223	46.059	49.802	53.203	57.342	60.275
36	41.304	47.212	50.998	54.437	58.619	61.581
37	42.383	48.363	52.192	55.668	59.893	62.883
38	43.462	49.513	53.384	56.896	61.162	64.181
39	44.539	50.660	54.572	58.120	62.428	65.476
40	45.616	51.805	55.758	59.342	63.691	66.766
41	46.692	52.949	56.942	60.561	64.950	68.053
42	47.766	54.090	58.124	61.777	66.206	69.336
43	48.840	55.230	59.304	62.990	67.459	70.616
44	49.913	56.369	60.481	64.201	68.710	71.893
45	50.985	57.505	61.656	65.410	69.957	73.166

附表5　F 分布上侧分位数表

$$P\{F(n_1,n_2) > F_\alpha(n_1,n_2)\} = \alpha$$

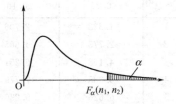

$\alpha = 0.10$

n_2 \ n_1	1	2	3	4	5	6	7	8	9
1	39.86	49.50	53.59	55.83	57.24	58.20	58.91	59.44	59.86
2	8.53	9.00	9.16	9.24	9.29	9.33	9.35	9.37	9.38
3	5.54	5.46	5.39	5.34	5.31	5.28	5.27	5.25	5.24
4	4.54	4.32	4.19	4.11	4.05	4.01	3.98	3.95	3.94
5	4.06	3.78	3.62	3.52	3.45	3.40	3.37	3.34	3.32
6	3.78	3.46	3.29	3.18	3.11	3.05	3.01	2.98	2.96
7	3.59	3.26	3.07	2.96	2.88	2.83	2.78	2.75	2.72
8	3.46	3.11	2.92	2.81	2.73	2.67	2.62	2.59	2.56
9	3.36	3.01	2.81	2.69	2.61	2.55	2.51	2.47	2.44
10	3.29	2.92	2.73	2.61	2.52	2.46	2.41	2.38	2.35
11	3.23	2.86	2.66	2.54	2.45	2.39	2.34	2.30	2.27
12	3.18	2.81	2.61	2.48	2.39	2.33	2.28	2.24	2.21
13	3.14	2.76	2.56	2.43	2.35	2.28	2.23	2.20	2.16
14	3.10	2.73	2.52	2.39	2.31	2.24	2.19	2.15	2.12
15	3.07	2.70	2.49	2.36	2.27	2.21	2.16	2.12	2.09
16	3.05	2.67	2.46	2.33	2.24	2.18	2.13	2.09	2.06
17	3.03	2.64	2.44	2.31	2.22	2.15	2.10	2.06	2.03
18	3.01	2.62	2.42	2.29	2.20	2.13	2.08	2.04	2.00
19	2.99	2.61	2.40	2.27	2.18	2.11	2.06	2.02	1.98
20	2.97	2.59	2.38	2.25	2.16	2.09	2.04	2.00	1.96
21	2.96	2.57	2.36	2.23	2.14	2.08	2.02	1.98	1.95
22	2.95	2.56	2.35	2.22	2.13	2.06	2.01	1.97	1.93
23	2.94	2.55	2.34	2.21	2.11	2.05	1.99	1.95	1.92
24	2.93	2.54	2.33	2.19	2.10	2.04	1.98	1.94	1.91
25	2.92	2.53	2.32	2.18	2.09	2.02	1.97	1.93	1.89
26	2.91	2.52	2.31	2.17	2.08	2.01	1.96	1.92	1.88
27	2.90	2.51	2.30	2.17	2.07	2.00	1.95	1.91	1.87
28	2.89	2.50	2.29	2.16	2.06	2.00	1.94	1.90	1.87
29	2.89	2.50	2.28	2.15	2.06	1.99	1.93	1.89	1.86
30	2.88	2.49	2.28	2.14	2.05	1.98	1.93	1.88	1.85
40	2.84	2.44	2.23	2.09	2.00	1.93	1.87	1.83	1.79
60	2.79	2.39	2.18	2.04	1.95	1.87	1.82	1.77	1.74
120	2.75	2.35	2.13	1.99	1.90	1.82	1.77	1.72	1.68
∞	2.71	2.30	2.08	1.94	1.85	1.77	1.72	1.67	1.63

续表

$\alpha = 0.10$

n_2 \ n_1	10	12	15	20	24	30	40	60	120	∞
1	60.19	60.17	61.22	61.74	62.00	62.26	62.53	62.79	63.06	63.33
2	9.39	9.41	9.42	9.44	9.45	9.46	9.47	9.47	9.48	9.49
3	5.23	5.22	5.20	5.18	5.18	5.17	5.16	5.15	5.14	5.13
4	3.92	3.90	3.87	3.84	3.83	3.82	3.80	3.79	3.78	4.76
5	3.30	3.27	3.24	3.21	3.19	3.17	3.16	3.14	3.12	3.10
6	2.94	2.90	2.87	2.84	2.82	2.80	2.78	2.76	2.74	2.72
7	2.70	2.67	2.63	2.59	2.58	2.56	2.54	2.51	2.49	2.47
8	2.54	2.50	2.46	2.42	2.40	2.38	2.36	2.34	2.32	2.29
9	2.42	2.38	2.34	2.30	2.28	2.25	2.23	2.21	2.18	2.16
10	2.32	2.28	2.24	2.20	2.18	2.16	2.13	2.11	2.08	2.06
11	2.25	2.21	2.17	2.12	2.10	2.08	2.05	2.03	2.00	1.97
12	2.19	2.15	2.10	2.06	2.04	2.01	1.99	1.96	1.93	1.90
13	2.14	2.10	2.05	2.01	1.98	1.96	1.93	1.90	1.88	1.85
14	2.10	2.05	2.01	1.96	1.94	1.91	1.89	1.86	1.83	1.80
15	2.06	2.02	1.97	1.92	1.90	1.87	1.85	1.82	1.79	1.76
16	2.03	1.99	1.94	1.89	1.87	1.84	1.81	1.78	1.75	1.72
17	2.00	1.96	1.91	1.86	1.84	1.81	1.78	1.75	1.72	1.69
18	1.98	1.93	1.89	1.84	1.81	1.78	1.75	1.72	1.69	1.66
19	1.96	1.91	1.86	1.81	1.79	1.76	1.73	1.70	1.67	1.63
20	1.94	1.89	1.84	1.79	1.77	1.74	1.71	1.68	1.64	1.61
21	1.92	1.87	1.83	1.78	1.75	1.72	1.69	1.66	1.62	1.59
22	1.90	1.86	1.81	1.76	1.73	1.70	1.67	1.64	1.60	1.57
23	1.89	1.84	1.80	1.74	1.72	1.69	1.66	1.62	1.59	1.55
24	1.88	1.83	1.78	1.73	1.70	1.67	1.64	1.61	1.57	1.53
25	1.87	1.82	1.77	1.72	1.69	1.66	1.63	1.59	1.56	1.52
26	1.86	1.81	1.76	1.71	1.68	1.65	1.61	1.58	1.54	1.50
27	1.85	1.80	1.75	1.70	1.67	1.64	1.60	1.57	1.53	1.49
28	1.84	1.79	1.74	1.69	1.66	1.63	1.59	1.56	1.52	1.48
29	1.83	1.78	1.73	1.68	1.65	1.62	1.58	1.55	1.51	1.47
30	1.82	1.77	1.72	1.67	1.64	1.61	1.57	1.54	1.50	1.46
40	1.76	1.71	1.66	1.61	1.57	1.54	1.51	1.47	1.42	1.38
60	1.71	1.66	1.60	1.54	1.51	1.48	1.44	1.40	1.35	1.29
120	1.65	1.60	1.55	1.48	1.45	1.41	1.37	1.32	1.26	1.19
∞	1.60	1.55	1.49	1.42	1.38	1.34	1.30	1.24	1.17	1.00

续表

$\alpha = 0.05$

n_2 \ n_1	1	2	3	4	5	6	7	8	9
1	161.4	199.5	215.7	224.6	230.2	234.0	236.8	238.9	240.5
2	18.51	19.00	19.16	19.25	19.30	19.33	19.35	19.37	19.38
3	10.13	9.55	9.28	9.12	9.01	8.94	8.89	8.85	8.81
4	7.71	6.94	6.59	6.39	6.26	6.16	6.09	6.04	6.00
5	6.61	5.79	5.41	5.19	5.05	4.95	4.88	4.82	4.77
6	5.99	5.14	4.76	4.53	4.39	4.28	4.21	4.15	4.10
7	5.59	4.74	4.35	4.12	3.97	3.87	3.79	3.73	3.68
8	5.32	4.46	4.07	3.84	3.69	3.58	3.50	3.44	3.39
9	5.12	4.26	3.86	3.63	3.48	3.37	3.29	3.23	3.18
10	4.96	4.10	3.71	3.48	3.33	3.22	3.14	3.07	3.02
11	4.84	3.98	3.59	3.36	3.20	3.09	3.01	2.95	2.90
12	4.75	3.89	3.49	3.26	3.11	3.00	2.91	2.85	2.80
13	4.67	3.81	3.41	3.18	3.03	2.92	2.83	2.77	2.71
14	4.60	3.74	3.34	3.11	2.96	2.85	2.76	2.70	2.65
15	4.54	3.68	3.29	3.06	2.90	2.79	2.71	2.64	2.59
16	4.49	3.63	3.24	3.01	2.85	2.74	2.66	2.59	2.54
17	4.45	3.59	3.20	2.96	2.81	2.70	2.61	2.55	2.49
18	4.41	3.55	3.16	2.93	2.77	2.66	2.58	2.51	2.46
19	4.38	3.52	3.13	2.90	2.74	2.63	2.54	2.48	2.42
20	4.35	3.49	3.10	2.87	2.71	2.60	2.51	2.45	2.39
21	4.32	3.47	3.07	2.84	2.68	2.57	2.49	2.42	2.37
22	4.30	3.44	3.05	2.82	2.66	2.55	2.46	2.40	2.34
23	4.28	3.42	3.03	2.80	2.64	2.53	2.44	2.37	2.32
24	4.26	3.40	3.01	2.78	2.62	2.51	2.42	2.36	2.30
25	4.24	3.39	2.99	2.76	2.60	2.49	2.40	2.34	2.28
26	4.23	3.37	2.98	2.74	2.59	2.47	2.39	2.32	2.27
27	4.21	3.35	2.96	2.73	2.57	2.46	2.37	2.31	2.25
28	4.20	3.34	2.95	2.71	2.56	2.45	2.36	2.29	2.24
29	4.18	3.33	2.93	2.70	2.55	2.43	2.35	2.28	2.22
30	4.17	3.32	2.92	2.69	2.53	2.42	2.33	2.27	2.21
40	4.08	3.23	2.84	2.61	2.45	2.34	2.25	2.18	2.12
60	4.00	3.15	2.76	2.53	2.37	2.25	2.17	2.10	2.04
120	3.92	3.07	2.68	2.45	2.29	2.18	2.09	2.02	1.96
∞	3.84	3.00	2.60	2.37	2.21	2.10	2.01	1.94	1.88

续表

$\alpha = 0.05$

n_2 \ n_1	10	12	15	20	24	30	40	60	120	∞
1	241.9	243.9	245.9	248.0	249.1	250.1	251.1	252.2	253.3	254.3
2	19.40	19.41	19.43	19.45	19.45	19.46	19.47	19.48	19.49	19.50
3	8.79	8.74	8.70	8.66	8.64	8.62	8.59	8.57	8.55	8.53
4	5.96	5.91	5.86	5.80	5.77	5.75	5.72	5.69	5.66	5.63
5	4.74	4.68	4.62	4.56	4.53	4.50	4.46	4.43	4.40	4.36
6	4.06	4.00	3.94	3.87	3.84	3.81	3.77	3.74	3.70	3.67
7	3.64	3.57	3.51	3.44	3.41	3.38	3.34	3.30	3.27	3.23
8	3.35	3.28	3.22	3.15	3.12	3.08	3.04	3.01	2.97	2.93
9	3.14	3.07	3.01	2.94	2.90	2.86	2.83	2.79	2.75	2.71
10	2.98	2.91	2.85	2.77	2.74	2.70	2.66	2.62	2.58	2.54
11	2.85	2.79	2.72	2.65	2.61	2.57	2.53	2.49	2.45	2.40
12	2.75	2.69	2.62	2.54	2.51	2.47	2.43	2.38	2.34	2.30
13	2.67	2.60	2.53	2.46	2.42	2.38	2.34	2.30	2.25	2.21
14	2.60	2.53	2.46	2.39	2.35	2.31	2.27	2.22	2.18	2.13
15	2.54	2.48	2.40	2.33	2.29	2.25	2.20	2.16	2.11	2.07
16	2.49	2.42	2.35	2.28	2.24	2.19	2.15	2.11	2.06	2.01
17	2.45	2.38	2.31	2.23	2.19	2.15	2.10	2.06	2.01	1.96
18	2.41	2.34	2.27	2.19	2.15	2.11	2.06	2.02	1.97	1.92
19	2.38	2.31	2.23	2.16	2.11	2.07	2.03	1.98	1.93	1.88
20	2.35	2.28	2.20	2.12	2.08	2.04	1.99	1.95	1.90	1.84
21	2.32	2.25	2.18	2.10	2.05	2.01	1.96	1.92	1.87	1.81
22	2.30	2.23	2.15	2.07	2.03	1.98	1.94	1.89	1.84	1.78
23	2.27	2.20	2.13	2.05	2.01	1.96	1.91	1.86	1.81	1.76
24	2.25	2.18	2.11	2.03	1.98	1.94	1.89	1.84	1.79	1.73
25	2.24	2.16	2.09	2.01	1.96	1.92	1.87	1.82	1.77	1.71
26	2.22	2.15	2.07	1.99	1.95	1.90	1.85	1.80	1.75	1.69
27	2.20	2.13	2.06	1.97	1.93	1.88	1.84	1.79	1.73	1.67
28	2.19	2.12	2.04	1.96	1.91	1.87	1.82	1.77	1.71	1.65
29	2.18	2.10	2.03	1.94	1.90	1.85	1.81	1.75	1.70	1.64
30	2.16	2.09	2.01	1.93	1.89	1.84	1.79	1.74	1.68	1.62
40	2.08	2.00	1.92	1.84	1.79	1.74	1.69	1.64	1.58	1.51
60	1.99	1.92	1.84	1.75	1.70	1.65	1.59	1.53	1.47	1.39
120	1.91	1.83	1.75	1.66	1.61	1.55	1.50	1.43	1.35	1.25
∞	1.83	1.75	1.67	1.57	1.52	1.46	1.39	1.32	1.22	1.00

$\alpha = 0.025$

n_2 ＼ n_1	1	2	3	4	5	6	7	8	9
1	647.8	799.5	864.2	899.6	921.8	937.1	948.2	956.7	963.3
2	38.51	39.00	39.17	39.25	39.30	39.33	39.36	39.37	39.39
3	17.44	16.04	15.44	15.10	14.88	14.73	14.62	14.54	14.47
4	12.22	10.65	9.98	9.60	9.36	9.20	9.07	8.98	8.90
5	10.01	8.43	7.76	7.39	7.15	6.98	6.85	6.76	6.68
6	8.81	7.26	6.60	6.23	5.99	5.82	5.70	5.60	5.52
7	8.07	6.54	5.89	5.52	5.29	5.12	4.99	4.90	4.82
8	7.57	6.06	5.42	5.05	4.82	4.65	4.53	4.43	4.36
9	7.21	5.71	5.08	4.72	4.48	4.32	4.20	4.10	4.03
10	6.94	5.46	4.83	4.47	4.24	4.07	3.95	3.85	3.78
11	6.72	5.26	4.63	4.28	4.04	3.88	3.76	3.66	3.59
12	6.55	5.10	4.47	4.12	3.89	3.73	3.61	3.51	3.44
13	6.41	4.97	4.35	4.00	3.77	3.60	3.48	3.39	3.31
14	6.30	4.86	4.24	3.89	3.66	3.50	3.38	3.29	3.21
15	6.20	4.77	4.15	3.80	3.58	3.41	3.29	3.20	3.12
16	6.12	4.69	4.08	3.73	3.50	3.34	3.22	3.12	3.05
17	6.04	4.62	4.01	3.66	3.44	3.28	3.16	3.06	2.98
18	5.98	4.56	3.95	3.61	3.38	3.22	3.10	3.01	2.93
19	5.92	4.51	3.90	3.56	3.33	3.17	3.05	2.96	2.88
20	5.87	4.46	3.86	3.51	3.29	3.13	3.01	2.91	2.84
21	5.83	4.42	3.82	3.48	3.25	3.09	2.97	2.87	2.80
22	5.79	4.38	3.78	3.44	3.22	3.05	2.93	2.84	2.76
23	5.75	4.35	3.75	3.41	3.18	3.02	2.90	2.81	2.73
24	5.72	4.32	3.72	3.38	3.15	2.99	2.87	2.78	2.70
25	5.69	4.29	3.69	3.35	3.13	2.97	2.85	2.75	2.68
26	5.66	4.27	3.67	3.33	3.10	2.94	2.82	2.73	2.65
27	5.63	4.24	3.65	3.31	3.08	2.92	2.80	2.71	2.63
28	5.61	4.22	3.63	3.29	3.06	2.90	2.78	2.69	2.61
29	5.59	4.20	3.61	3.27	3.04	2.88	2.76	2.67	2.59
30	5.57	4.18	3.59	3.25	3.03	2.87	2.75	2.65	2.57
40	5.42	4.05	3.46	3.13	2.90	2.74	2.62	2.53	2.45
60	5.29	3.93	3.34	3.01	2.79	2.63	2.51	2.41	2.33
120	5.15	3.80	3.23	2.89	2.67	2.52	2.39	2.30	2.22
∞	5.02	3.69	3.12	2.79	2.57	2.41	2.29	2.19	2.11

续表

$\alpha = 0.025$

n_2 \ n_1	10	12	15	20	24	30	40	60	120	∞
1	968.6	976.7	984.9	993.1	997.2	1001	1006	1010	1014	1018
2	39.40	39.41	39.43	39.45	39.46	39.46	39.47	39.48	39.49	39.50
3	14.42	14.34	14.25	14.17	14.12	14.08	14.04	13.99	13.95	13.90
4	8.84	8.75	8.66	8.56	8.51	8.46	8.41	8.36	8.31	8.26
5	6.62	6.52	6.43	6.33	6.28	6.23	6.18	6.12	6.07	6.02
6	5.46	5.37	5.27	5.17	5.12	5.07	5.01	4.96	4.90	4.85
7	4.76	4.67	4.57	4.47	4.41	4.36	4.31	4.25	4.20	4.14
8	4.30	4.20	4.10	4.00	3.95	3.89	3.84	3.78	3.73	3.67
9	3.96	3.87	3.77	3.67	3.61	3.56	3.51	3.45	3.39	3.33
10	3.72	3.62	3.52	3.42	3.37	3.31	3.26	3.20	3.14	3.08
11	3.53	3.43	3.33	3.23	3.17	3.12	3.06	3.00	2.94	2.88
12	3.37	3.28	3.18	3.07	3.02	2.96	2.91	2.85	2.79	2.72
13	3.25	3.15	3.05	2.95	2.89	2.84	2.78	2.72	2.66	2.60
14	3.15	3.05	2.95	2.84	2.79	2.73	2.67	2.61	2.55	2.49
15	3.06	2.96	2.86	2.76	2.70	2.64	2.59	2.52	2.46	2.40
16	2.99	2.89	2.79	2.68	2.63	2.57	2.51	2.45	2.38	2.32
17	2.92	2.82	2.72	2.62	2.56	2.50	2.44	2.38	2.32	2.25
18	2.87	2.77	2.67	2.56	2.50	2.44	2.38	2.32	2.26	2.19
19	2.82	2.72	2.62	2.51	2.45	2.39	2.33	2.27	2.20	2.13
20	2.77	2.68	2.57	2.46	2.41	2.35	2.29	2.22	2.16	2.09
21	2.73	2.64	2.53	2.42	2.37	2.31	2.25	2.18	2.11	2.04
22	2.70	2.60	2.50	2.39	2.33	2.27	2.21	2.14	2.08	2.00
23	2.67	2.57	2.47	2.36	2.30	2.24	2.18	2.11	2.04	1.97
24	2.64	2.54	2.44	2.33	2.27	2.21	2.15	2.08	2.01	1.94
25	2.61	2.51	2.41	2.30	2.24	2.18	2.12	2.05	1.98	1.91
26	2.59	2.49	2.39	2.28	2.22	2.16	2.09	2.03	1.95	1.88
27	2.57	2.47	2.36	2.25	2.19	2.13	2.07	2.00	1.93	1.85
28	2.55	2.45	2.34	2.23	2.17	2.11	2.05	1.98	1.91	1.83
29	2.53	2.43	2.32	2.21	2.15	2.09	2.03	1.96	1.89	1.81
30	2.51	2.41	2.31	2.20	2.14	2.07	2.01	1.94	1.87	1.79
40	2.39	2.29	2.18	2.07	2.01	1.94	1.88	1.80	1.72	1.64
60	2.27	2.17	2.06	1.94	1.88	1.82	1.74	1.67	1.58	1.48
120	2.16	2.05	1.94	1.82	1.76	1.69	1.61	1.53	1.43	1.31
∞	2.05	1.94	1.83	1.71	1.64	1.57	1.48	1.39	1.27	1.00

续表

$\alpha = 0.01$

n_2 \ n_1	1	2	3	4	5	6	7	8	9
1	4652	4999	5403	5625	5764	5859	5928	5981	6022
2	98.50	99.00	99.17	99.25	99.30	99.33	99.36	99.37	99.39
3	34.12	30.82	29.46	28.71	28.24	27.91	27.67	27.49	27.35
4	21.20	18.00	16.69	15.98	15.52	15.21	14.98	14.80	14.66
5	16.26	13.27	12.06	11.39	10.97	10.67	10.46	10.29	10.16
6	13.75	10.92	9.78	9.15	8.75	8.47	8.26	8.10	7.98
7	12.25	9.55	8.45	7.85	7.46	7.19	6.99	6.84	6.72
8	11.26	8.65	7.59	7.01	6.63	6.37	6.18	6.03	5.91
9	10.56	8.02	6.99	6.42	6.06	5.80	5.61	5.47	5.35
10	10.04	7.56	6.55	5.99	5.64	5.39	5.20	5.06	4.94
11	9.65	7.21	6.22	5.67	5.32	5.07	4.89	4.74	4.63
12	9.33	6.93	5.95	5.41	5.06	4.82	4.64	4.50	4.39
13	9.07	6.70	5.74	5.21	4.86	4.62	4.44	4.30	4.19
14	8.86	6.51	5.56	5.04	4.69	4.46	4.28	4.14	4.03
15	8.68	6.36	5.42	4.89	4.56	4.32	4.14	4.00	3.89
16	8.53	6.23	5.29	4.77	4.44	4.20	4.03	3.89	3.78
17	8.40	6.11	5.18	4.67	4.34	4.10	3.93	3.79	3.68
18	8.29	6.01	5.09	4.58	4.25	4.01	3.84	3.71	3.60
19	8.18	5.93	5.01	4.50	4.17	3.94	3.77	3.63	3.52
20	8.10	5.85	4.94	4.43	4.10	3.87	3.70	3.56	3.46
21	8.02	5.78	4.87	4.37	4.04	3.81	3.64	3.51	3.40
22	7.95	5.72	4.82	4.31	3.99	3.76	3.59	3.45	3.35
23	7.88	5.66	4.76	4.26	3.94	3.71	3.54	3.41	3.30
24	7.82	5.61	4.72	4.22	3.90	3.67	3.50	3.36	3.26
25	7.77	5.57	4.68	4.18	3.85	3.63	3.46	3.32	3.22
26	7.72	5.53	4.64	4.14	3.82	3.59	3.42	3.29	3.18
27	7.68	5.49	4.60	4.11	3.78	3.56	3.39	3.26	3.15
28	7.64	5.45	4.57	4.07	3.75	3.53	3.36	3.23	3.12
29	7.60	5.42	4.54	4.04	3.73	3.50	3.33	3.20	3.09
30	7.56	5.39	4.51	4.02	3.70	3.47	3.30	3.17	3.07
40	7.31	5.18	4.31	3.83	3.51	3.29	3.12	2.99	2.89
60	7.08	4.98	4.13	3.65	3.34	3.12	2.95	2.82	2.72
120	6.85	4.79	3.95	3.48	3.17	2.96	2.79	2.66	2.56
∞	6.63	4.61	3.78	3.32	3.02	2.80	2.64	2.51	2.41

$\alpha = 0.01$

n_1 \ n_2	10	12	15	20	24	30	40	60	120	∞
1	6056	6106	6157	6209	6235	6261	6287	6313	6339	6366
2	99.40	99.42	99.43	99.45	99.46	99.47	99.47	99.48	99.49	99.50
3	27.23	27.05	26.87	26.69	26.60	26.50	26.41	26.32	26.22	26.13
4	14.55	14.37	14.20	14.02	13.93	13.84	13.75	13.65	13.56	13.46
5	10.05	9.89	9.72	9.55	9.47	9.38	9.29	9.20	9.11	9.02
6	7.87	7.72	7.56	7.40	7.31	7.23	7.14	7.06	6.97	6.88
7	6.62	6.47	6.31	6.16	6.07	5.99	5.91	5.82	5.74	5.65
8	5.81	5.67	5.52	5.36	5.28	5.20	5.12	5.03	4.95	4.86
9	5.26	5.11	4.96	4.81	4.73	4.65	4.57	4.48	4.40	4.31
10	4.85	4.71	4.56	4.41	4.33	4.25	4.17	4.08	4.00	3.91
11	4.54	4.40	4.25	4.10	4.02	3.94	3.86	3.78	3.69	3.60
12	4.30	4.16	4.01	3.86	3.78	3.70	3.62	3.54	3.45	3.36
13	4.10	3.96	3.82	3.66	3.59	3.51	3.43	3.34	3.25	3.17
14	3.94	3.80	3.66	3.51	3.43	3.35	3.27	3.18	3.09	3.00
15	3.80	3.67	3.52	3.37	3.29	3.21	3.13	3.05	2.96	2.87
16	3.69	3.55	3.41	3.26	3.18	3.10	3.02	2.93	2.84	2.75
17	3.59	3.46	3.31	3.16	3.08	3.00	2.92	2.83	2.75	2.65
18	3.51	3.37	3.23	3.08	3.00	2.92	2.84	2.75	2.66	2.57
19	3.43	3.30	3.15	3.00	2.92	2.84	2.76	2.67	2.58	2.49
20	3.37	3.23	3.09	2.94	2.86	2.78	2.69	2.61	2.52	2.42
21	3.31	3.17	3.03	2.88	2.80	2.72	2.64	2.55	2.46	2.36
22	3.26	3.12	2.98	2.83	2.75	2.67	2.58	2.50	2.40	2.31
23	3.21	3.07	2.93	2.78	2.70	2.62	2.54	2.45	2.35	2.26
24	3.17	3.03	2.89	2.74	2.66	2.58	2.49	2.40	2.31	2.21
25	3.13	2.99	2.85	2.70	2.62	2.54	2.45	2.36	2.27	2.17
26	3.09	2.96	2.81	2.66	2.58	2.50	2.42	2.33	2.23	2.13
27	3.06	2.93	2.78	2.63	2.55	2.47	2.38	2.29	2.20	2.10
28	3.03	2.90	2.75	2.60	2.52	2.44	2.35	2.26	2.17	2.06
29	3.00	2.87	2.73	2.57	2.49	2.41	2.33	2.23	2.14	2.03
30	2.98	2.84	2.70	2.55	2.47	2.39	2.30	2.21	2.11	2.01
40	2.80	2.66	2.52	2.37	2.29	2.20	2.11	2.02	1.92	1.80
60	2.63	2.50	2.35	2.20	2.12	2.03	1.94	1.84	1.73	1.60
120	2.47	2.34	2.19	2.03	1.95	1.86	1.76	1.66	1.53	1.38
∞	2.32	2.18	2.04	1.88	1.79	1.70	1.59	1.47	1.32	1.00

$\alpha = 0.005$

n_2 \ n_1	1	2	3	4	5	6	7	8	9
1	16211	20000	21615	22500	23056	23437	23715	23925	24091
2	198.5	199.0	199.2	199.2	199.3	199.3	199.4	199.4	199.4
3	55.55	49.80	47.47	46.19	45.39	44.84	44.43	44.13	43.88
4	31.33	26.28	24.26	23.15	22.46	21.97	21.62	21.35	21.14
5	22.78	18.31	16.53	15.56	14.94	14.51	14.20	13.96	13.77
6	18.63	14.54	12.92	12.03	11.46	11.07	10.79	10.57	10.39
7	16.24	12.40	10.88	10.05	9.52	9.16	8.89	8.68	8.51
8	14.69	11.04	9.60	8.81	8.30	7.95	7.69	7.50	7.34
9	13.61	10.11	8.72	7.96	7.47	7.13	6.88	6.69	6.54
10	12.83	9.43	8.08	7.34	6.87	6.54	6.30	6.12	5.97
11	12.23	8.91	7.60	6.88	6.42	6.10	5.86	5.68	5.54
12	11.75	8.51	7.23	6.52	6.07	5.76	5.52	5.35	5.20
13	11.37	8.19	6.93	6.23	5.79	5.48	5.25	5.08	4.94
14	11.06	7.92	6.68	6.00	5.56	5.26	5.03	4.86	4.72
15	10.80	7.70	6.48	5.80	5.37	5.07	4.85	4.67	4.54
16	10.58	7.51	6.30	5.64	5.21	4.91	4.69	4.52	4.38
17	10.38	7.35	6.16	5.50	5.07	4.78	4.56	4.39	4.25
18	10.22	7.21	6.03	5.37	4.96	4.66	4.44	4.28	4.14
19	10.07	7.09	5.92	5.27	4.85	4.56	4.34	4.18	4.04
20	9.94	6.99	5.82	5.17	4.76	4.47	4.26	4.09	3.96
21	9.83	6.89	5.73	5.09	4.68	4.39	4.18	4.01	3.88
22	9.73	6.81	5.65	5.02	4.61	4.32	4.11	3.94	3.81
23	9.63	6.73	5.58	4.95	4.54	4.26	4.05	3.88	3.75
24	9.55	6.66	5.52	4.89	4.49	4.20	3.99	3.83	3.69
25	9.48	6.60	5.46	4.84	4.43	4.15	3.94	3.78	3.64
26	9.41	6.54	5.41	4.79	4.38	4.10	3.89	3.73	3.60
27	9.34	6.49	5.36	4.74	4.34	4.06	3.85	3.69	3.56
28	9.28	6.44	5.32	4.70	4.30	4.02	3.81	3.65	3.52
29	9.23	6.40	5.28	4.66	4.26	3.98	3.77	3.61	3.48
30	9.18	6.35	5.24	4.62	4.23	3.95	3.74	3.58	3.45
40	8.83	6.07	4.98	4.37	3.99	3.71	3.51	3.35	3.22
60	8.49	5.79	4.73	4.14	3.76	3.49	3.29	3.13	3.01
120	8.18	5.54	4.50	3.92	3.55	3.28	3.09	2.93	2.81
∞	7.88	5.30	4.28	3.72	3.35	3.09	2.90	2.74	2.62

续表

$\alpha = 0.005$

n_2＼n_1	10	12	15	20	24	30	40	60	120	∞
1	24224	24426	24630	24836	24940	25044	25148	25253	25359	25465
2	199.4	199.4	199.4	199.4	199.5	199.5	199.5	199.5	199.5	199.5
3	43.69	43.39	43.08	42.78	42.62	42.47	42.31	42.15	41.99	41.83
4	20.97	20.70	20.44	20.17	20.03	19.89	19.75	19.61	19.47	19.32
5	13.62	13.38	13.15	12.90	12.78	12.66	12.53	12.40	12.27	12.14
6	10.25	10.03	9.81	9.59	9.47	9.36	9.24	9.12	9.00	8.88
7	8.38	8.18	7.97	7.75	7.64	7.53	7.42	7.31	7.19	7.08
8	7.21	7.01	6.81	6.61	6.50	6.40	6.29	6.18	6.06	5.95
9	6.42	6.23	6.03	5.83	5.73	5.62	5.52	5.41	5.30	5.19
10	5.85	5.66	5.47	5.27	5.17	5.07	4.97	4.86	4.75	4.64
11	5.42	5.24	5.05	4.86	4.76	4.65	4.55	4.45	4.34	4.23
12	5.09	4.91	4.72	4.53	4.43	4.33	4.23	4.12	4.01	3.90
13	4.82	4.64	4.46	4.27	4.17	4.07	3.97	3.87	3.76	3.65
14	4.60	4.43	4.25	4.06	3.96	3.86	3.76	3.66	3.55	3.44
15	4.42	4.25	4.07	3.88	3.79	3.69	3.58	3.48	3.37	3.26
16	4.27	4.10	3.92	3.73	3.64	3.54	3.44	3.33	3.22	3.11
17	4.14	3.97	3.79	3.61	3.51	3.41	3.31	3.21	3.10	2.98
18	4.03	3.86	3.68	3.50	3.40	3.30	3.20	3.10	2.99	2.87
19	3.93	3.76	3.59	3.40	3.31	3.21	3.11	3.00	2.89	2.78
20	3.85	3.68	3.50	3.32	3.22	3.12	3.02	2.92	2.81	2.69
21	3.77	3.60	3.43	3.24	3.15	3.05	2.95	2.84	2.73	2.61
22	3.70	3.54	3.36	3.18	3.08	2.98	2.88	2.77	2.66	2.55
23	3.64	3.47	3.30	3.12	3.02	2.92	2.82	2.71	2.60	2.48
24	3.59	3.42	3.25	3.06	2.97	2.87	2.77	2.66	2.55	2.43
25	3.54	3.37	3.20	3.01	2.92	2.82	2.72	2.61	2.50	2.38
26	3.49	3.33	3.15	2.97	2.87	2.77	2.67	2.56	2.45	2.33
27	3.45	3.28	3.11	2.93	2.83	2.73	2.63	2.52	2.41	2.29
28	3.41	3.25	3.07	2.89	2.79	2.69	2.59	2.48	2.37	2.25
29	3.38	3.21	3.04	2.86	2.76	2.66	2.56	2.45	2.33	2.21
30	3.34	3.18	3.01	2.82	2.73	2.63	2.52	2.42	2.30	2.18
40	3.12	2.95	2.78	2.60	2.50	2.40	2.30	2.18	2.06	1.93
60	2.90	2.74	2.57	2.39	2.29	2.19	2.08	1.96	1.83	1.69
120	2.71	2.54	2.37	2.19	2.09	1.98	1.87	1.75	1.61	1.43
∞	2.52	2.36	2.19	2.00	1.90	1.79	1.67	1.53	1.36	1.00

参 考 文 献

[1] 茆诗松，周纪芗.概率论与数理统计.第 2 版.北京：中国统计出版社，2000.

[2] 陈希孺.概率论与数理统计.合肥：中国科学技术大学出版社，1992.

[3] 维恩堡，G. H. 数理统计初级教程.太原：山西人民出版社，1986.

[4] 袁荫棠.概率论与数理统计.北京：人民大学出版社，1990.

[5] 李子强.概率论与数理统计教程.第 2 版.北京：科学出版社，2008.

[6] 茆诗松，周纪芗.概率论与数理统计习题与解答.北京：中国统计出版社，2000.

[7] 陆璇.数理统计基础.北京：清华大学出版社，1998.

[8] 统计方法应用国家标准汇编.北京：中国标准出版社，1989.

[9] 项可风，吴启光.试验设计与数据分析.上海：上海科学技术出版社，1989.

[10] 盛骤，谢千式.概率论与数理统计.北京：高等教育出版社，2005.

[11] 葛余博.概率论与数理统计.北京：清华大学出版社，2011.

[12] 庄楚强，何春雄.应用数理统计基础.第 3 版.广州：华南理工大学出版社，2006.

[13] 孙祝岭.数理统计.北京：高等教育出版社，2009.

[14] 杨占海，张忠占.应用数理统计.北京：北京工业大学出版社，2005.

[15] 张天德.概率论与数理统计习题精选精解.济南：山东科学技术出版社，2011.

[16] 李裕齐，赵联文.概率论与数理统计习题详解.成都：西南交通大学出版社，2009.